水素エネルギーの事典

水素エネルギー協会
[編集]

朝倉書店

はじめに

　本書は水素エネルギーに関して基礎から実用面までまとめた事典である．水素エネルギーとは何か，水素エネルギーは人々にどんな便益をもたらすのか，水素エネルギーの技術的課題は何か，などについて，主に専門家ではない技術者が基本的な知識を正確に得ることができるよう，歴史的背景，学術的基礎，要素技術の実際，安全確保の取り組み，世界の動きなどに分割したうえで，網羅的に解説した．もちろん，水素の専門家にとっても役立つよう，定量的な記述を心がけた．いつでも手に取れるところにおいて，興味のある箇所をピックアップして読む，そういう使われ方を想定している．

　自動車がエンジン，ハンドル，ブレーキ，車輪などからなることは誰でも知っているが，水素エネルギーあるいは水素エネルギー社会は何からできているのか，即答できる人は稀であろう．水素エネルギーの分野で研究開発に従事している人であっても，口ごもるかもしれない．人によって，あるいは国によって，水素エネルギーの定義はまちまちであり，時代背景の変化とともに再定義されたりするため，構成要素を一義的に並べるのは困難である．本書に触れ，読者なりの定義をすることを推奨したい．

　自身の専門が機械，電気などであれば，水素と機械，水素と電気などといったとらえ方で水素を身近に感じることができよう．社会科学を含めた多分野の研究者であれば，水素と人工知能，水素と社会実装型イノベーションなどというとらえ方で，水素エネルギーの絵姿を根底から変えるゲームチェンジャーになるきっかけがつかめるかもしれない．究極のクリーンエネルギーという言い方で水素エネルギーを遠くの未来に追いやってしまうことがないよう，多くの人が水素を前に進める列に加わることを期待している．

　本書の解説はすべて記名記事であり，文責の所在がハッキリしている．しかし，各人が好き勝手に記述したわけではなく，編集委員会が校閲をしている．編集委員は皆，（一社）水素エネルギー協会の会員であり，水素のそれぞれの分野で十分な経験を積んだ人物ばかりである．ネット経由で情報を得れば簡便でスピード

も速いが，情報の信頼性に難があり，古い情報が古いと気づかれないままに紛れ込んでくることも多い．本書の道案内は信頼性が高いことを強調しておきたい．

　これまで，多くの科学技術は，研究開発（Research & Development：R&D）から展開（Deployment）の段階へと進み，社会実装されてきた．目的志向のR&Dの成果が社会の要請に合えば実用化されてきた，と言うのは簡単だが，展開の段階を私企業が行うのか，国が先導するのか，べき論まで重なってくると，事は容易ではない．日本の水素エネルギー研究は1974年のサンシャイン計画から始まり，目的志向で突き進んできた．今，水素エネルギー技術の蓄積は多く，水素はそこに実存している．水素が社会に根づき，水素エネルギー社会さらには水素社会へ移行する過程において，本書がその一助となることを願うものである．

2019年1月

編集委員代表
西宮　伸幸

【編集委員代表】

西宮 伸幸　日本大学

【編集委員】

太田 健一郎	横浜国立大学名誉教授	高木 英行	(国研)産業技術総合研究所
光島 重徳	横浜国立大学	石本 祐樹	(一財)エネルギー総合工学研究所
天尾 豊	大阪市立大学	丸田 昭輝	(株)テクノバ
石原 顕光	横浜国立大学		

【編集幹事】

(株)テクノバ

【執筆者】(五十音順)

足立 貴義	大陽日酸(株)	鈴木 宏紀	(株)豊田自動織機
天尾 豊	大阪市立大学	曽根 理嗣	(国研)宇宙航空研究開発機構
壱岐 英	JXTGエネルギー(株)	高木 英行	(国研)産業技術総合研究所
石原 顕光	横浜国立大学	田中 宏樹	(株)トクヤマ
石本 祐樹	(一財)エネルギー総合工学研究所	辻上 博司	岩谷産業(株)・(公社)関西経済連合会
伊東 健太郎	東京ガス(株)	西宮 伸幸	日本大学
太田 健一郎	横浜国立大学名誉教授	沼田 耕一	トヨタ自動車(株)
大仲 英巳	技術研究組合 FC-Cubic	野村 誠治	新日鐵住金(株)
岡田 佳巳	千代田化工建設(株)	Bjørn Simonsen	Nel ASA
神谷 祥二	川崎重工業(株)	福田 健三	(一財)エネルギー総合工学研究所
久保 真治	(国研)日本原子力研究開発機構	丸田 昭輝	(株)テクノバ
黒田 義之	横浜国立大学	水野 有智	(一財)エネルギー総合工学研究所
栗山 常吉	昭和電工(株)	光島 重徳	横浜国立大学
権藤 憲治	トヨタ自動車(株)	美濃輪 智朗	(国研)産業技術総合研究所
笹倉 正晴	(一財)エネルギー総合工学研究所	森岡 敏博	(国研)産業技術総合研究所
澤山 茂樹	京都大学	米山 崇	(公財)鉄道総合技術研究所

目　次

第1章　水素をどう使うか ……………………………………………… 1
　1.1　水素と電気の棲み分けから協働へ ………………………〔太田健一郎〕2
　1.2　水電解の進歩と再生可能エネルギー利用への展開 ………〔太田健一郎〕4
　1.3　PSE&G 社の先見的事例 ……………………………………〔西宮伸幸〕6
　1.4　ニッケル水素電池の実績 ……………………………………〔太田健一郎〕7
　1.5　エネファームと燃料電池自動車 ……………………………〔西宮伸幸〕8
　1.6　水素発電に向かうシナリオ …………………………………〔西宮伸幸〕8

第2章　エネルギーシステムにおける水素の位置づけ ………〔光島重徳〕9
　2.1　エネルギーの種類と特徴 ……………………………………………… 10
　2.2　エネルギーシステムと地球の炭素，水素の循環 …………………… 13
　2.3　エネルギーシステムの中の水素の位置づけ ………………………… 17
　2.4　水素エネルギーキャリア …………………………………………… 19

第3章　水素製造・利用の歴史 …………………………………………… 27
　3.1　石油代替クリーンエネルギーとしての水素 ………………〔西宮伸幸〕28
　　a．クリーンエネルギーシステム ……………………………………… 28
　　b．サンシャイン計画 …………………………………………………… 29
　3.2　再生可能エネルギー利用の大規模水素エネルギーシステム
　　　 ……………………………………………〔福田健三・笹倉正晴〕32
　3.3　ユーロケベック計画における水素キャリアの比較
　　　 ……………………………………………〔福田健三・笹倉正晴〕36
　3.4　燃料電池の燃料としての水素 ………………………………〔太田健一郎〕38
　　コラム　閉鎖空間での水素利用 ………………………………〔太田健一郎〕42
　　コラム　実験室での水素貯蔵・精製 …………………………〔西宮伸幸〕43

- 3.5 水素による CO_2 削減 ……………………………〔西宮伸幸〕44
- 3.6 大規模エネルギーシステムの中の水素と水素発電 ………〔西宮伸幸〕46
- 3.7 Power to Gas ………………………………………〔西宮伸幸〕48
  - コラム 太田時男のポルシェ計画 ……………………〔太田健一郎〕51
  - コラム Winter の水素エネルギー論 …………………〔太田健一郎〕52
  - コラム Bockris の水素エネルギー論 …………………〔西宮伸幸〕53

第4章 水素の基本物性 ……………………………………〔天尾 豊〕55

- 4.1 水素の物理的性質 …………………………………………… 56
  - a．水素の一般特性 ………………………………………… 56
  - b．水素の物理的性質 ……………………………………… 57
  - c．水素の同位体 …………………………………………… 59
- 4.2 水素の化学的性質 …………………………………………… 61
  - a．水素の酸化数・電気陰性度・イオン化エネルギー ……… 61
  - b．水素の結晶構造と磁気特性 …………………………… 63
  - c．水素イオンの化学的特性 ……………………………… 65
  - d．水素化物・ヒドリドの化学的性質 …………………… 67
- 4.3 高圧水素の物性 ……………………………………………… 69
  - a．圧縮率因子 ……………………………………………… 69
  - b．高圧水素貯蔵 …………………………………………… 71
  - c．高圧水素と理想気体 …………………………………… 73

第5章 水素の技術 ………………………………………………… 75

- 5.1 水素の製造法 ………………………………………………… 76
  - a．現在の化石資源からの水素製造 …………………〔壱岐 英〕76
  - b．水電解 ……………………………………………〔黒田義之〕80
  - コラム 医療と水素 ……………………………………〔石原顕光〕85
  - c．バイオマス ……………………………………………… 86
    - （1）水素発酵 ……………………………………〔澤山茂樹〕86
    - （2）熱化学変換 ………………………………〔美濃輪智朗〕88
  - d．光触媒 ………………………………………………〔天尾 豊〕90

	コラム　食品と水素 …………………………………〔石原顕光〕	95
	e. 熱利用 ……………………………………………………〔久保真治〕	96
	f. 副生物としての水素製造：食塩電解 ………………〔田中宏樹〕	98
	g. 副生物としての水素製造：製鉄 ……………………〔野村誠治〕	99
5.2	水素の精製 ……………………………………………………〔足立貴義〕	100
	a. 吸着法 ………………………………………………………	100
	b. 膜分離法 ……………………………………………………	102
5.3	水素の貯蔵 ……………………………………………………	104
	a. 高圧水素 ………………………………………………〔辻上博司〕	104
	b. 液化水素 ………………………………………………〔神谷祥二〕	106
	c. 水素吸蔵合金 …………………………………………〔西宮伸幸〕	110
	コラム　発電機の冷却材 ……………………………〔石原顕光〕	115
	d. 有機ケミカルハイドライド法 ……………………〔岡田佳巳〕	116
	e. 無機ハイドライド ……………………………………〔西宮伸幸〕	118
	コラム　水素エンジン自動車 ………………………〔石原顕光〕	121
	f. 高比表面積材料 ………………………………………〔西宮伸幸〕	122
5.4	水素の輸送 ……………………………………………………	124
	a. 長距離海上輸送 ………………………………………〔水野有智〕	124
	b. 陸上輸送 ………………………………………………〔辻上博司〕	126
	c. パイプライン輸送 ……………………………………〔石原顕光〕	128
5.5	水素の利用 ……………………………………………………	129
	a. 化学工業原料（石油精製）…………………………〔壱岐　英〕	129
	b. 化学工業原料（アンモニア合成）…………………〔栗山常吉〕	130
	c. 定置用燃料電池 ………………………………………〔伊東健太郎〕	131
	d. 燃料電池自動車 ………………………………………〔大仲英巳〕	137
	e. その他の移動体 ……………………………………………………	141
	（1）　船舶 ……………………………………………〔神谷祥二〕	141
	（2）　フォークリフト ………………………………〔鈴木宏紀〕	142
	（3）　燃料電池（FC）バス ………………〔権藤憲治・沼田耕一〕	143
	（4）　列車 ……………………………………………〔米山　崇〕	145
	f. 航空・宇宙への利用 …………………………………〔曽根理嗣〕	146

第6章　水素と安全・社会受容性 〔高木英行〕151

- 6.1　水素と安全 152
  - a．基本的な考え方 152
  - コラム　水素による事故例 〔天尾　豊〕153
  - b．法規制等 154
- 6.2　基盤技術・安全技術 156
  - a．材料と水素脆性 156
  - b．水素検出技術 157
  - c．計量技術 〔森岡敏博〕158
- 6.3　安全利用 161
  - a．水素ステーション 161
  - b．燃料電池自動車 162
  - c．家庭用燃料電池（エネファーム） 164
- 6.4　社会受容性 165
- 6.5　教育・トレーニング 168

第7章　水素エネルギーシステムと社会 〔石本祐樹〕171

- 7.1　日本の水素導入見通し 172
- 7.2　米国の水素導入見通し 174
- 7.3　EUおよびEU諸国の水素導入見通し 176
- 7.4　各国・地域の水素導入見通しの比較 178
- 7.5　国際エネルギー機関の分析による水素導入見通し 180
- 7.6　水素社会の類型 181
  - a．世界水素供給チェーン 181
  - b．都市における水素利用 182
  - c．地方・離島における水素利用（地産地消） 183
- 7.7　エネルギー利用された場合の世界的規模 184
  - a．IEA ETP2017 184
  - b．アジア／世界エネルギーアウトルック 185
  - c．統合評価モデルGRAPEによる分析 186

d．日本の水素関連市場規模 …………………………………………… 187
7.8　再生可能エネルギーと水素………………………………………………… 188
7.9　水素社会への課題 …………………………………………………………… 190
　　コラム　ノルスクハイドロの重水製造工場…〔Bjørn Simonsen・石本祐樹〕192

第 8 章　水素に関わる政策 ………………………………〔丸田昭輝〕193

8.1　日本の水素エネルギーの取り組み………………………………………… 194
8.2　規制見直しの動向 …………………………………………………………… 198
8.3　民間の取り組み ……………………………………………………………… 199
8.4　米国の取り組み ……………………………………………………………… 200
8.5　欧州連合の取り組み ………………………………………………………… 202
8.6　ドイツの取り組み …………………………………………………………… 204
8.7　フランスの取り組み ………………………………………………………… 206
8.8　その他の欧州諸国の取り組み……………………………………………… 207
8.9　韓国の取り組み ……………………………………………………………… 208
8.10　中国の取り組み ……………………………………………………………… 209
　　コラム　南アフリカのプラチナ鉱山 ……………………〔太田健一郎〕211

あ と が き…………………………………………………………〔亀井淳史〕213

参 考 文 献……………………………………………………………………… 215
索　　　引……………………………………………………………………… 221

第1章

水素をどう使うか

水素エネルギーナビ「Suisoなセカイへ」(NEDOの委託により(株)テクノバが作成・運営)

1.1
水素と電気の棲み分け
から協働へ

太田健一郎

電気はクリーンで便利なエネルギーである．オール電化の家があったり，ビルのエネルギーを考えると我々が身近で利用しているエネルギーの大半は電気といっても過言ではない．この電気は天然に存在するものではなく，石油，天然ガス，石炭といった化石燃料，原子力エネルギー，あるいは水力，太陽光，風力といった再生可能エネルギー（自然エネルギー）を利用して作られる．化石燃料，核エネルギー，再生可能エネルギーはそれ自体がエネルギーを持ち一次エネルギーと呼ばれる．これらの一次エネルギーから作られる電気は二次エネルギーである．二次エネルギーとは使用する末端において使われるもので，石油から作られるガソリン，灯油，あるいは天然ガス自体も含まれる．

この二次エネルギーとして近年，水素エネルギーが自動車用あるいは小型定置用発電機（エネファーム）として使われはじめている．天然に水素ガスを噴出する井戸はごく僅かに存在するもののエネルギー利用を考えた時，無視できる量であり，電気と同様に何らかの一次エネルギーを利用して作り出す必要がある．19世紀初頭にボルタ電池が発明され，人類が初めて電気を制御した状態で利用できるようになると，多くの元素が単離で得られるようになった．図1に元素の単離された年とその元素の規準エクセルギーの関係を示す．水を電気分解すれば水素が作れる．一方，ボルタ電池の半世紀後にイギリスのグローブあるいはスイスのションバインは同時期に水素と酸素から電気ができることを実証した．図2にグローブの行った実験装置を示す．これらから水素が電気はともに二次エネルギーであり，お互い容易に相互変換ができる性質を

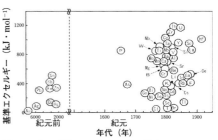

図1 元素の単離された年と元素の規準エクセルギー
多くの元素が1800年にボルタの電池ができた後に単離されている．これらはボルタ電池を利用した電気分解で作られている．

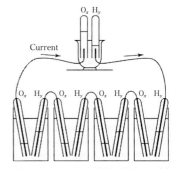

図2 グローブ卿の燃料電池（1839年）
イギリスのグローブ卿は水素と酸素から電気ができることを実証した．図のように電池を4個直列につなぐと手で触れて電気ができていることを確認した．このセルを20個つなげると4人が同時に電気を感じたとある．電流計がない時代のことである．

持つことが明らかとなった．

発電機は19世紀中頃誘導発電機の発明により大きく進歩することになる．19世紀末にナイアガラの滝に水の落差を利用する大型発電機が設置されその活用が考えられた時，当初その用途はアーク灯ぐらいで，エジソンの白熱電球の普及はまだまだであった．そこで電気の大量活用法として当時発達しつつあった水の電気分解並びに銅の電解精製が考えられた．当時，水電解で水素が工業的規模で作られた．水電解から得られた水素は空気中の窒素とハーバー・ボッシュ法でアンモニ

ア合成に利用された．アンモニアは硫安，硝安となり，農業生産の拡大に大きく貢献することになる．当時叫ばれていた人口爆発による食糧危機を回避できた．現代でも世界的に見れば人口増大は急速に進んでおり，これを解決するための肥料の原料としての安価なアンモニアの大量製造は大きな課題である．

大型の水電解槽は日本でも1960年代半ばまで昭和電工の川崎工場で定格 20,000 Nm³/h, 100 MW のものが稼働していたが，石油をはじめとする化石燃料から作られる安価な水素には太刀打ちできず，現在日本には大型の水電解装置はなくなっている．水の電気分解による水素製造は安価な水力発電が実施されているところでは現在でも有効に活用されており，ノルウェー，エジプトのアスワンダム，スイスにその例がある．これからも安価な再生可能エネルギーからの電気が得られるようになれば活躍できる技術である．

水素が民生用にも二次エネルギーとなることは燃料電池自動車の実用化，家庭用燃料電池の普及を見れば明らかであるが，これらは21世紀になってからである．さらに水素は化学物質であり長期，大量の貯蔵が可能である．地球温暖化問題が顕在化する中で再生可能エネルギー利用の拡大が喫緊の課題として取り上げられており，2015年パリで開催されたCOP21では地球温暖化を2℃未満に抑えることに150か国が合意し，そのためには世界中で二酸化炭素排出を実質ゼロにする政策を積極的に進める必要がある．すなわち，これからの世界のエネルギーシステムは自然エネルギー，再生可能エネルギーをベースに構築されなくてはならない．

再生可能エネルギー利用の中心は風力エネルギーと太陽光エネルギーである．地球全体で考えた時地球に降り注ぐ太陽光エネルギーは莫大であり，風力エネルギーもこの太陽エネルギーの一部と考えることができる．これらで地球上の人口が100億人を超えてもこれを支えるエネルギーは原理的には十分に賄う

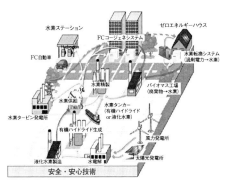

図3　グリーン水素エネルギーシステム
海外での安価な太陽光，風力を利用して水素を作り，液化水素，有機ハイドライドで日本に輸送し水素に戻して利用するシステム．

ことができる．しかし，これらの再生可能エネルギーは時間変動が大きく，特に安価な風力エネルギーに関して考えれば地域格差や季節変動が大きい．これらの変動を吸収し問題を解決するためには二次電池だけでは不十分で，大量の長期間貯蔵，長距離輸送に適したもの，すなわち化学物質に頼らなくてはならない．この化学物質としては地球上に大量に存在する水を活用できる水素，あるいは水素をもとにした物質が適している．

再生可能エネルギーを一次エネルギーにし，電気と水素を二次エネルギーとしたエネルギーシステムは技術的には問題なく欧州，日本だけでなく世界中で始まっている．この水素と電気を二次エネルギーとするグリーンエネルギー社会が実現できれば現在の化石エネルギーを基本にする社会に比べて CO_2 による地球環境への影響は2桁以上低減できるはずである．図3には究極のグリーン水素エネルギーシステムを模式的に示す．これからの課題は再生可能エネルギー利用しつつ，電気と水素を安価で大量に使うための技術進化である．これにより人類の持続的成長が可能となり，豊かな社会が実現できるはずである．

1.2
水電解の進歩と再生可能エネルギー利用への展開

太田健一郎

水素は二次エネルギーとして優れた性質を示すが,天然に産出するものはごく僅かで,水素を含む原料から作り出す必要がある.原料は化石燃料を利用しないことを前提にするなら水である.地球は水の惑星と呼ばれるくらい豊富である.海水を考えるとその量は無尽蔵といってよいであろう.この水から水素を単離する方法には原理的に幾つかある.

まず高温を利用して水を熱分解する方法を考えてみる.直接,熱のみで一段の反応で分解しようとすると 4,000 K くらいの温度が必要である.この高温を得ることは簡単ではないが太陽光の集光を利用する太陽炉を利用すれば可能である.実際フランスのピレネーの太陽炉を用いて実験がなされた.この超高温で水が水素と酸素に分離することは確認されたが,温度が降下する際に水素と酸素の再結合が起こり水に戻ることもわかった.この方法では超高温での水素と酸素の分離が大きな課題である.

1970 年代には原子炉で得られる熱で水分解する方法が熱化学法水素製造と呼ばれ,わが国でも幾つかのサイクルが検討された.高温ガス炉を用いると 1,000℃ 程度の高温が得られる.この温度まででエントロピー変化の大きい多段反応を組合わせると水を酸素と水素に分解することは原理的に可能である.この方式で得られる水素を原子力水素と呼ぶこともあるが未だ実験段階である.この熱化学法は太陽炉を使う 1,000℃ 以上の高熱にも適用できる.この場合は原理的に二段反応も可能である.

水の熱分解法の実用化は簡単ではないが,水の電気分解を利用する水電解法は水素の製造法として 19 世紀末より実用化が進んでいる.図1に水電解を繰り返して作られた重水

図1 水電解により作られた重水

通常の水には 200 ppm 程度の重水が含まれている.水電解を行うと残った水に含まれる重水濃度が僅かに増大する.第二次世界大戦中にノルウェーではノルスクハイドロの水電解槽を多段でつなぎ重水を製造した.

を示す.ここで水素は二次エネルギーとしてではなく,アンモニア用の水素や化学原料としての水素として使われた.この水電解水素も石油,天然ガスが多量に使われるようになると大半は,これら化石燃料から得られる水素にとって代わられることになる.

水電解による水素製造は今日でも水力発電等の安い電気の得られる場所で実施されている.ただし,その技術は大きな進展を見せていない.水電解装置は基本的には水素を出すカソード,酸素を出すアノード,電解質溶液,隔膜の4要素から成り立っている.アルカリ水電解は初期から使われている方式で,カソード触媒は鉄,アノード触媒はニッケル,電解液はアルカリ水溶液,隔膜はアスベスト膜からなる(図2).このうちアスベスト膜は分離膜としての安定性は抜群であるが環境への影響を考慮し高分子膜に替わりつつある.アルカリ水電解に替わり固体高分子形燃料電池に使われているフッ素樹脂系のイオン交換

図2 開発中の高圧アルカリ水電解槽の例

膜を用いる固体高分子形水電解が内部抵抗が小さく，高電流密度での運転が可能で注目されている．しかし，ここでは酸性電解質となるので高価なイオン交換膜を用いるほか，アノード触媒は酸化イリジウム，カソード触媒は白金さらにセパレータを含む構造材料はチタン系となるのでシステムコストはかなり高価になる．安価な水素を狙うシステムとしては，これらの代替材料開発が欠かせない．

水電解のもう一つの大きな課題は水素とともに酸素が生成することである．少量の水素が使われている時は酸素の用途はそれなりに考えられる．しかし，本格的な水素エネルギー時代になった際にはこの副生する酸素の用途は見出しにくい．これを避けるには酸素の発生しない水電解も考えるべきであろう．アノードでは適切な酸化反応（脱電子反応）が起こればよいので，酸素発生には限られるわけではない．例えば，メタノール酸化反応を利用すれば酸素発生なしで電解反応が進むことになる．この反応は亜鉛の電解精錬のアノードの酸素発生に替わり実用規模でテストされた実績がある．安価な水素製造のためメタノールを消費するのでは意味がない．有機系の廃棄物等でアノード活性のある物質の探索等が必要であろう．

再生可能エネルギーをベースにした時その電源の変動が水電解に与える影響はそれなりにあるはずだが，その詳細はこれからの検討事項である．これまでの水電解技術は一定の入力で運転されることを前提としており電解電力は努めて一定になるような運転がなされてきた．太陽光エネルギー，風力エネルギーといった再生可能エネルギーを考えるとその出力は短い周期から長い周期までが混合した変動を有する複雑なものとなっている．これらの電解槽に与える影響は未知であり，きちんと把握する必要がある．特に入力変動は電極寿命に大きな影響を与える可能性が高いと予想される．さらに電圧の変動は電極界面の二重層容量との関連で電極表面の二重層の充放電に使われ，電解反応に直接利用できない部分が生ずるはずである．こういった点もきちんと詰めながら開発を進める必要がある．

水電解の電解電力は電圧と電流の積でありここでの電解槽の性能を示す因子は電力原単位，電圧効率，電流効率である．水電解の場合電流効率は多くの場合97～98％であり，ほぼファラデーの法則に従った水素が得られる．しかし，電解電圧としては大きな損失がある．理論電圧は1.2V程度であるが通常運転では2V程度の電圧が必要である．この加わる電圧は過電圧と呼ばれるが，この過電圧が水電解の大きな損失である．これには電極の触媒能に起因する電極過電圧，隔膜を含む電解質の抵抗に起因する抵抗過電圧が含まれる．生産量を増やすためには高い電流が必要となるがこれらの過電圧が大きくなり電圧損失が大きくなる．特にアノードの酸素発生の過電圧が大きい．現状の技術ではアルカリ水電解では $0.6\,A/cm^2$，固体高分子電解質を用いる水電解では $1\,A/cm^2$ が定格電流の基準であろう．わが国では大型の水電解槽はないが，技術的に似ている食塩電解技術は参考になるはずである（図3）．

図3　イオン交換膜法食塩電解槽の例
ここでは1系列 $1000\,Nm^3/h$ 程度の水素が電解で製造される．

再生可能エネルギーから水素を作る場合，最も大切なことは最終的に得られた水素のコストである．そのために再生可能エネルギーの立地条件も十分に考慮する必要がある．特に風力エネルギーは立地場所，条件に大きく依存する．季節的な変動を含む地域的条件を十分に把握した上で開発を進めるべきである．

1.3
PSE&G 社の先見的事例

西宮伸幸

水素吸蔵合金を用いる世界初の大規模水素貯蔵の実証実験の結果が，1974年，ライリー(Reilly)らによって米国の電力源会議 (26th Power Sources Conference) で報告された．電力需要が少ない時間帯に水の電気分解によって水素を製造し，水素吸蔵合金に貯め，電力需要のピーク時に燃料電池で発電して供給する，ピークシェイビング (peak shaving) が試行された．電力需要変動カーブのピーク部分を剃り落とす，というニュアンスの用語である．剃り落とした部分の電力量を需要の少ない時のカーブに足していき，カーブを平準化する，そして電力需要の負荷を平らにするという意味で，ロードレベリング (load leveling) とも称される．

図1にその時のシステム構成を示す．電解槽は Teledyne Isotopes 社製のもので，水素製造の能力は 0.73 kg/h である．この水素を Pressure Products Industries 製のダイアフラムコンプレッサーで 500 psig (ゲージ圧 3.4 MPa) に加圧して FeTi 収容容器に送り，水素を吸蔵させる．この時，水素吸蔵反応に伴う発熱を除去するため，およそ 17℃ の冷却水を循環させる．水素を放出させる時はおよそ 45℃ の温水に切り替える．水素放出反応に伴う吸熱による温度低下が起こらないように保持し，水素放出速度を 0.45 kg/h に保つ．燃料電池は Pratt and Whitney 社製の 12.5 kW のリン酸形である．ニュージャージー州の Public Service Electric and Gas (PSE&G) 社とブルックヘブン国立研究所によって1日1サイクルの水素吸蔵-放出運転が行われた．

400 kg の FeTi を収容する容器の外観を図2に示す．水素貯蔵量の仕様は 4.5 kg であったが，実証運転では水素 6.4 kg が貯蔵された．電力換算で 100 kWh ほどにあたる．化学反応式で表現すると次のようになる．

$$1.08\,\mathrm{FeTiH_{0.1}} + \mathrm{H_2} = 1.08\,\mathrm{FeTiH_{1.95}}$$

シェルアンドチューブ型の容器にはポーラス金属チューブと熱交換チューブが嵌装されていて，前者は水素流路となり，後者は水の流路となった．

図2　FeTi 収容容器の実際

安全性を確認するため，容器の破壊テストが2回行われているが，FeTi が水素を飽和吸蔵している状況下でも急迫性のある危険な現象 (acute hazards) は起こらなかった．

現在は，フランスのマクフィ (McPhy) 社が水素吸蔵合金による大規模な水素貯蔵システムを市販している．水素 700 kg, 燃焼熱換算で 23 MWh という仕様である．水素放出に 300℃ 付近の熱を必要とするが，圧力は 1 MPa を超えることがない．Ti–V–Cr 系水素吸蔵合金，$\mathrm{Zr_7Ni_{10}}$, 炭素等をマグネシウムに添加してディスク状に加工したものが用いられており，空気中に出しても燃えない工夫がなされている．

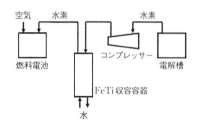

図1　水素貯蔵実証実験の概略図

1.4 ニッケル水素電池の実績

太田健一郎

鉛蓄電池とともにニカド電池と呼ばれるカドミウムとオキシ水酸化ニッケルを用いる蓄電池は古くから利用されてきた二次電池である．このカドミウムの代わりに水素を利用する二次電池が考案され初期の宇宙開発ではわが国でも利用されていた．ここでは利用する水素の貯蔵法が問題となっていた．

幾つかの金属が水素を吸蔵することは古くから知られていたが，当時磁性材料として注目されていた $SmCo_5$ をはじめとした AB_5 合金が室温付近で多量の水素を吸蔵・放出することが見出され，$LaNi_5$ を中心に水素吸蔵材料として注目され1970年頃から研究開発が始まっている．わが国でもサンシャイン計画で水素吸蔵材料として取り上げられた．この時は水素貯蔵材料として，あるいは水素を吸蔵・放出する際に出入りする熱を利用するヒートポンプへの応用が主たる課題であった．

一方，わが国の電池メーカーは，この水素吸蔵材料をニッケル水素二次電池の水素極への適用を考え開発が始めた．当時のアルカリ蓄電池はカドミウムを用いており，これの環境問題への対応が大きな課題であった．ニッケル水素電池の公称電圧は1.2Vであり，カドミウムを用いた場合と同じである．これは，これまでのアルカリ蓄電池代替を進めるのに好都合であった．わが国の主要電池メーカーが競ってこのニッケル水素電池開発に取り組み，1990年に市販が始まった．折しもポータブル電源の要求が増大している時であり，二次電池として急速に普及した．2000年には二次電池では最大の10億個の電池が販売された．その後，リチウム二次電池の普及により販売量は減っているが，今でも年5億個程度は売られている．この電池の構成は NiOOH/KOHaq/MH と表すことができる．ここで MH は水素吸蔵合金である．この電池で起こる正極と負極の反応は次の通りである．

正極：$NiOOH + H_2O + e \underset{充電}{\overset{放電}{\rightleftarrows}} Ni(OH)_2 + OH^-$

負極：$MH + e \underset{充電}{\overset{放電}{\rightleftarrows}} M + H_2O + e$

全反応：$NiOOH + MH \underset{充電}{\overset{放電}{\rightleftarrows}} Ni(OH)_2 + M$

このニッケル水素電池に用いる水素吸蔵合金にはチタン系の AB/A_2B 型，ラーベス相の AB_2 型，希土類系の AB_5 型がある．この水素吸蔵合金としては電解質にアルカリを使用するので十分な耐アルカリ性を有している必要がある．さらに電池の使用温度範囲で平衡水素圧が1気圧より若干小さいことが望ましい．1気圧より大きいと水素化物の自己解離が起こりやすくなり，電池の自己放電を大きくしたり，充電の際に水素発生反応が起こり，充電効率が低下する．また，1気圧よりかなり小さいと，水素の供給が不十分となり，電池反応がスムーズに進行せず，電池出力が十分にとれないことになる．また，耐久性に絡んで電池の充放電を繰り返すことによる吸蔵合金の微粉化の問題があった．これらは第3，第4の金属を添加し，その組成を厳密に制御することにより克服している．

1980年代に三洋電機，松下電工，東芝が実用化を競ったが，1990年に三洋電機が充電式ニッケル水素電池として市販を開始した．このニッケル水素電池は単3，単4等の小型電池だけでなく，ハイブリッド自動車の電力貯蔵用として大量に使われている．出力電圧が1.2Vと小さいものの，アルカリ水溶液を電解質として利用するので，リチウム電池が有機電解質を用いているのに比べて安全性が評価されたと考えられる．水素がエネルギーとして普通の家庭で使われた第1号ともいえる．

1.5 エネファームと燃料電池自動車

西宮伸幸

　2009年に一般販売が開始された家庭用燃料電池であるエネファームは，2017年12月時点の「水素基本戦略」によると，22万台に到達したとされている．2030年には530万台に達する見込みであり，この台数は全世帯数の10％にあたる．燃料電池自動車は同戦略では現在2,000台，水素ステーションは100か所と認識されており，これが2030年には80万台，900か所になる．他に，燃料電池バスが2台から1,200台へ，フォークリフトが40台から1万台へ増えると見込まれている．

　燃料電池自動車が2014年の暮れに市販されたのを受けて，2015年を「水素社会元年」と呼ぶ向きもあったが，エネファームの市場投入の際は，水素社会が来た，ともてはやされることはなかった．都市ガス等の改質によって水素が作られているため，化石燃料の高効率利用と受け取られたためであろう．

　燃料電池自動車の英文表記には2種のものがある．FCV: Fuel Cell Vehicle および FCEV: Fuel Cell Electric Vehicle である．後者は，電気自動車の範疇に入っていることを主張する表記である．バッテリーで走る電気自動車に燃料電池を付置して航続距離を伸ばす，Range Extender という選択肢もある．

　水素は，「3E＋S」，つまり，エネルギーセキュリティ，環境および経済の英語の頭文字三つと安全がキーワードとされてきた．水素が主として再生可能エネルギー由来の「CO_2 フリー水素」に移行すれば，環境，社会およびガバナンスの要素を投資判断に組み入れるESG投資において，水素および水素利用機器への注目が高まることとなろう．

1.6 水素発電に向かうシナリオ

西宮伸幸

　国際的な水素サプライチェーンの構築とともに水素発電を商用化しようという気運が高まっている．水素量は年間30万トン，発電容量100万kW，水素の調達コスト30円/Nm^3 程度，発電コスト17円/kWh というのが2030年頃の目標である．2050年頃の姿は，発電容量1,500万〜3,000万kW，発電コスト12円/kWh とされる．水素発電がガス火力発電を代替することが想定されている．

　ただし，実際の社会実装にあたっては，既設の天然ガス火力における混焼発電が中心となる見込みである．神戸ポートアイランドでの1MW級ガスタービンによる水素発電でも混焼となることが計画段階で報道されたが，現在の実証運転では水素100％も試されている．

　2006年にBP社が開始した50万kW級の水素発電の水素源は石油コークスであった．2007年にダウ・ケミカル社が始めた26万kWの水素発電は天然ガスと水素の混焼によるものである．イタリアのEnel社が2009年に始めた水素100％の発電の水素源は化学プラントから出る副生水素であるが，発電容量は1.2万kWと小さい．これらの3例とも，CO_2 削減効果がどれほどのものなのか，検証可能な形では公表されていないようである．

　国際的な水素サプライチェーンのシナリオは，欧州ではユーロケベック計画（1986〜1998年）で比較検討され，わが国ではWE-NET計画（1993〜2002年）で研究された．液化水素，有機ハイドライドおよびアンモニアが今も輸送形態の候補であり続けている．グローバルな視野に立った総合的な研究が必要であり，大学に研究拠点ができつつある．東工大グローバル水素エネルギー研究ユニット（GHEU）はその好例である．

第2章

エネルギーシステムにおける水素の位置づけ

ドイツ，ミュンヘンのコンパクト水素ステーション（Linde）

2.1 エネルギーの種類と特徴

光島重徳

1) 一次エネルギーと二次エネルギー

水素は宇宙で最も豊富に存在する元素であり，地表付近の存在する元素の質量の順序であるクラーク数は9番目，元素数に換算すると酸素，ケイ素に次いで3番目である．水素分子は可燃性気体であるため燃料として利用可能であるが，大気中の濃度は1ppm以下で，天然には水や炭化水素として存在する．したがって，水素を燃料として使用する水素エネルギーシステムでは，水素をどのようなプロセスで製造するかが重要な問題となる．

エネルギーの流れを議論する際に，エネルギー資源あるいは天然資源を一次エネルギー，別の形態に変換して輸送や利用に適するように加工したものを二次エネルギーと呼ぶ．

代表的な一次エネルギーとして，化学エネルギーでは石炭，原油，天然ガス，薪等，光エネルギーでは太陽光，太陽熱等，力学的エネルギーでは水力，風力，潮流等，核エネルギーでは天然ウラン等が挙げられる．

二次エネルギーには天然資源を加工したガソリン，ナフサ，灯油，軽油，重油，LPG等石油製品，都市ガス，高炉ガス，コークス，液化天然ガス（LNG），アルコール，練炭・豆炭，水素，電力，熱水・蒸気等がある．その中でも石油製品は，精製に要するエネルギーが製品そのものの持つエネルギーに対して数％程度を占める．一方，火力発電で製造した電気エネルギーは，発電効率を高めに見積もって50％としても，半分が失われている加工度の高いエネルギーである．

水素は二次エネルギーの中でも様々な一次エネルギーから比較的簡単なプロセスで製造可能な化学エネルギーである．現在は化石エネルギーから水素を製造する水蒸気改質，水素化分解，および部分酸化反応を組合わせたプロセスが最も多く行われている．原油から石油製品を精製するプロセスと比較すると反応に伴う熱損失は大きいが，熱回収との組合せで実用的な高効率プロセスが確立されている．また，水素は様々なエネルギーで製造される電力を用いて，水電解により比較的効率よく製造できるが，地球環境に対する影響等を評価するためには水電解に用いる電力の一次エネルギーやそのプロセスも考慮しなければならない．この他に，太陽光と光触媒を用いた水分解，高温ガス炉（超高温原子炉）や太陽熱等の熱源を用いて水分解する熱化学法，微生物や菌により有機物を分解して水素製造する等のプロセスがある．

このように，水素は様々な一次エネルギーから製造することが可能であるため，水素を利用することによる環境に対する影響を評価する時には，一次エネルギーが何で，どのようなプロセスで製造された水素であるかを評価することが必須である．

2) エネルギーの形態とエネルギーシステムの中の役割

エネルギーは力[ニュートン，N]と距離[m]の積でジュール[J]の単位で表現される．電力では，電流[A]，電圧[V]，時間[h]の積でワットアワー[Wh，$3,600 J = 1 Wh$]，物理学では電子1個が1Vの電位差で加速される際に得るエネルギーであるエレクトロンボルト[eV，$1 eV \fallingdotseq 1.6 \times 10^{-19} J$]で表される．また，慣用単位としては1gの水の温度を標準大気圧化で1℃上げるのに必要な熱量として定義されたカロリー[cal]や1ポンドの水を華氏で1度上げるための熱量である英熱量[Btu，BTU]がある．

エネルギーは様々な形態を取り，用途に応じて各種エネルギー形態間を相互変化して利用する．

図1に各種エネルギー間の相互変換とその現象や変換機器をまとめて示す．植物は，光エネルギーである太陽光を光合成で炭化水素

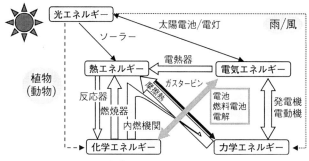

図1　各種エネルギー間の相互変換

に変換し，所謂バイオマスや化石燃料の化学エネルギー物質となる．また，太陽熱による水の蒸発，大気の対流，降雨等に基づく力学的エネルギーである水力や風力等もバイオマスや化石燃料同様，一次エネルギーに位置付けられる．化学エネルギーを熱エネルギーに変換する手段として燃焼，熱エネルギーを運動エネルギーに変換するのが熱機関，運動エネルギーと電気エネルギーの変換には発電機や電動機を用いる．電池や電解は化学エネルギーと電気エネルギーの変換に用いられる．

これらのエネルギーの形態には**表1**に示す通り，力学的エネルギーや電気磁気エネルギー，光・電磁波エネルギー，化学エネルギー，熱エネルギー，核エネルギー等があり，それぞれの特徴を有する．

エネルギーを他の形態に変換する時に損失が少ないものをエネルギーの質が高い，エネルギー損失が大きいものを質が低いと表現することができる．また，それぞれの形態の特徴により，貯蔵や輸送の特性が異なる[1]．ここでは，各種の形態のエネルギーの特徴を説明し，化学エネルギーの一つである水素エネルギーのエネルギーシステムの中での役割について考える．

力学的エネルギーは物質の運動や位置と関連して存在する．すなわち，質量 m の物質が速度 v で動いていて，その高さが h，重力加速度が g であるとすると，運動エネルギーが $1/2\ mv^2$，位置エネルギーが mgh と定義でき，物質の運動で周囲との摩擦で熱が発生しないとすると，運動エネルギーと位置エネルギーの和は保存される．力学的エネルギーは電気磁気エネルギーと原理的には無損失で相互変換可能な質の高いエネルギーである．自然界では風力，水力，河川の流れや潮流等であり，大気や水の流れでエネルギーを運んだり，貯蔵したりしている．風力や水力等発電の一次エネルギーとしての利用，ダムの位置エネルギーによるエネルギーを貯蔵等に応用されている．

電気磁気エネルギーには静電気の効果を利用する電界系のものと，電流によって作られる磁界系のものがある．キャパシタは静電系のデバイスであり，発電機やモーターは電磁誘導作用で運動エネルギーと電気エネルギーを変換するデバイスであり，これらのエネルギーの質は高いため，相互の変換効率は100%に近い．エネルギーの運搬には電線が用いられ，細かい配線から電力網のレベルまで利用されている．電気磁気エネルギーを他の形態に変換しないで貯蔵する方法として，キャパシタや超電導コイルが挙げられる．二次電池（蓄電池）による電力貯蔵は電力を化学エネルギーに変換して貯蔵するものである．以上の力学的エネルギー，電気磁気エネルギーは保存的エネルギーとして分類される．

電磁波は空間の電場と磁場の変化によって

表1 エネルギーの区別,形態および品位

分類	品位	一次エネルギー	二次エネルギー
保存的エネルギー 　力学的エネルギー 　電気磁気エネルギー	高	水力,風力,潮流	動力,電力
光・電磁波エネルギー	高~低	太陽光	
化学エネルギー	中	石炭,原油,天然ガス,薪,バイオマス	石油製品(ガソリン,ナフサ,灯油,軽油,重油,LPG),都市ガス,高炉ガス,コークス,液化天然ガス(LNG),アルコール,練炭・豆炭,水素
熱エネルギー	低	地熱,太陽熱	熱水・蒸気
核エネルギー	低	天然ウラン	ウラン燃料

形成される波であり,光(赤外線,可視光線,紫外線)や電波は電磁波の一種である.光・電磁波エネルギーは光子の数とその周波数(波長)によって決まる.光子のエネルギーはプランク定数 h と振動数 ν の積であり,波長が短い(振動数が大きい)ほどエネルギーが大きい.真空中でも伝搬するため,地球にとっての一次エネルギーである太陽エネルギーは光・電磁波エネルギーで運ばれている.エネルギーの質としては波長のスペクトルによるが,保存的エネルギーよりは低く,光合成により化学エネルギーに,太陽電池で電力に,ソーラーシステムで熱に変換されたりして利用される.

化学エネルギーとは物質を構成する原子間の化学結合に関わるエネルギーであり,化学反応により化学結合が組み変わる時にエネルギーも出入りする.例えば化石燃料の燃焼反応の場合,炭化水素が空気中の酸素と反応して水と二酸化炭素に反応する時にはエネルギーが放出され,体積変化等による仕事と分子の運動エネルギーの変化分の熱の出入りがある.仕事の分は運動エネルギーや電気エネルギーに変換可能であるため,自由エネルギーとも呼ばれる.分子の運動エネルギーの変化分は熱としてのみ出入りが可能である.

保存的エネルギーや光・電磁波エネルギーや熱エネルギーは高密度に貯蔵することが困難であるのに対して,化学エネルギーはエネルギー密度が高い.例えば,1 m³ の水の 100 m の位置エネルギーは 980 kJ,1 m³ の 100℃ のお湯が 25℃ の水になる時の熱量が 313 MJ に対し,1 m³ のリチウムイオン電池の実機容量は約 1,900 MJ,1 m³ のガソリンの燃焼熱は約 34,600 MJ と大きく,長時間保存することも可能であるのでエネルギーの輸送や貯蔵の媒体として優れている.

核エネルギーは原子エネルギー,あるいは原子力とも呼ばれ,原子核の変換や核反応に伴って放出されるエネルギーである.ウラン 233,235 やプルトニウム等の核分裂,放射性物質の崩壊,重水素やトリチウム等の核融合等の核変換に伴い,放射線と熱が放出される.ウラン等の核燃料は燃料自体のエネルギー密度は非常に大きいが,エネルギーを熱として出力する.軽水炉等の原子力発電では水で熱を取り出すため,約 300℃ の熱源で蒸気タービンで動力にするため,熱効率は 30% 程度にとどまる.このため,エネルギーの品位の表現では低くなる.

水素をエネルギーとして考える場合,二次エネルギーであること,品位が中程度の保存的な化学エネルギーであること,豊富に存在する元素であるが,水素自体は非常に軽い気体であるため体積エネルギー密度が低いことを基本に据えて考えなければならない.

2.2 エネルギーシステムと地球の炭素,水素の循環

光島重徳

1) 地球上の炭素,水素,二酸化炭素,水の循環

地球上の炭素循環は,気候変動に関する政府間パネル (IPCC) 報告書で定量的に**図1**のように報告されている.概略すると,人類の活動起源で年9Gtの炭素が二酸化炭素として大気に排出され,そのうち2.4Gtが海洋に溶解,2.6Gtが光合成で還元されて炭化水素となり,大気圏では,二酸化炭素として炭素が年4Gtのペースで増加している.また,海洋に溶解した二酸化炭素は海洋の酸性化を招いている.人類が排出する炭素のうち,約7.8Gtが化石エネルギーの燃焼等によるものであり,化石エネルギーの利用が大気中の二酸化炭素濃度増加の最大要因である[2]).

化石エネルギーは太古の動植物由来の炭化水素や炭素系物質であり,非常に長いスパンの光合成による,生態系と地球の活動の生成物である.一方,薪等をはじめとするバイオマスは人類のライフサイクルレベルでの光合成の生成物であり,両者とも重要なエネルギー貯蔵物質である.化石エネルギーの利用による二酸化炭素排出は人間のライフサイクルのタイムスパンでは再生不可能であるのに対し,環境保全が可能な量のバイオマスの利用は光合成により再生されるエネルギーであるので,CO_2フリーのエネルギーサイクルとみなされる.

図2はIPCCで報告されている炭素循環サイクルに水-水素の循環を加えた物質-エネルギー循環サイクルである.この地球上の物質-エネルギー循環システムの中で光合成は天然の唯一の還元反応であり,二酸化炭素と水から炭化水素と酸素を生成する.これらの炭化水素系燃料を燃焼して利用すると二酸化炭素と同時に水蒸気を生成する.地表や海面

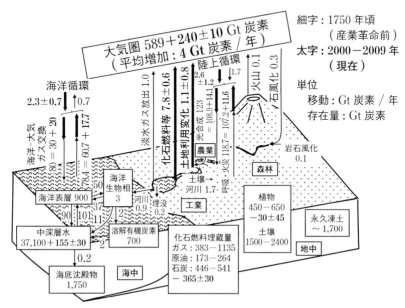

図1 地球の炭素サイクル (IPCC-AR5より)

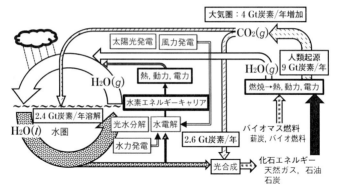

図2 地球上の炭素および水素の循環とエネルギーシステム

の水蒸気の濃度は二酸化炭素と比較してはるかに大きいが，二酸化炭素とは異なり，基本的にはその地点の気液平衡，すなわち温度により決まるため，水蒸気の排出量は大気中の濃度増加には結びつき難いため気候変動に対する直接の制御因子とは考えられていない[3]．したがって，二酸化炭素排出量を増やさずにエネルギーサイクルを成立させればよく，このためには，化石エネルギー等の炭素のストックを使わずに図2の物質-エネルギー循環サイクルを構成しなければならない．ここで，新たなサイクルとして光合成による炭化水素を経ない経路として，水を還元して水素を製造するサイクルが考えられる．この時，一次エネルギーは再生可能エネルギーでなければならないので，太陽光を用いて光触媒上で水を分解する，あるいは再生可能エネルギー由来の電力で水電解して水素を製造することが候補となろう．分子量の大きな炭化水素や炭素系物質はエネルギー貯蔵に適した物質であるのに対し，水素は体積エネルギー密度が低い取り扱いにくい物質であるため，このサイクルを成立するためには水素貯蔵・輸送を担う水素エネルギーキャリア技術の開発も重要である．

2) 温室効果ガスの種類と地球温暖化への影響

気体の分子が光を吸収すると，分子内のエ

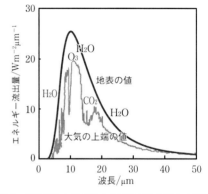

図3 赤外線として地表から放出される熱と大気の上端から流出する熱

ネルギー（内部エネルギー）が高くなる．遠赤外線やマイクロ波のエネルギーは分子の回転運動，赤外線は分子の振動運動，可視光や紫外線は電子遷移のエネルギーに相当するため，光を吸収する領域となる．

太陽放射は，ピークの波長が約 0.6 μm の紫外・可視・短波長赤外光域である約 5,800 K の黒体放射スペクトルに近い．一方，地球放射は，ピークが約 10 μm の熱赤外域である約 288 K の黒体放射スペクトルに近い．したがって，太陽放射は酸素，オゾン，水蒸気によって一部が吸収されるが，多くが地表面に到達する．一方，地球放射は水蒸気，二酸化炭素，メタン，窒素酸化物，ハロカーボン

類，オゾン等多くの気体が吸収し，地球放射でエネルギーが宇宙に放散されることを防ぎ，地球の温度を保っている．

図3は地表からと大気の上端からの赤外線として流出する熱の波長依存性を示す．地表と大気上端の差が大気の吸収量であり，図中の温室効果物質の分子名はそれぞれの分子の赤外吸収の波長を示す．各温室効果物質の寄与は水蒸気48%（75 Wm^{-2}），二酸化炭素21%（33 Wm^{-2}），雲19%（30 Wm^{-2}），オゾン6%（10 Wm^{-2}），その他5%（8 Wm^{-2}）と水蒸気が温室効果としては最も大きな寄与を示す．温室効果がない場合，地表の気温は－19℃程度であるが，温室効果ガスが存在するため，およそ14℃となっている．

水蒸気は熱帯で蒸発して緯度が高い地方での降水により熱輸送して気温を均一化する等色々な役割を果たしている．水蒸気量は飽和蒸気圧で制限されるため，海上等の水上ではほぼ飽和蒸気圧であり，砂漠等を含めた平均的な相対湿度は約50%程度になっている．結局，大気中の水蒸気量はほぼ気温で決定され，農業の灌漑や工業用冷却水等の人為的な水蒸気排出量は無視できるレベルである．二酸化炭素濃度が増加した時，二酸化炭素自身の温室効果により地表の気温が約1.2℃増加するとすると，水の蒸発量も増加して地表の温度は約2.4℃上昇することになる気候フィードバックをもたらす．このため，対流圏の水蒸気は気候変動の外的因子として取り扱わない．一方，成層圏の水蒸気は対流圏とは異なり安定に存在するため気候変動の要因と見なされている[4]．

表1に各種温室効果ガスの寿命と2011年の濃度，20年および100年間累積の地球温暖化係数（GWP）と地球気温変化係数（GTP）を示す．GWは単位質量の温室効果ガスが一度に排出された後，一定期間に気候システムに与える全エネルギーを二酸化炭素基準で表したものである．寿命の短いガスは期間が長くなるとGWPは小さくなる．例えば，寿命の長いN_2Oは20年と100年でほぼ同じGWPであるが，CH_4は84から28に減少する．GTPは単位質量の温室効果ガスが一度に排出された後，一定期間後の世界平均地表気温の変化への単位濃度あたりの影響度合を二酸化炭素基準で表したものである．GTPには大気と海洋の熱交換が気候感度等の物理的な過程が含まれており，温室効果ガスの性質を表すためには一歩進んだ指標であるが，推定誤差も大きい．いずれの物質も単位濃度あたりの係数は二酸化炭素より大きいが大気中の濃度も桁違いに小さい[2]．

水蒸気は飽和蒸気圧に支配される特殊性や各温室効果ガスの大気中の濃度を考慮し，IPCCでは地球の気候システムに対して太陽放射や温室効果等を外部因子として取り扱い，各種温室効果ガスの影響を評価する指標として強制放射力を定義している．正の放射強制力は温暖化，負の放射強制力は寒冷化に

表1 温室効果ガスの寿命と2011年の濃度，20年および100年間累積の地球温暖化係数（GWP）と地球気温変化係数（GTP）（IPCC-AR5より）

物質	寿命（年）	濃度	GWP_{20}	GWP_{100}	GTP_{20}	GTP_{100}
CO_2	—	391 ppm	1	1	1	1
CH_4	12.4	1.80 ppm	84	28	67	4.3
N_2O	121	0.32 ppm	264	265	277	234
CFC-11	45.0	238 ppt	6,900	4,660	6,890	2,340
CFC-12	100.0	528 ppt	10,800	10,200	11,300	8,450
HCFC-22	11.9	213 ppt	5,280	1,760	4,200	262

作用する．二酸化炭素，メタン，ハロカーボン，一酸化二窒素等の長寿命温室効果ガスは化学的に安定して地球上での濃度が均一で，長期的な影響を与えると考えられている．この中で，二酸化炭素は海洋への溶解，光合成等いろいろな過程が関与していて，非常に複雑な挙動を示す．CO，非揮発性炭化水素，窒素酸化物等の短寿命温室効果ガスは大気中で他の物質に反応して温室効果を発現する．

図4に各種排出の1750年を基準とした2011年の影響物質ごとの放射強制力を示す．放射強制力は他のすべての排出物より大きく約 $+1.68\,\mathrm{Wm^{-2}}$ である．地球上の二酸化炭素の動きの概略は図2に示した炭素の物質収支で述べた通りである．

メタンの放射強制力は約 $+0.97\,\mathrm{Wm^{-2}}$ と比較的大きい．メタンの排出源は湿地，反芻（はんすう）動物，米作，森林火災等生物起源によるものと化石燃料関連の排出を含む工業起源によるものが同程度と考えられている．メタンはそれ自身が放射強制力を持っているだけではなく，大気中で CO_2 や O_3 を生成したり，成層圏で H_2O を生成したりして放射強制力を発現する．

フッ素（F），塩素（Cl），臭素（Br），ヨウ素（I）のハロゲン元素を含む有機化合物であるハロカーボン類の大気中の同度は合計でも1.5 ppbに満たない．クロロフルオロカーボン類（CFCs）は1980年代に製造が禁止された後，次第に濃度が下がっている．ハロカーボン類自体は正の放射強制力を持つ．代替フロンとして用いられているハイドロクロロフルオロカーボン類（HCFCs）やハイドロフルオロカーボン類（HCFs）の濃度は増加傾向にあり注意を要する．

一酸化二窒素も正の放射強制力を持ち，濃度は約0.3 ppmである．産業革命以降，特に農業および土地利用の変化により濃度が増加しており，放射強制力も増加している[2]．

温室効果ガス以外の気候変動要因としてエアゾルによる日傘効果等がある．エアゾル粒子とは粒径1 nm～100 μmの大気中に浮遊している粒子であり，化石燃料の使用や焼き畑等人間活動に由来するものと，海塩，黄砂，火山灰等の天然のものがある．エアゾルは太陽光や地球からの赤外線を直接散乱したり吸収したりするエアゾル-放射相互作用，エアゾルの浮遊により気温が変化した影響のエアゾル準直接効果，エアゾルは雲粒子の核となるため雲の特性によるエアゾル-雲相互作用により気候変動要因となる．

その他にも太陽からの放射量の変動による放射強制力の変化や，地表アルベドと呼ばれる太陽からの入射光に対する反射能の変化も気候変動の要因として考慮されている．地表アルベドは焼き畑等の土地利用の変化や温暖化に伴う雪氷の融解等が影響する．図4の温室効果およびエアゾル効果等を併せた人為起源の全放射強制力の変化では，2011年は1980年の約4倍と急激に増加しており，この中で二酸化炭素排出は多量で人為起源の割合も高いため，人間の活動で制御できる可能性のある最も重要な物質である[3]．

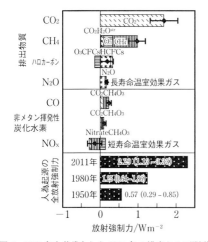

図4 1750年を基準とした2011年の排出および駆動要因別の放射強制力の推定値とその不確実性（IPCC-AR5より）

2.3 エネルギーシステムの中の水素の位置づけ

光島重徳

人類の生活の基本要件は衣食住であり，エネルギーの利用が人類の衣食住を可能にしている．約50万年前に北京原人らは第一次エネルギー革命で火を手にし，発火法を知った．火を使って暖をとり，食料を調理して殺菌，毒素を分解して生では食物として不適なものを食べられるようにしたり，衣類の加工や乾燥したりできるようになった．さらに森林を伐採した木材を炭にして得た強い火力で焼き煉瓦，土器の製造，青銅の冶金，製鉄等を行った．火の利用により古代文明が栄えたが，紀元前3000年頃のシュメール文明は森林の過剰伐採により河川の氾濫が多くなったことで衰退した．最古の文学作品の一つとされる「ギルガメッシュ叙事詩」に登場するギルガメッシュ王は青銅の武器を手中に収めて権勢を広げるために，森林を大量に伐採したため，土地が荒廃して降雨のたびに洪水になるようになってしまい，ギルガメッシュ一族がメソポタミアを後にし，火焼き煉瓦を使っていない地域に移住した物語があり，自然環境保全の重要性を訴えていると考えられる．

さらに後の時代では，鉄器が利用されたため，精錬用の薪炭エネルギーはさらに多く必要とされた．エジプト文明，インダス文明，ミノア文明等もエネルギー利用に伴う森林枯渇により土地が荒廃して滅亡した．森林が乱伐されると雨水が樹木を伝わって地下吸収されなくなり，河川の氾濫が多くなり，土壌が水分を失って地上からの蒸発が減って雲も発生せず乾燥して荒廃する．このようになってしまうと，自然には森林は再生しなくなり，人類の居住には適さなくなってしまう．

ギリシャ時代やローマ時代にかけて，地中海沿岸からドイツ，フランス，ベルギーに至る地域に森林伐採が拡大し，西暦800年頃には原生林が消滅した．現在のヨーロッパの森はその後再生されたものである．これらの森林資源は建材，船舶，家具，樽，容器等木材としての利用のほか，製鉄，製塩，ガラス製造等のエネルギー源として利用された．

16世紀初頭，英国がヨーロッパ最大の製鉄国で，年間6万トン，英国，ドイツ，フランスの合計では年間10万トンに達した．この頃，銑鉄の製造のために年間100 km^{2}の森林を伐採，さらに鋼を製造するためには20 km^2/1万トンの追加伐採が必要であった．このため，18世紀にかけて英国では製鉄所は鉄鉱石を産出する地域から，森林資源とフイゴを作動する水力が得られる山間部に移動したり，スウェーデン，ロシア，デンマークから木材輸入を増やしたりした．

森林資源には供給が樹木の成長に制約されること，樹木自体は化石燃料に比べて水分や酸素分が多く含まれているため，燃焼温度が低く，水，一酸化炭素や黒煙が多量に出る等の問題がある．しかし，150℃以上で蒸し焼き（乾留）すると木炭が得られ，石炭と比較しても硫黄分が少なく，燃焼温度が高い燃料となるため，森林資源の利用が続いた．

その後，石炭コークスが開発され，19世紀初頭に蒸気機関が発明されて，19世紀半ばには蒸気鉄道が普及し，エネルギー源として森林資源ではこれらの活動を支える量を確保できないことから，石炭が取って代わった．すなわち，産業革命は第二次エネルギー革命でもある．石炭の開発と水蒸気機関の発明により，熱，動力とも石炭から得られるため，工場立地が自由になり，経済が指数関数的に成長しはじめるとともに，森林も保全されるようになった．同時に石炭の燃焼によって二酸化炭素のみならず，亜硫酸ガス（SO$_x$）や窒素酸化物（NO$_x$）の排出量も一気に増加し，ぜんそく患者や呼吸器の疾患が増え，スモッグによりロンドンは霧の都と呼ばれるようになった．なお，米国での第二次エネルギー革

命はヨーロッパよりやや遅れて18世紀終盤から，日本では20世紀に入ってからであった[5]．

19世紀は電池や電磁気に関する主な法則が発見され，19世紀半ばには電信が実用化され，20世紀には電灯が普及しはじめ，市街電車，地下鉄等に電動機が用いられるようになった．また，油田の発見，開発とともに内燃機関が自動車，船舶，航空機に実用化された．この石油と電気の組合せの利用を第三次エネルギー革命と呼ぶ．第一次世界大戦，第二次世界大戦ともに原油資源の獲得競争が主な要因であった．

天然ガスは原油とともに開発され米国では第二次世界大戦前から，ヨーロッパ・ロシアでは第二次世界大戦後パイプラインにより，わが国では液化天然ガス（LNG）として海上輸送できるようになってから大規模に利用されるようになった．原子力は1950年代に発電技術が開発され，1970年代にかけて積極的に導入された．また，1990年代以降，二酸化炭素排出量を抑制することが求められ，天然ガスおよび原子力発電が積極的に導入されるようになった．2011年の福島第一原子力発電所の事故以降，脱原子力発電所に政策転換する国や，引き続き二酸化炭素排出量の抑制やエネルギー安全保障の観点から原子力発電を導入する国がある．しかしながら，石油と電気の組合せ，つまり大規模集中型のエネルギーシステムが主役であることには変わりはなく，これらはエネルギー革命とは見なされていない．第三次エネルギー革命により，電力利用が都市部でのSO_xやNO_x等の公害物質の排出を抑制し，工業的な脱硫，脱硝技術や自動車排ガスの浄化技術も進歩した．このため，先進国では公害問題は低減したが，世界的にはまだ課題は多い．

第二次エネルギー革命で起こった新文明で，都市での雇用機会が増え，人々は都市に集まり，さらに第三次エネルギー革命で，都市は明るい照明とクリーンな動力，内燃機関の自動車や電車等の輸送革命と併せて人々の都市集中はさらに加速された．統計的にも所得水準と一次の関係でエネルギー消費も増加する．人口集中と先端的なエネルギー機器を駆使した現代文明が集積する都市化とともに，都市の気温が周辺の郊外地より高い熱の島のようになるヒートアイランド現象が起こってきた[5]．

化石燃料の使用と，脱硫や脱硝技術の普及により，森林破壊やSO_xやNO_x等の公害物質による酸性雨の問題は回避できるが，二酸化炭素の過剰な排出により地球温暖化が進んでいると考えられている．IPCC評価報告書はこれまで5回発行されているが，第5次報告書では「気候システムの温暖化には疑う余地はない」，「人間の影響が20世紀半ば以降に観測された温暖化の支配的な要因であった可能性がきわめて高い（95％以上）」と確度が増した表現になるとともに，「気候変動を抑制するには，温室効果ガス排出量の抜本的かつ持続的な削減が必要である」「CO_2の累積総排出量とそれに対する世界平均地上気温の応答は，ほぼ比例関係にある」と報告されており最終的に気温が何度上昇するかは累積総排出量がどのくらいであるかによると考えられている[6]．

以上の歴史的背景や，前述の地球上の炭素および水素の循環とエネルギーシステムで述べた通り，二酸化炭素排出量を抑制するためには，カーボンフリーのエネルギーシステムを構築しなければならない．これまでにも，森林資源等のバイオマスや水力等の再生可能エネルギーを利用してきたが，人類の現在の経済活動を支える上では不足であるため，これまで人類が大量には使用してこなかった，"不便な"再生可能エネルギーを大量に導入しなければならないと考えられる．再生可能エネルギーを主な一次エネルギーとすることは，第四次エネルギー革命であると考えられる．

2.4 水素エネルギーキャリア

光島重徳

1）エネルギーキャリアとは

エネルギーキャリア（energy carrier）とはエネルギーを輸送・貯蔵するための媒体となる化学物質であり，循環してエネルギーを輸送する．人類の基本的な営みである衣食住の中で食物は炭化水素系のエネルギー物質であり，2.2「エネルギーシステムと地球の炭素，水素の循環」でもみてきたように，太陽光を一次エネルギーとし，光合成を利用したエネルギーのキャリアの一つとみることができる．

食物連鎖の中では，植物が光合成により一次エネルギーである太陽エネルギーを化学エネルギーに変換し，動物は植物，あるいは植物を摂取した動物，すなわち炭化水素を摂取する．それぞれの動植物は，生体内では炭化水素を還元剤としてアデノシン二リン酸（ADP）をからエネルギー通貨とも呼ばれるアデノシン三リン酸（ATP）を生成，運搬する，さらに以下の反応でADPを生成する過程で筋肉の収縮等の生命活動のエネルギーとして利用する．

$$\text{ATP}(C_{10}H_{16}N_5O_{13}P_3) + H_2O = \text{ADP}(C_{10}H_{15}N_5O_{10}P_2) + H_3PO_4 \quad (1)$$

これは，ギブズエネルギー変化（$\Delta G°$）が$-30.5\,\text{kJ/mol}$の自発反応である．ATPを生産する光合成は光を利用して上の逆反応によりADPをATPとして二酸化炭素と水から炭化水素を合成する一連の反応である．

すなわち，ATP／ADPのサイクルは，生体内でエネルギー物質の製造や利用に介在してエネルギーを輸送する役割を担っており，生体内のエネルギーキャリアの系である．

地球上では，これまで述べてきたように炭化水素がエネルギーの貯蔵や輸送の媒体として働いており，このうち，人類が利用しているエネルギーの大部分は石油製品や天然ガス等の化石エネルギーの二次エネルギーとして流通している．この系は著しく長周期であるが，短周期で再生するバイオマスでは量的に不足するため，太古に太陽エネルギーを用いて二酸化炭素と水が還元された化石エネルギーをもとにした石油製品や天然ガス等が貯蔵と輸送の媒体となっている．

二酸化炭素排出量を抑制するためには，光合成を経る天然の炭素サイクルに代わるエネルギーシステムとして，水／水素のエネルギーサイクルが考えられるが，常温常圧の水素はエネルギー貯蔵物質としては体積エネルギー密度が低すぎる．それでは，エネルギーシステムを構成するためのエネルギーキャリアにはどのような性質が必要であろうか．再生可能エネルギーを用いて水を分解した水素あるいは再生可能エネルギー由来の電力を貯蔵，輸送するためのキャリアの特性について考えるためには，以下の要件が必要と考えられる．

①質量エネルギー密度が大きいこと
②体積エネルギー密度が大きいこと
③エネルギーの貯蔵および放出に関わる両反応が可逆で，貯蔵および放出での損失が少ないこと
④取り扱いが容易であること
⑤貯蔵・輸送する環境で安定であり，安全管理が容易で保存性に優れること
⑥毒性，発がん性等のリスクマネジメントが可能であること
⑦安価で大量製造可能な物質であること

これらの要件はそれぞれ相反する要件や異なる評価軸を持っているため，最適なキャリアを単純に選択することはできない．例えば①～③の要件はエネルギー密度が高く，反応性が高い方向で④～⑤の取り扱いの容易さ，安定性や安全管理の容易性とは基本的に相反

する．また，⑥についても，反応性が高いエネルギー物質とは本質的に相反することになる．したがって，大量に流通可能なものの中からエネルギーキャリアのリスクをマネジメントできる範囲で，特性が優れたものを選択することになる．

2）水素エネルギーキャリアの種類と特徴

水素は体積エネルギー密度が低いため，貯蔵したり，船舶や車両で効率よく輸送したりするためには，密度を高くする必要がある．このための方法として，水素自体を加圧した圧縮ガス，冷却した液化ガスの他に化学反応を利用するものがある．化学反応を利用するものとして，金属水素化物として吸蔵する方法，有機物の水素化による有機ケミカルハイドライドとする方法，アンモニア合成して液化アンモニアとする方法や，メタノールとして貯蔵・運搬して水蒸気改質により水素を得る方法，ナトリウムボロンハイドライド（$NaBH_4$）として貯蔵・運搬して水と反応して水素を得る方法もある．天然ガスの貯蔵・輸送のインフラを利用するために，二酸化炭素と水素からメタンを合成するメタネーションの利用も水素エネルギーキャリアの一つとみることができる．

表1には，固体あるいは液体として水素を貯蔵する材料の物理的，物理化学的性質を液化水素や圧縮水素と比較して示す．また，図1には容器も考慮した実効的な水素密度および水素含有率を示す[7,8]．

CH_3OH は水との反応で水素を放出することもあり，体積あたり，質量あたりともに水素密度が高いが，水素貯蔵時に CO_2 が必要であるため，メタン発酵設備等の CO_2 源が併設されているか，利用時に放出される CO_2 をリサイクルするか等の条件が必要となる．CH_3OH 合成は確立されたプロセスであるが，非常に高圧を要する．

表1 水素化物および水素化反応の物理的，物理化学的性質

	密度 (g/cm^3)	有効 H_2 含有率 (wt.%)	有効 H_2 密度 (kg/m^3)	水素化反応	$\Delta_r H$ at 25℃ (kJ/mol-H_2)	$\Delta_r G^o$ at 25℃ (kJ/mol-H_2)
CH_3OH	0.79	18.9%	148.2	$CO_2 + 3H_2 \rightarrow CH_3OH + H_2O$	−43.7	−3.0
液化 NH_3※	0.60	17.8%	106.5	$N_2 + 3H_2 \rightarrow 2NH_3(g)$	−30.6	−10.9
MCH※	0.77	6.2%	47.4	$C_6H_5CH_3(l) + 3H_2 \rightarrow C_6H_{11}CH_3$	−65.8	−29.3
$NaBH_4$	1.07	21.3%	229.0	$NaBO_2 + 4H_2 \rightarrow NaBH_4 + 2H_2O$	53.1	79.5
$NiH_{0.5}$	8.9	3.4%	152.8	$4Ni + H_2 \rightarrow 2Hi_2H$	−7.6	23.6
TiH_2	3.75	4.0%	151.5	$Ti + H_2 \rightarrow TiH_2$	−144.3	−105.1
AlH_3	1.48	10.1%	149.5	$2/3Al + H_2 \rightarrow 2/3AlH_3$	−7.6	31.0
ZrH_2	5.60	2.2%	121.4	$Zr + H_2 \rightarrow ZrH_2$	−169.5	−130.5
MgH_2	1.45	7.7%	111.1	$Mg + H_2 \rightarrow MgH_2$	−75.7	−36.3
$LiAlH_4$	0.92	10.6%	97.4	$1/2LiAl + H_2 \rightarrow 1/2LiAlH_4$	−34.1	−1.2
CaH_2	1.70	4.8%	81.4	$Ca + H_2 \rightarrow CaH_2$	−177.0	−138.0
Pd_2H	12	0.9%	28.5	$4Pd + H_2 = 2Pd_2H$	−39.4	−10.0
液化 H_2※※	0.07	100.0%	71.0	$H_2(g, 298 K) \rightarrow H_2(para, 0.1MPa, 20 K)$	−28.3	
圧縮 H_2※※	0.04	100.0%	39.4	$H_2(g, 0.1 MPa) \rightarrow H_2(g, 70 MPa)$	17.2	

※液化 NH_3：熱力学データは標準条件の気体，25℃での平衡圧力は 1 MPa，MCH：メチルシクロヘキサン．
※※液化 H_2：0.1 MPa, 20 K，圧縮 H_2：70 MPa H_2 とし，液化や圧縮に必要な圧縮仕事の理論的な値．

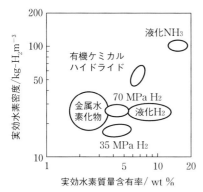

図1 各種水素キャリアの実効的な体積密度と質量含有率

液化アンモニアも非常に水素密度は高い。標準状態でのギブズエネルギーが負の自発反応であるが，活性化エネルギーが非常に大きいため，高温，高圧でのハーバー・ボッシュ法等で製造される．アンモニア合成の効率については，次節で述べる．

$NaBH_4$ は水との反応で水素を取り出すこともあり，水素密度は非常に高いが，水素貯蔵時の反応エンタルピー変化，ギブズエネルギー変化とも他の反応と異なり，正の大きな値である．したがって，貯蔵時に大きなエネルギーが必要であるとともに，脱水素時に熱を放出する．したがって，熱も輸送すると考えることもできるが，高温で脱水素しなければエクセルギー的にメリットはない．

$NiH_{0.5}$, TiH_2, AlH_3, ZrH_2, MgH_2, $LiAlH_4$, CaH_2 等水素吸蔵合金は，体積水素密度は高いが概して質量水素密度は低めである．これらの材料はほとんど脱水素時に吸熱する．これは，脱水素時の熱が水素の化学エネルギーに変換されるため，一種のケミカルヒートポンプでありエクセルギー的な利得が大きい．また，システムにトラブルが発生した時には熱が不足して水素発生しない方向に働くと考えられる．課題としては，材料によって決まる温度，圧力で水素化，脱水素するための熱交換器を含むシステムとしてのエネルギー密度があまり大きくならないこと，水素吸蔵合金を水素化，脱水素する時に体積膨張，収縮を繰り返すため，微粉化してしまうこと，特に卑な金属を用いる場合，水分等の不純物により酸化されて劣化しやすいこと等がある．表面に酸化物が形成したりして反応速度が低下する問題に対しては，表面に触媒作用を有する材料をコーティングする等の研究開発も進められている．

液化水素や圧縮水素は物質としての質量密度は100％であるが，実際には容器の質量割合を考える必要がある．また，体積あたりの水素密度や貯蔵するために必要なエネルギーは化学反応を使う他の水素キャリアと比較して大きな差はない．

図1に示した各種水素キャリアの実効的な水素密度および質量含有率では，貯蔵容器自体の体積や質量割合が高い方式の値は表1の材料自身の値より小さくなる．液化アンモニアやトルエン／メチルシクロヘキサン等の有機ケミカルハイドライドは貯蔵圧力が低く，常温であるため材料自体の値に比較的近い．ここで，液化アンモニアの飽和蒸気圧は25℃で1.0 MPa，80℃で4.1 MPa，トルエン／メチルシクロヘキサンではトルエン，メチルシクロヘキサンともに沸点は100℃以上である．これに対して，圧縮水素では，圧力容器の質量や体積が問題になる．さらに大容量化はシリンダーの長さと本数で対応するため，大型化しても実効のエネルギー密度は高くならない．このため，圧縮水素は燃料電池自動車の車載用として採用されているが，大規模な水素輸送では候補とならない．一方，液化水素は真空断熱容器を使用するため，液体自体の密度よりは低い値になるが，大型化により相対的に容器の割合が小さくなるため，むしろ断熱効率が向上する．このため，大規模な貯蔵，輸送では液化水素が検討されている[9,10]．

金属水素化物では，水素化および脱水素反応を材料に応じた温度，圧力で行う．このた

め，**表1**の反応エンタルピー変化分の熱をマネジメントしなければならない．また，ほとんどの材料は水や酸素が混入すると酸化して劣化する．このため，金属水素化物を使用するシステムでは，反応容器内に熱交換器を組み込み，熱媒体で熱をマネジメントする．

以上の特性や原材料のコスト等から，燃料電池自動車用等の比較的小型の用途では圧縮水素，定置用で高圧を使用しない用途では金属水素化物が用いられ，大規模な水素エネルギーシステムでは主に液化アンモニア，トルエン／メチルシクロヘキサン系の有機ケミカルハイドライド，並びに液化水素が有望なキャリアとして検討が進められている．

3) エネルギーキャリアの合成，利用の効率

エネルギーキャリアの選定では主に水素エネルギー密度等の静的な物性で比較されており，実際のプロセスの反応条件での熱や速度論的な評価はほとんど公表されていない．ここでは，なるべく熱力学的な原理に立ち返ってエネルギーキャリアの合成や利用の効率の評価を試みる．

水素を大気圧から 70 MPa に圧縮するために必要な動力は理論的には 17.2 kJ/mol であるが，実際には約 30 kJ/mol の動力が必要である．前述した通り，圧縮水素はスケールメリットがないため，液化水素が大規模水素キャリアの候補の一つになっている．

水素は圧縮しただけでは液化できない所謂永久ガスの一つであり，液化のためには冷却しなければならない．**図2**に一般的な水素の液化のシステムフローを示す．まずは，等温圧縮で高圧にして熱を放出する．さらに圧縮した水素の一部を断熱膨張して冷却してリサイクルラインに回し，圧縮したガスを冷却する冷媒とする．このプロセスで得た高圧，低温の水素をジュール・トムソン膨張するとさらに温度が下がり，一部が液化する．ここで，常温の水素は核スピンが対称で内部エネルギーが大きいオルト水素と各スピンが反対称で内部エネルギーが低いパラ水素が3：1であるのに対し，沸点付近では9割をパラ水素としなければ平衡にならない．

常温付近で安定なオルト水素とパラ水素のまま液化する時は約 24 kJ/mol の動力が必要であるのに対して，液化時に安定なパラ水素にするためにはさらに約 14 kJ/mol のエネルギーが必要である．オルト水素とパラ水素が3：1のまま液化した場合，パラ水素に変換する時の発熱により一部が蒸発する．したがって，適切な触媒により液化時にオルト-パラ変換しなければならない．

このプロセスでは液化しなかった水素は冷媒としてリサイクルラインに回る．したがって，水素の液化プロセスは気体の圧縮と膨張を繰り返すエネルギー損失が大きいプロセスである．実機での所要動力は規模に依存し，51 ～ 97 kJ/mol である．水電解の所要動力を 4.3 kWh/m^3 すなわち 347 kJ/mol とすると，水電解で水素製造して液化するプロセス

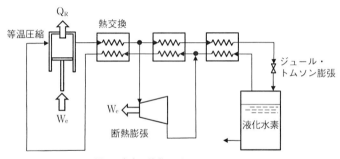

図2　水素の液化のプロセスフロー

では液化プロセスが全体の13〜22％と大きな値を占める[7]．

液化水素を用いるプロセスの効率向上では冷熱の利用や気化時に圧縮水素を製造することが考えられる．また，液化の際に不純物はほとんど固液分離することが可能であるので，きわめて純度が高く，特に精製しなくても燃料電池自動車用燃料としても使用できる．

工業的なアンモニア合成は1910年にBASFが日産100 kgでハーバー・ボッシュ法を確立したことに始まる．窒素と水素からアンモニアを合成するハーバー・ボッシュ法のプロセスを図3に示す．典型的な反応条件は500℃，20 MPaであり，鉄が活性種であるFe_3O_4-Al_2O_3-K_2O-CaO系触媒等を用いて以下の反応を行う．

$$3H_2(g) + N_2(g) = 2NH_3(g) \quad (2)$$

この反応の水素1 molで規格化した25℃でのギブズエネルギー変化($\Delta_r G^o$)は-10.9 kJ/mol-H_2であり，反応エンタルピー変化($\Delta_r H$)は-30.6 kJ/mol-H_2である．平衡論的には自発的に進む発熱反応であるが，反応速度がきわめて遅いため，現実的には常温では反応しないので，500℃程度の高温での触媒反応を用いる．しかし，500℃での$\Delta_r G^o$は23.6 kJ/mol-H_2の上り坂反応となる．$\Delta_r G$が-10 kJ/mol-H_2程度の下り坂反応とするためには20 MPa程度の圧力が必要となる．この時，$\Delta_r H$は-35.5 kJ/mol-H_2の発熱反応である[7]．また，生成したアンモニアは気液分離で液化アンモニアとして分離されるため，原料気体を圧縮した動力を製品側で動力として回収することは困難である．窒素を大量に製造する方法として，ハーバー・ボッシュ法より十数年前にリンデが深冷分離法を開発ずみであった．水素について，ドイツでは電力が高価であったため，豊富に量産されていた石炭に注目し，水との反応で得られる水素と一酸化炭素を含む水性ガスを製造し，さらに一酸化炭素と水蒸気の反応で水性転化するプロセスが開発された．現在はメタンを主成分とする天然ガスを水蒸気改質して水素を製造するプロセスが主流である．これらの水素製造の反応は吸熱反応であるため，アンモニア合成の発熱反応を水素製造の熱源として高効率システムを構成している[11]．したがって，水電解で水素を製造するとアンモニア合成の排熱利用が課題となる．アンモニア合成プラントの効率に関する報告はきわめて少ないため，効率の評価は非常に難しいがOcean thermal energy conversion plants (OTEC)として検討された公称40 MWeのOTEC ammonia plantでは，水電解による水素製造のエネルギー原単位が4.3 kWh/Nm³-H_2に対して，アンモニア合成まで含めたエネルギー原単位は6.1 kWh/Nm₃-H_2，すなわち窒素製造と原料ガスの圧縮のみ必要なエネルギーは1.8 kWh/Nm₃-H_2である．水電解してアン

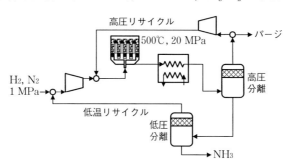

図3　典型的なハーバー・ボッシュ法のアンモニア合成プロセス

モニア合成するプロセスでは，全体の30%がアンモニア合成に投入されるエネルギーとなる[12]．

アンモニアの場合，先に述べたように飽和蒸気圧は大きくないため，気化する時の体積変化をエネルギーとして回収する価値はほとんどない．また，アンモニア合成の25℃のエンタルピー変化（$\Delta_r H$）は -30.6 kJ/mol-H_2 であるので，直接燃焼等の利用方法では，水素に転換して利用するのに対して熱量が約0.4 kWh/Nm^3-H_2 小さいことも考慮する必要がある．また，アンモニアは燃焼速度が遅いものの，直接燃焼等の利用法により低コストシステムを構築できる可能性はあるが，液化アンモニアはきわめて有害な急性毒性物質であり，可燃性，劇物，腐食性，強アルカリ性の液体であるため適切な管理が必須である．また，550℃程度でルテニウム系触媒を用い，ハーバー・ボッシュ法の逆の吸熱反応で容易に分解し，アンモニア濃度が数1,000 ppmの平衡組成に近い分解ガスを得ることにより水素製造できる．水素と窒素および未分解のアンモニア等の混合ガスから水素を精製して使用する．アンモニアの熱分解と同時に下の部分酸化を行い，外部加熱なしで水素製造する方法も検討されている．

$$2NH_3(g) + 1/2\, O_2(g) \rightarrow 2H_2(g) + N_2(g) + H_2O(g) \quad (3)$$

この場合，アンモニアの水素の一部を燃焼して熱分解に必要な熱を得ており，水素生産量は少なくなる．

図4には典型的なトルエンの水素化およびメチルシクロヘキサンの脱水素プロセスを示す．水素化の反応条件は250℃以下で1 MPa以下，脱水素の反応条件も400℃以下で1 MPa以下と水素の液化やアンモニア合成と比較すると非常に温和な条件である．表2にトルエンを水素化してメチルシクロヘキサンとする反応の標準反応エンタルピー変化および標準ギブズエネルギー変化を示す．

$$\text{C}_6\text{H}_5\text{CH}_3 + 3H_2 = \text{C}_6\text{H}_{11}\text{CH}_3 \quad (4)$$

水素化の反応条件の200℃付近では $\Delta_r G^{\circ}$ が約 -10 kJ/mol-H_2 の自発反応で，圧力を高くした方が水素化反応は進行する．標準条件では約270℃で $\Delta_r G^{\circ} = 0$ であり，脱水素反応を行う約350℃では，脱水素反応の $\Delta_r G^{\circ}$

表2　トルエン水素化の標準反応エンタルピー変化および標準ギブズエネルギー変化

トルエン／メチルシクロヘキサン		$\Delta_r H$ (kJ/mol-H_2)	$\Delta_r G^{\circ}$ (kJ/mol-H_2)
25	液／液	65.8	-29.4
200	気／気	70.8	-9.3
350	気／気	71.9	10.4

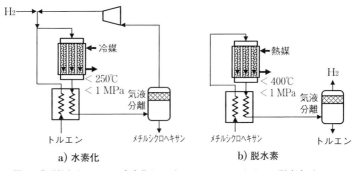

a) 水素化　　　　　　　b) 脱水素

図4　典型的なトルエンの水素化およびメチルシクロヘキサンの脱水素プロセス

が約 -10 kJ/mol-H_2 の自発反応となる．以上，本系は扱いやすい温度領域内の約 100℃ の温度領域で反応の方向を制御することができる[7]．また，非常に反応速度が大きいので，適切な触媒を選択することにより，速度論的な損失は非常に小さくできる．しかし，この反応は，1 mol のトルエンで 3 mol の水素を貯蔵する体積変化が大きいので，必然的にエントロピー変化が大きい．取り扱いが容易な温度領域でギブズエネルギー変化が 0 の平衡であることから，原理的に反応エンタルピー変化が大きい．このため，トルエン／メチルシクロヘキサン系の脱水素反応では水素の燃焼熱（25℃ の低位発熱量で 242 kJ/mol）の 28% の熱が必要となり，アンモニアと比較しても 2 倍近い熱が必要である．しかし，エクセルギーの考え方で，カルノー効率が 56% の 350℃ 程度の熱エネルギーを，燃焼温度 1,500℃，すなわちカルノー効率 84% 相当の水素の化学エネルギーに変換すると考えると一種のケミカルヒートポンプであり，高効率システムの構築が可能となる．

最後に，水素エネルギーキャリアとして考えらえている三者の特徴を総括的に比較する．いずれの方法でも，水素の体積エネルギー密度を高めるために液体として貯蔵・輸送する．この時，液化水素および液化アンモニアは常温常圧では気体の物質，トルエン‐メチルシクロヘキサン系の有機ハイドライドは液体である．どのプロセスでも適切な反応条件の選択によりギブズエネルギーがマイナス数十 kJ/mol となるようにして実用的な速度を得る．常温常圧で液体の物質は特に大規輸送や貯蔵に適しているが，気体の物質を製造する場合より必然的にエントロピー変化が大きいため，$T\Delta S^\circ$ も大きい．すなわち，常温常圧で液体のトルエン‐メチルシクロヘキサン系は気体の水素やアンモニアと比較し，標準条件でのエンタルピー変化を議論する平衡論的な考え方では必然的に脱水素時に熱が必要となる．ここで，この平衡論的に必要な低レベルの熱は水素として化学エネルギーに変換されるので，エクセルギーの考え方ではエクセルギー率の低い低レベルの熱をエクセルギー率の高い化学エネルギーに変換するプロセスである．一方，液化水素や液化アンモニアは製造時にエネルギーを投入して液体にしているため，逆に利用時のガス化は容易である．また，トルエン‐メチルシクロヘキサン系の水素化の反応条件は非常に温和で分散形にも対応可能である．

一方，水素の液化やハーバー・ボッシュ法によるアンモニア合成は非可逆的で本質的に損失が大きい．加えて両者とも高圧プロセスであるため，効率を高くするためには高い圧縮機効率が得られる大規模化が必要である．

再生可能エネルギーを基盤とするエネルギーシステムは，太陽光発電や風力発電等の再生可能エネルギーや水電解槽は単位ユニットが小さい分散形の変動に効率よく追従するプロセスでエネルギーキャリアを合成しなければならない．

以上のように，エネルギーキャリアの方式による効率を議論する上では，エネルギーを損失する段階が異なること，規模と効率の関係，変動に対する追随性と効率等，具体的な境界条件を設定してトータルで検討しなければならないが，基本的には分散型に適した高効率機器で構成したシステムが柔軟性に富む強靭なものとなろう．

第3章

水素製造・利用の歴史

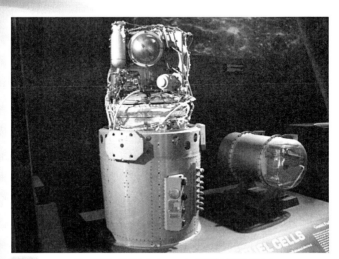

アポロ計画で使用されたアルカリ形燃料電池(左)と
ジェミニ計画で使用された固体高分子形燃料電池(右)
(ワシントンDCのライフスタイル・国立宇宙航空博物館資料より)

3.1

石油代替クリーンエネルギーとしての水素

a. クリーンエネルギーシステム

西宮伸幸

アポロ計画（1963～1972）に参画しているNASAの技術者にとっては，宇宙では水素経済が現実のものとなっていた．打ち上げは液化水素，飛行中の燃料は水素，電力は水素燃料電池，飲料水はその副産物という具合である．いつから「水素エネルギー」，「水素経済」，「水素社会」という用語が使われだしたのか，特定は難しいが，1974年3月にマイアミで開催されたTHEME (The Hydrogen Economy Miami Energy Conference) の準備期間中の1973年には既に「水素経済」という用語が用いられていたことになる．

1972年に組織されたヒンデンブルク協会（H2indenburg Society）の会員の多くが1970年頃には水素エネルギーの利用の研究に従事しており，環境的見地から自動車のエンジンに水素燃料を使うという構想が自然に語られていた．1973年，ニクソンが宇宙計画の終わりを告げたことにより，アポロ技術（水の電解，燃料電池）の関係者が合流して，大きなうねりとなった．

水素は燃焼しても水しか出さないことから，水素燃料を用いるエネルギーシステムをクリーンエネルギーシステム (CES) と呼ぶようになり，現在に至っているが，当初は，アメリカで語られるCESと日本版CESとは異なるものであった．1974年10月発刊の太田時男編「水素エネルギーシステムの開発」（フジ・インターナショナル）によると，図1のアメリカ方式はアポロ技術への過信から生まれたもので，公海上に設置した1,000万 kW以上の原子炉を使って海水から電解水素を得，パイプラインで輸送し，需要地で燃料電池発電するシステムであり，図2の日本方式から太陽エネルギーと電力系を取り去ったものと

なっている．日本方式は，脱石油のクリーンエネルギー自給のシステムであるという点ではアメリカと共通であるが，一次エネルギーを太陽エネルギー，水力，地熱等の自然エネルギーに求めており，自然エネルギーの変換技術や集積技術が未確立のうちは原子力への依存も考える，というものであった．

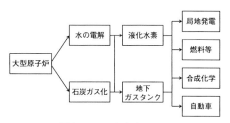

図1　アメリカ方式のCES

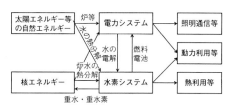

図2　日本方式のCES

アメリカ方式の根底には，エネルギーの輸送距離が400～450 km以上になるとガスパイプラインが電力輸送より圧倒的に有利，という考えがある．日本には，エネルギーの6割を消費する工業地帯の立地が海岸からせいぜい50 kmであるため，海岸にエネルギー供給源を設置すればすむ，という事情があった．水素パイプラインは送電線輸送に対してあまり利点を持ち得ないため，電力システムと水素システムがパラレルに存在する方式となっている．

前述のマイアミ会議の参加者は，25か国，700名であったが，アメリカが564名を占めた．外国からの参加は日本が最多の16名である．日本からの発表は2件で，日本方式のCESを各国に示した．

3.1

石油代替クリーンエネルギーとしての水素

b. サンシャイン計画

西宮伸幸

1973年の第一次石油ショックおよび同年の第四次中東戦争と相前後して「新エネルギー技術研究開発計画」が企画立案され,1974年4月から実施,1993年まで継続された.通商産業省工業技術院の編集によって1974年1月に日本産業技術振興協会から出版された同名の書籍には,カッコ書きで「サンシャイン計画」という呼称が付されている.

石油代替クリーンエネルギー技術の開発が目的であり,具体的には,太陽エネルギー,地熱エネルギー,合成天然ガス等(石炭のガス化,液化)および水素エネルギーが四本柱とされた.化石燃料に依存しないエネルギー供給体制を築くことを目標に置きつつ,国の基幹であるエネルギー供給が国際情勢や紛争等の影響を敏感に受けることのないものとなることを上位の目標に据えており,石炭を扱うことも排除しなかった.

上述の書籍において,当時の工業技術院長は以下のような状況認識を示している.「当面の石油危機は別にしても,長期的に見て,増大せざるを得ないエネルギー需要の一方において,エネルギーの供給は,石油等のエネルギー資源量の制約,エネルギー資源の偏在等解決の困難な諸問題を内包しており,エネルギー危機は一段と深刻化すると思われます.また化石燃料の大量消費に伴う環境問題は大きな社会問題を惹き起こしており,環境の保全は国民的課題となっております.このような情勢にあって,わが国が今後とも安定的発展をとげていくためには,エネルギー資源の確保と節約,省エネルギー型産業構造への転換等とともに,既存エネルギーに代わる新しいクリーンエネルギーを開発し,エネルギー源の多様化を図ることがきわめて重要でありま す.」

一次エネルギーではない水素がなぜ四本柱の一つに加えられたのか,それは,1973年12月18日付で産業技術審議会から中曽根通商産業大臣に提出された答申「新エネルギー技術開発の進め方について」に明確に記載されている.「現在のエネルギー供給のうち直接最終消費者が消費しているものは水力,原子力及び化石燃料等一次エネルギーのごく一部であって,残りの大部分は石油製品,都市ガス,電力等の二次エネルギーに加工されてから消費される.これをエネルギーの形態から見ると,化学的エネルギー形態いわゆる燃料と,電気エネルギー,すなわち電力とに分けられる.(中略)現在のエネルギーシステムは,燃料と電力を二本の柱にした複合システムで,一般的には補完的関係にある両者の特長をうまく組合わせてエネルギー消費が行われている.」

同答申では水素を合成燃料と位置づけ,次のような特質を有する最適のもの,と評価した.

①原料が水であるため資源的制約がない.

②燃焼生成物は水のみであるためクリーンである.

③水素サイクルは炭素サイクルのように自然の循環を乱さない.

④経済的かつ効率的な輸送ができる.

⑤エネルギー貯蔵の手段となる.

⑥熱源,動力源,燃料電池,化学原料等の広汎な用途がある.

ここで,③の水素サイクルは水のサイクルとほぼ同義であり,炭素サイクルが植物体を通して何年も何十年もかかることと対比して捉えられている.化石燃料と二酸化炭素の間のサイクルとなると数百万年であり,水のサイクルとは桁が違う.なお,二酸化炭素による地球温暖化が国際的に明確な課題として認識されたのは,この時期から十数年後,第1回気候変動に関する政府間パネル(IPCC)が開かれた1988年のことであるが,サンシャイン計画の立案時には既に二酸化炭素の増加に

よる気象の変化についての懸念は共有されていた．

化石燃料を主な一次エネルギーとし，燃料と電力を中心とする当時のエネルギーシステムは，化石燃料が枯渇に向かい新エネルギー源の役割が大きくなっていく状況の中では変化せざるを得ない，とした上で，水素に合成燃料としての役割が与えられたが，新エネルギー源として位置づけられていたのは原子力，太陽エネルギー，地熱エネルギー等であり，いずれも熱エネルギーの形で取り出される，という前提が置かれていた．熱エネルギーを化学エネルギーに置き換えたものが水素であり，合成燃料であった．

サンシャイン計画の太陽エネルギーの技術開発は，太陽熱発電，太陽光発電および太陽熱電子発電からなる太陽発電が中心であるが，他に太陽冷暖房，給湯等というものもあり，計画は網羅的であった．これと呼応する形で，水を原料とした水素製造も，太陽熱を用いる直接熱分解法および太陽発電の電力による水電解の両方が課題化されている．水素製造には熱化学的方法という研究開発課題もあり，高温熱源を新型の原子炉である高温ガス炉に主に求めていた．

現在は，太陽光発電の他に風力発電も長足の進歩を遂げており，熱エネルギーの形ではなくいきなり電気エネルギーの形で得られるものが多くなっている．水素の役割もおのずと変化せざるを得ない．

サンシャイン計画が始まった当時は，石炭から石油へのエネルギー転換が急速に進んだ直後の時期にあたり，煙が少なく灰を残さない，エネルギー源が固形ではないためパイプライン配送が行える，タンクローリー車への積みおろし作業が簡便，といった利便性が享受されていた．しかし，当時の日本のエネルギー経済には，

①単位面積あたりの石油の燃焼量はアメリカの8倍で，大気汚染が深刻

②エネルギー消費の6割が大規模工業に集中しており，大気汚染の被害者は国民という感情があった

③エネルギー資源が極端に少ない中，水力資源は電力の中で30%弱の占有率を有していたが，主力は石油であり，その98%は輸入頼みだった

といった特質があったため，新エネルギーおよびそのキャリアとしての水素が国民に受け入れられていったといえよう．1973年の石油ショックが時代を画したことも間違いない．

サンシャイン計画の水素エネルギーは，前述の水を原料とした水素の製造のほか，水素の輸送・貯蔵技術，水素利用技術および水素の安全・環境対策からなる．

水電解による水素製造では，高温高圧電解および固体電解質電解が取り上げられた．前者は，電力効率の向上，ガス圧縮費の節減および槽容積の縮小といった利点を有する．後者は燃料電池の逆反応といえるものであり，アルカリ水溶液を必要とせず，高効率で保守の容易な技術として期待された．

熱化学的方法による水素製造とは，水の分解反応を幾つかの反応の総和の形で実現するものであり，比較的入手しやすい熱源温度で反応が進行することを特徴としている．マーク1と呼ばれる下記の反応が当初から有名であった．

$CaBr_2 + 2H_2O = Ca(OH)_2 + 2HBr$ (1)
$Hg + 2HBr = HgBr_2 + H_2$ (2)
$HgBr_2 + Ca(OH)_2 =$
$\quad CaBr_2 + HgO + H_2O$ (3)
$HgO = Hg + 1/2 O_2$ (4)

水を反応剤としつつ水素発生反応(2)および酸素発生反応(4)に必要な原料を再生していくという考え方の反応サイクルである．反応(1)が730℃，反応(4)が600℃の熱源を必要とするが，反応(2)および(3)は250℃および200℃で進行する．水銀を用いる反応が実用されるはずもなく，ハロゲン化物が装置を腐食するという問題も初めからわかっているため，このマーク1を手本としつつも，他の数々

の反応サイクルが提案され，研究された．

直接熱分解法による水素製造は，水蒸気を2,600 K に加熱すると 5% 程度の水が解離するという化学平衡定数からの予測に基づく提案であったが，生成ガスの分離をどうやって行うかが未解決課題である．他に，放射線化学的方法による水分解も検討された．

水素の輸送・貯蔵技術は，長距離を安価に，地下埋蔵の方式で送ること，地下に貯蔵ができること，そして種々の方法で電気に転換されることを念頭に置いて検討された．気体水素のパイプライン輸送，送電用の極低温ケーブルと液化水素用パイプラインの共用および水素化物を用いる輸送と貯蔵等が取り上げられ，中でも，水素化物による水素の固形化技術が最も特色ある方法として重視された．水素の固形化により，体積密度も質量密度も高い貯蔵が実現できるほか，複雑な容器を必要としないこと，長期間貯蔵が可能であること，容器材料の水素脆性が問題にならないこと，大規模にも小規模にもできること，純度の高い水素が得られること等も期待された．また，この延長線上で，Pd-Ag 合金膜に代わる水素の選択的透過膜の開発も提起されている．

水素利用技術としては，燃焼技術，燃料電池技術，動力利用技術および化学利用技術が研究開発対象となった．燃焼技術の特殊なものとして，液化水素爆薬も取り上げられた．低比重であることや，爆発後のガスが無公害であること等が特徴である．

燃料電池は，電気自動車用電源，オンサイト発電用，貯蔵エネルギー再生用（ピーク時用発電所），海洋・宇宙用動力源，遠隔地用電源等が用途として考えられており，固体電解質燃料電池，溶融塩電解質燃料電池，酸性電解液燃料電池およびアルカリ性電解液燃料電池が対象となったが，固体電解質はほぼ固体酸化物に関心が偏在しており，固体高分子は 1990 年以降のものである．

動力利用技術は内燃機関とほぼ同義にとらえられており，水素エンジン，航空・宇宙用エンジン等が中心であるが，スターリングエンジンも取り上げられている．さらに，1985～1990 年には，航空機燃料としての液化水素の価格が，発熱量あたりでは通常のジェット燃料と同程度になる，という予測が示されている．水素ガスタービンについても言及があり，出力 10 万 kW 以上のベースロード電源と位置づけられている．

化学利用技術として取り上げられているのは，一酸化炭素や二酸化炭素と水素からのメタノール合成，鉄等の水素還元製錬，金属水素化物を用いた水素化反応，副生酸素の化学利用等である．

そして，何よりも重要な，水素の安全・環境対策として，保安距離，防爆設備，防爆対策，装置保安および輸送・消費保安等が研究課題とされた．特に，液化水素の危険性については未知の点が多いため，詳しく検討されている．水素ガスを液化して貯蔵するとオルト-パラ転移による発熱のため蒸発が促進される．また，空気中での液化水素の燃焼速度はきわめて速い．液化水素を地面にこぼした時，蒸発した水素は低温であるため，上方へ拡散するよりも水平方向へたなびきやすい．そのため，目に見える雲の高さと可燃性混合物の拡がった範囲とが必ずしも一致しない．

サンシャイン計画の期間中，1978 年からは省エネルギー技術を開発するムーンライト計画が始まっており，燃料電池およびガスタービンが精力的に研究された．1979 年には第二次石油ショックとイラン革命が起こっているが，エネルギー研究の先行でバーゲニングパワーを有するわが国への影響は軽微であった．1986 年のユーロケベック計画の開始，1988 年の IPCC 以降，二酸化炭素と地球温暖化の因果関係が議論されるようになったが，環境問題の関心は二酸化炭素より大気汚染防止が中心であった．1993 年，ニューサンシャイン計画および WE-NET 水素プロジェクトへバトンタッチして，サンシャイン計画の役割は終了した．

3.2 再生可能エネルギー利用の大規模水素エネルギーシステム

福田健三・笹倉正晴

1) WE-NETの基本的コンセプト

WE-NET(World Energy Network)の概念図を図1に示す.WE-NETの基本的コンセプトは,世界各地に賦存する再生可能エネルギーを利用して電気分解により水から水素を製造し,製造した水素を輸送可能な媒体に変換してエネルギー消費地に輸送し利用する,という世界的規模のネットワーク構築を目指すことであった.

実際の研究計画では,カナダの余剰水力発電電力を液体水素の形でわが国に輸送し,水素/酸素燃焼タービン発電に利用するシステムをモデルとして中核的要素技術の開発とシステム設計等を総合的に推進した.カナダ連邦政府・天然資源省も積極的な協力を惜しまず,水力発電サイトとして,ケベック州の他サスカチュワン州の適地を推奨した.

昨今のCO_2フリー水素供給チェーン構想では,川崎重工業が豪州褐炭等の未利用化石燃料資源を現地CCSと組合わせて水素源として利用するコンセプトも加わって,WE-NET構想が今日的広がりを見せている.

2) WE-NETの年次展開(当初計画)

WE-NETの年次展開(当初計画)を図2に示す.2020年システム実証(または実用化)を目的とした長期構想であったが,実際には,2003年度で終了予定の第Ⅱ期計画を1年繰り上げて2002年度で終了の措置が取られた.WE-NETは2020年度システム実証を目指して,第Ⅲ期以降の計画も検討していたところだったので,この中断措置は,関係企業をはじめ多方面に大きなマイナス・インパクトを与えた.ただし,2015年2月のNEDOフォーラム資料[1,2]や,2016年3月に改訂された資源エネルギー庁の水素・燃料電池戦略ロードマップ等で展開されている戦略は,WE-NET構想の発展的継承と理解できるところも多いことから,FCVやエネファームの実用化促進に力点を置く政府方針の下で,WE-NETは2002年度でひとまず中断したと理解するのが妥当であろう.

3) WE-NETの技術・研究開発項目

WE-NETの技術開発項目を図3に,WE-NETの第Ⅰ期研究開発計画(1993〜1998

図2 WE-NETの年次展開(当初計画)

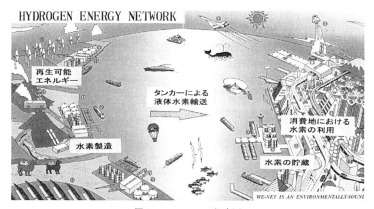

図1 WE-NETの概念図

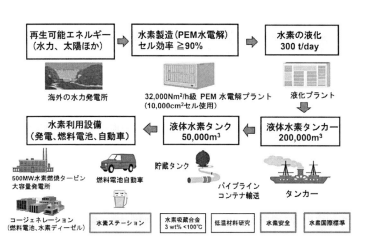

図3 WE-NETの技術開発項目

表1 WE-NETの第Ⅰ期研究開発計画（1993~1998年）

TASK	研究開発項目	内容
1	全体システム	各種水素輸送媒体での全体システム概念設計を行い，最適輸送媒体を選定する
2	国際協力	国際的情報交換，国際協力の方策検討
3	安全対策	水素の安全性に関する調査研究
4	水素製造技術	PEM水電解技術開発：セル効率90％以上
5	輸送・貯蔵技術	高効率水素液化システムの検討，液体水素輸送タンカー，液体水素タンク開発，水素吸蔵合金の開発：100℃以下で3 wt％以上
6	低温材料技術	液体水素温度における材料特性研究
7	水素利用技術	水素ディーゼル，純水素燃料電池の開発
8	水素タービン	水素/酸素燃焼タービン：タービン入口温度1,700℃，発電効率60％(HHV)，66％(LHV)以上
9	革新的技術	水素製造，輸送・貯蔵，利用技術の調査

表2 WE-NETの第Ⅱ期研究開発計画（1999~2002年）

TASK	研究開発項目	内容
1	システム研究	各種水素源を利用するシステム評価
2	安全対策	水素の拡散・爆燃実験による安全性検証
3	国際協力	国際標準化活動，情報交換
4	動力発生	100 kW単筒水素ディーゼルエンジン開発
5	水素燃料タンク	自動車の燃料系システム要素研究
6	純水素燃料電池	30 kW PEM燃料電池システムの実証
7	水素ステーション	水素ステーションの開発，実証
8	水素製造技術	2,500 cm²電極使用の積層電解スタック
9	輸送・貯蔵技術	水素製造，輸送・貯蔵，利用技術の調査
10	低温材料	溶接法と溶接材料の低温特性への影響
11	水素貯蔵材料	有効貯蔵量3 wt％以上の合金開発
12	革新的技術	水素関連の革新的技術の調査（磁気冷凍法水素液化技術の基礎研究等）

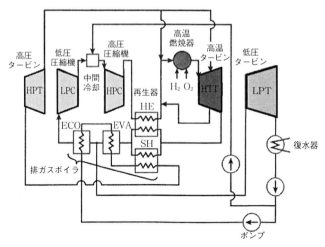

図4 トッピング再生サイクル

年),第Ⅱ期研究開発計画(1999～2002年)を各々,**表1**,**表2**に示す.

筆者らが所属するエネルギー総合工学研究所は,第Ⅰ期,第Ⅱ期を通して研究開発全体の統括の役割を担った.

表1と**表2**を比べて明らかなように,第Ⅱ期ではFCVとエネファーム実用化重視の国の方針に従い,FCV関係の課題が設定された.このうち,顕著な成果が30 Nm^3/hの水素供給能力を持つ水素ステーションの実証であった.水素ステーションのタイプは,四国総研構内で実施された固体高分子電解質水電解(PEM)型オンサイトステーションと大阪ガス構内で実施された都市ガス改質型オンサイトステーションであった.

4) WE-NETでの水素/酸素燃焼タービン開発の経緯と到達点

水素の特徴を最高に発揮できる(理想的な)発電技術は,水素/酸素燃焼タービンである.タービン作動媒体がスチームであることから,ガスタービンとスチームタービンを直結でき,さらに作動媒体であるスチームを循環させるクローズドサイクルが可能となるので高効率が期待できる.サーマルNO$_x$生成が

ゼロなので材料の耐熱性の限界までタービン入り口温度を高められる.タービン入り口温度の目標1,700℃に対応できる耐熱材料の開発や,1,700℃のスチームを安定に作り出すための水素/酸素燃焼器の開発,タービン翼冷却技術の開発等多くの革新的技術の研究開発が行われた.最適タービンサイクルは設計コンペにより選定されることとなり,4方式が提案され,設計コンペの結果トッピング再生サイクル(**図4**)が選定された.

トッピング再生サイクルの期待される性能は以下の通りであった.
- 出力:500 MW
- 発電効率:61.8%(HHV),68.5%(LHV)
- タービン入口ガス温度:1,700℃
- タービン入口圧力:4.75 MPa

タービン翼用耐熱材料は次の5種類が候補となり,第Ⅰ期終了時点ではいずれも約5 cm$^\phi$程度の試験片を作成し,1,700℃スチーム下での耐熱性評価の予備段階まで到達したが,そこで中断の措置を受けた.

①単結晶(SC)超合金 + 繊維強化セラミックス(FRC)のハイブリッド冷却翼
②耐熱超合金冷却翼用遮熱コーティング

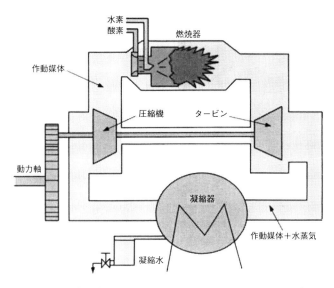

図5 水素／酸素燃焼タービンの概念図（クローズドサイクル）[3]

(TBC)
　③セラミック基複合材料（CMC／長繊維）
　④セラミック系多重構造材料（CMC／表面部＋中間部＋芯部）
　⑤C/Cおよび弱冷却部品用CMCの3次元織繊維複合材料

　革新的水素燃焼タービンである，水素／酸素燃焼タービンの概念図（クローズドサイクル）を図5に示す．d項で示した利点（高効率・サーマルNO_x生成ゼロ等）に加え，液体水素供給チェーンの場合は液体水素の冷熱（－253℃）を利用して深冷式空気分離による酸素製造ができる等の利点があることから，究極の革新的熱機関として開発を推進するに値する技術であろう．WE-NETでは，まさにこの革新的技術，すなわち，深冷式空気分離による酸素製造設備を含めた水素／酸素燃焼タービン発電設備について，システム設計，要素技術開発に加えて，設備費を概算し，経済性検討も実施した．

5）WE-NETプロジェクトの総括

　わが国はWE-NET構想という形で，世界に先駆けて水素エネルギーに関する壮大な長期計画を立ち上げた．現在，再生可能エネルギー／未利用エネルギーを水素に変換して需要地に輸送・利用するための，地球規模での水素エネルギーシステム構築が現実の課題として議論されている．そこでは，WE-NETが掲げた基本構想が継承され，活かされている．長期構想のもとに，幅広い領域で研究開発に取り組みながらも，一方でFCV実用化をサポートするために，水素ステーション技術の開発等への課題の絞込みも行い，多くの成果を上げた．水素安全，国際標準等社会基盤関連課題にも取り組みがなされた．これらの成果はエネファーム，FCV，水素ステーションの実用化・普及および水素関連規制見直し等に多大の貢献をした．

　水素燃焼発電に関しても，国の水素・燃料電池戦略ロードマップが着実に実行に移され，WE-NETで蓄積された研究開発成果の継承も含めて，水素燃焼発電技術開発が本格的に展開されることを期待する．

3.3 ユーロケベック計画における水素キャリアの比較

福田健三・笹倉正晴

EQHHPP (Euro-Québec Hydro-Hydrogen Pilot Project) (1986～1998年)[4] はカナダ・ケベック州の水力発電電力を水素に変換して,北極海航路を通って海上輸送し,ヨーロッパ各国で利用するという構想であった.ドイツでは,水素の用途として燃料電池自動車 (fuel cell vehicle: FCV) が注目を集め,ダイムラー社を筆頭にFCVの開発が精力的に展開された.図1はEQHHPPのシステムフローである.

1) 液化水素のコスト試算

1992年6月に発表された液化水素に関する計画の概要と試算では次のようであった.

水力発電：100 MW
水電解効率 (実働)：74%
年経費 (金利8%, 15年償却)：11.7%
稼働率：95%
ハンブルグでの水素出荷量
　：74 MW − 614 GWh/年
水素変換効率：74%
設備投資原価：415百万ECU

水素エネルギー原価
　：14.8セントECU/kWh
段階別累積コスト
入力エネルギー：2.06セントECU
電解：4.57 上記を含む
液化：9.21 上記を含む
カナダ港での出荷：10.67 上記を含む
船 (輸送)：12.85 上記を含む
受入・貯蔵：14.63 上記を含む
配送：14.82 上記を含む

なお,この時の電力コストは2セントECU/kWhとしたものである.

2) 液化水素とメチルシクロヘキサンの比較検討

メチルシクロヘキサン (MCH) による輸送についても前項と同様の検討を行い,両者を比較した結果,MCHが有利な点は,

・貯蔵期間の上で制約がないこと.
・現状の原油の輸送船やコンテナを使って輸送や貯蔵ができること.

を挙げている.一方,不利な点として

・液体水素は多量のエネルギーを必要とする水素液化を水力の豊富なカナダ側で行えるが,MCHは同様に多量のエネルギーを必要とする脱水素をユーザー側で行う必要がある.

・MCHから供給されるガス水素は,ユー

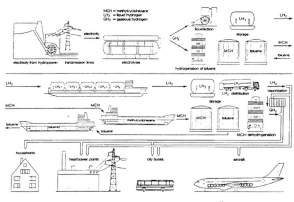

図1　EQHHPPのシステムフロー[4]

表1　液化水素パスのエネルギーバランス(GWh/年)[4]

	入力エネルギー	補助エネルギー	荷揚げ水素エネルギー	エネルギー効率(%)
電　解	830.0 電力	35.6 電力	641.6 水素	74.1
液化機	641.6	246.0 電力	614.3 液体水素	69.2
カナダ出荷港	614.3	4.5	609.8	99.3
船舶輸送	614.3	69.3 燃料	614.3	90.0
欧州荷揚げ港	614.3	8.1	614.3	98.7
配　送	614.3	0.65	614.3	99.9
			総合効率	51.4

表2　MCHパスのエネルギーバランス(GWh/年)[4]

	入力エネルギー	補助エネルギー	荷揚げ水素エネルギー	エネルギー効率(%)
電　解	830.0 電力	35.6 電力	641.6 水素	74.1
水素添加	641.6	63.5 電力	638.2	90.5
カナダ出荷港	638.2	4.6	638.2	99.3
船舶輸送	638.2	68.4 燃料	638.2	90.3
欧州荷揚げ港	638.2	6.3	638.2	99.0
脱水素	638.2	200.1 燃料, 電力	625.7	74.6
			総合効率	51.8

ザー側の使用状況に従って調整しにくく，およそ80％の水素が液化水素の形で使用される現状からみると不利となる．
・化石燃料で脱水素反応熱を供給する場合のMCHから得られる水素ガスの製品コストは12セントECU/kWhであり，製品水素で脱水素反応熱を供給する場合の製品水素ガスのコストは15.3セントECU/kWhになる．したがって，クリーンな水素で脱水素する場合，液体水素よりMCHの方が高くなる．

このような結果から，計画のより実現性の高い液化水素で行うことにしたとしている．

3) エネルギーバランスの比較

表1と表2は，各々液化水素パスとMCHパスのエネルギーバランスを示す．両パスとも830.0GWh/年の同じ電力量を電解槽に使用するところからスタートしている．液体水素パスは614.3GWh/年の液体水素製品で終了し，MCHパスは625.7GWh/年の水素ガス製品で終了している．補助的なエネルギーを含む液体水素パスのエネルギーは主には液化用の電力であり，MCHパスは脱水素用の燃料が主である．全体の効率は液体水素パスの場合約51.4％で，MCHパスの場合51.8％であり，全体のエネルギー効率は液体水素とMCHで大差はない．

EQHHPPは，水素をエネルギーキャリアとする再生可能エネルギー供給・利用のグローバルシステムの実現を目指した世界初の試みであったが，資金不足のため，カナダ・ヨーロッパ間の水素輸送を実証することなく，1998年に終了した．

3.4 燃料電池の燃料としての水素

太田健一郎

燃料電池とは外部から燃料と酸化剤を連続的に補給しつつ，化学反応により得られるギブズエネルギー変化を電気エネルギーに変換するシステムである．開発の歴史は古く，1839年のスイスのションバインあるいは英国のグローブ卿の実験に始まり，わが国でも1935年に田丸らの発表がある．田丸の燃料電池を除き燃料としては水素を用いている．

この水素を用いる燃料電池の実用化はまずは宇宙開発と密接な関係がある．1961年から1966年にかけて実施された米国の最初の有人衛星ジェミニでは，初期は通常の二次電池であるが，後期には固体高分子形燃料電池が使用された．続く米国の宇宙開発である月への着陸を狙ったアポロ計画では，当時より信頼性の高かったアルカリ形燃料電池が使用された．これらは宇宙空間の中で水素を用いる燃料電池が電源として十分に役立つことを証明した．

この技術を民生用に活用するためにTARGET計画が1967年に始まり，リン酸形燃料電池の開発が始まった．それに続き，溶融炭酸塩形燃料電池，固体酸化物形燃料電池の開発競争が始まった．一方，固体高分子形燃料電池に関しては1980年代半ばに当時のナフィオンに替わるダウ膜が発表され，それ以降，自動車用を中心にして急速に開発が進むことになる．2009年に家庭用燃料電池エネファームとして商業販売が開始され，2018年現在，25万台の実績がある．燃料電池自動車に関しては2013年に韓国で，わが国では2014年末から環境対応車の切り札として市販が始まっている．これらはいずれも水素を燃料に使う燃料電池である．

1) 燃料電池の原理と特徴

燃料電池では燃料である水素と酸化剤である酸素から，電気化学反応を用いて電気および熱エネルギーが取り出される．図1に燃料電池の基本構成を模式的に示す．燃料電池の基本要素は，電子伝導体である二つの電極(酸化反応が起こるアノードと還元反応が起こるカソード)とイオン伝導体である電解質の三つから主に構成される．ここでの燃料電池の全反応は水素と酸素から水ができる反応を考えている．

図2には水素と酸素から水が生成する反応のエネルギー変化を示す．この反応は自発的に起こる反応であり，反応の際に外部にエネ

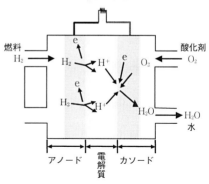

図1 燃料電池の基本構成

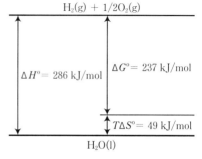

図2 水生成反応のエネルギー (298 K)

ルギーを放出する．この放出されるエネルギー（ΔH，エンタルピー）は，仕事（ΔG，ギブズエネルギー）と熱（$T\Delta S$）に分けられる．原理的には，この仕事（ΔG）の減少分が燃料電池（電気化学システム）を用いると，電気エネルギーとして外部に取り出される．この図で示す数値は25℃において水（液体）が生成する時の値（HHV）である．原理的には，25℃で得られるエネルギーの大部分が電気エネルギーに変換できる．燃料電池では化学エネルギーの変化を直接電気エネルギーに変換するため，熱機関のようにカルノー効率に規制されず，変換効率は高い．また，乾電池，二次電池と異なり電池容量に制約はない．エネルギー源となる燃料，酸化剤を外部から連続的に供給することで原理的には半永久的に電気エネルギーを取り出すことが可能である．密閉型の乾電池が電気エネルギーを蓄える装置だとすると，燃料電池は電気エネルギーを得るエネルギー変換デバイスと考えることができる．

燃料に水素，酸化剤に酸素を用いる場合，生成するのは水のみである．騒音，振動，環境汚染物質等は電池からは発生しない．燃料電池がスペースシャトル等宇宙空間での人間活動になくてはならない理由の一つである．反応が容易な水素が安価で容易に手に入る時代になると，より期待できる発電システムとなるはずである．燃料電池による発電の主な特徴は次に示す通りである．

①理論発電効率が特に低温で高い．多くの燃料の酸化反応は発熱反応，すなわち高温で不利な反応である．したがって理論的には低温で作動させた方が高い変換効率が得られる．これがカルノー効率で規制される熱機関と大きく異なる点である．ただし，化学反応の常として反応速度は高温ほど大きい．実際には，この両者と材料の劣化（これも一般に高温の方が劣化速度は大きい）も考え合わせて燃料電池の作動温度が決められる．

②単セルの電圧が1V以下の直流電源である．燃料の酸化反応から得られる起電力はいずれも1V程度であり，大きな出力（＝電圧×電流）を得るには大電流が必要である．大電流を得るには電極／電解質界面で大量の物質を遅滞なく反応させる工夫が必要で，この技術の大きな進歩が燃料電池自動車をはじめ燃料電池の実用化につながっている．

③二次元反応装置である．電気化学反応装置は電極と電解質界面で起こる電荷移動反応がその根本である．すなわち二次元反応装置であり，本来は体積あたりの利用効率が悪い．しかし，近年の自動車用燃料電池技術の進展はめざましく，3kW/L もの出力密度が得られるようになった．旧来の燃料電池は大きくて重たいという概念が払拭されつつある．

④小型でも効率低下は小さい．燃料電池を含む電気化学反応装置は二次元反応装置であり，その特徴として大型化してもスケールメリットは少ない．逆に小型化しても効率はそれほど落ちない．燃料電池自動車の効率は内燃機関の自動車に比べてかなり高い．また，分散型発電として利用できれば熱利用も容易であり，総合効率は格段に高くなる．

⑤低環境負荷，低騒音・低公害発電システムである．高い変換効率を有するということは化石燃料をベースにしても二酸化炭素排出量が少なくなる．また，ディーゼル機関を高効率で用いた時の窒素酸化物の生成問題は燃料電池自動車にはない．補機を除き騒音，振動がなく，安全が担保できれば室内での使用も可能である．

2) 実用化を見据える燃料電池

①リン酸形燃料電池（PAFC）：燃料電池は当初は宇宙開発でアルカリ形が実用化された．この技術を元に1967年から民生用に向けて TARGET 計画としてリン酸形燃料電池の開発が始まった．200℃程度での温度で作動するが，この条件ではリン酸が電解質として適している．50 kW から 200 kW クラスを主に考えられてきた．現在でも，このサイズでの商用機が日米韓で販売されている．主

要な用途は浄水場における低濃度メタンの有効利用にある．

②溶融炭酸塩形燃料電池 (MCFC)：溶融炭酸塩を電解質にして650℃で運転される高温燃料電池の一つである．この温度で電極触媒はニッケル／酸化ニッケルである．燃料としては水素のほか，炭化水素，炭素，一酸化炭素までも利用できる．セパレータにステンレス鋼が使われるが，この温度が酸素共存下で利用できる最高であろう．この電解質の特徴は二酸化炭素選択透過性を有することで，今後の二酸化炭素の分離，濃縮に向けて注目すべき性質である．

③固体酸化物形燃料電池 (SOFC)：酸化ジルコニウム等の主に酸化物イオン伝導性を有する金属酸化物を電解質とする高温型の燃料電池で，800℃程度の温度で運転される．米国では100 kWクラスの定置型の試験が進められており，日本では家庭用のエネファーム type Sとして市販されている．高温で連続運転をすれば改質への熱利用を含めて高効率が期待できるが，温度変化に弱く，頻繁に起動停止を繰り返すことはできない．

④固体高分子形燃料電池 (PEFC)：ジェミニ計画で開発されたデュポン社のナフィオンは固体高分子電解質としてイオン交換膜法食塩電解の成立には大きな貢献をした．しかし高出力燃料電池に向けては，1980年代のダウ社のイオン伝導性に優れた新しいイオン交換膜の出現を待つことになる．この膜は燃料電池の大きな欠点であった出力密度の向上に寄与し，自動車エンジンと対抗しうるまでになった．さらに，電解質として固体高分子の利用は，これまでのリン酸形，溶融炭酸塩形，アルカリ形等の液体電解質と異なり，その形状に大きな自由度を与えることになって，燃料電池の用途を広げることになりつつある．

分散型電源としてわが国では700 Wから1 kWの家庭用燃料電池エネファームが2009年から実用販売に入り全国で2018年現在25万台を超える数が設置されている．耐久性も

図3　市販されたトヨタミライとホンダクラリティフュエルセル

10年が見込めるようになり，大量普及によりかなりのコスト低下が見込めている．このエネファームには熱併給の電源として考えるだけでなく，独立電源としても期待されている．東日本大震災以降，電力供給への不安は大きく，各家庭での自前の独立電源への要望は大きい．燃料電池はスタートさえすれば燃料の補給がなされる限り連続運転が可能である．

移動用，電気自動車用電源としての燃料電池は世界各国の自動車メーカーが開発競争をしているところである．2014年には韓国の現代自動車が，2015年にはトヨタ自動車が，2016年に本田技研が燃料電池自動車の市販を開始して，その台数も増えつつある（図3）．ここにきて低温スタートが可能となり，航続距離，耐久性も向上し，実用車として機能を備えることができた．さらに燃料電池自動車の燃料電池の出力密度は3～3.5 kW/Lとなり，これは中型のガソリン自動車と同程度かそれ以上である．燃料電池はかつて大きくて重たいという二次元反応器の欠点を有していたが，これを過去のものとしてしまった．

3）インフラ整備

燃料電池自動車は高圧水素を燃料として利用する．このための水素ステーションのインフラ整備も重要な課題である．これに関してわが国では東京，名古屋，大阪，九州北部の

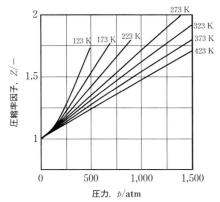

図4 水素圧力と圧縮率因子の関係

4大都市圏を結ぶベルト地帯を中心に水素ステーションが100か所程度整備されており，これから全国へネットワークを広げる計画が進められている．ここで最も大きな課題は水素ステーションの建設コストである．この問題に対処するには車載タンクの圧力を再考する必要があろう．現在は車載タンクの圧力は350気圧あるいは700気圧が計画されており，水素ステーションには700気圧対応が位置づけられている．この700気圧対応には疑問が残る．図4には水素の高圧における圧縮率因子を示す．圧縮率因子とは気体の理想気体からのずれを表している．すなわち理想気体ではこの因子は1であり，理想気体からずれると1から離れた数値となる．この図より700気圧では係数の1からのずれが大きくなっていることがわかる．このずれは理想気体からのずれであり，圧力が上がることにより分子間相互作用が増すことを示す．すなわち，理論的に気体を圧縮するための動力がこの分だけ熱化し，気体の圧縮には使われないことになる．無駄なエネルギーである．現状でも350気圧のタンクで400～500kmの航続距離は可能であり，今後の燃料電池技術の進歩でさらなる高効率化が期待できるので，水素ステーションの圧力は350気圧で十分であろう．

おわりに

グリーン水素エネルギーシステムの基盤技術はすでに工業技術として成り立っており，後は決断と実行である．このグリーン水素時代の水素を最も有効に活かせるのは燃料電池のはずである．

燃料電池は機能的には優れているが，いずれの用途においてもコストが大きな問題である．自動車用においてはコストを数分の1，定置用においては1/3程度のコストダウンが要求されているが，かつてのような桁違いな値ではない．大量生産が実現できれば達しうるところまできている．技術はここまで進歩したのである．

さらに原理的に燃料電池の特性をより高度に生かすことができるはずである．そのためには，その構成要素たるアノード，カソード，電解質，セパレータ（集電体）の機能向上の追求は欠かすことができない．特に商用化が進みつつある固体高分子形燃料電池のカソード電極触媒は効率を左右する大きな因子である．基礎から始まる材料に関する着実な研究が常に望まれている．

> コラム

閉鎖空間での水素利用

太田健一郎

　水素は閉鎖空間での利用には細心の注意が必要であり，海底トンネルでの水素輸送のように法律で規制されることもある．水素は静電気のような小さなエネルギーでも着火しやすく，可燃範囲が空気中で4～70％と広範囲であるためである．一方，解放空間では水素は軽いので拡散しやすく少量の漏れ程度では着火することも少ない．水素を安全に利用するためには閉鎖空間で用いないようにするのが重要である．

　ところが，宇宙空間では完全に閉鎖された中で水素がエネルギー源として活躍している．宇宙衛星では一次エネルギーとして太陽エネルギーを利用することはできるが，貯蔵が問題である．二次電池が最も容易に考えられるが，重すぎるため適切ではない．人工衛星の時代にはニッケル-水素電池をはじめとする二次電池が使われたが，月面着陸を目指す有人衛星の時代になるとその重量が問題となり，燃料電池の登場となる．

　宇宙開発においてソ連（当時）に遅れをとった米国は1961年に当時のケネディ大統領がアポロ計画を発表した．10年以内に月に人類を送るだけでなく基礎材料科学の充実まで含む壮大な計画であった．一例として，材料設計の基礎となる物質の熱力学データとして最も信頼のおけるJANAF (Joint Army Navy Air Force) Thermo Chemical Tablesは，この計画の中で整備されたもので当時の米国の底力がわかる．

　燃料電池はこの有人衛星の電源として重要な役割を果たすことになる．貯蔵された水素と酸素から電気を得て，同時に水を得る．水は飲料水として宇宙飛行士の飲み物になるとともに電気分解をして水素と酸素に戻す．再生型燃料電池とも呼ばれるこのシステムでは一次エネルギーを太陽電池で得て，物質は宇宙船の中で循環するシステムで，完全な閉鎖空間の中で水素と酸素がエネルギー生成に使われた例となる．ここではコストを無視した高い技術が使われている．それでもアポロ13号のように酸素タンクの爆発という重大事故が起こる可能性はある．

　宇宙開発で最初に燃料電池が使われたのは有人衛星であるジェミニ衛星の時である．この時には炭化水素系の固体高分子電解質膜が用いられ，触媒は白金であった．出力は1 kWでGE社が製作した．この燃料電池は炭化水素系であったため耐久性がなく，次のアポロ衛星にはアスベストにアルカリ濃厚溶液を浸み込ませたアルカリ電解質が使用された．その運転温度は200℃程度である．

　ジェミニ衛星に搭載された炭化水素系固体高分子電解質膜を改良するためデュポン社はテフロンをベースにしたフッ素樹脂系のイオン交換膜ナフィオンを開発し，アルカリ形燃料電池と性能を競ったが，既に実績を積んでいたアルカリ形がその後の宇宙開発でも使われることになった．

　ナフィオンは食塩電解のイオン交換膜法の成立に大きく寄与した．食塩電解とは食塩水を電気分解して塩素と水酸化ナトリウムを得る工業電解で，塩素は塩化ビニルの原料に水酸化ナトリウムは苛性ソーダとも呼ばれアルカリとして重要な工業原料である．また，副生品として水素が得られるが，水素エネルギーの時代には一つの電解プロセスで3種の生産がなされる重要な産業になるはずである．

　一方，ナフィオンより高機能なダウ膜が1980年代半ばに発表され，電流密度が一挙に6倍以上になることから日米加独で自動車用に向けた開発競争が始まることになる．宇宙開発技術が今日見られる燃料電池車のもとである．

コラム

実験室での水素貯蔵・精製

西宮伸幸

圧力 1 MPa 以下の少量の水素を実験室で使うには，図 1 のような市販の金属水素化物（MH）キャニスターや水素プッシュ缶が便利である．図の左が水素量 40 NL（N は 0℃，0.1 MPa 換算の意）のキャニスターであり，真夏の高温のもとでも圧力が 1 MPa を超えないように組成が調整された AB5 型水素吸蔵合金が収容されている（温度 35℃において 1 MPa 未満であるため高圧ガス保安法上の高圧ガスには該当しない）．見かけが大きいにもかかわらず，右のプッシュ缶中の水素は 5.8 NL である．

金属水素化物に水素を貯蔵して実験室で用いたり，大規模なエネルギーキャリアとして水素社会で活用したりするアイデアは，そもそも誰が提出したのか．Mg_2Ni や FeTi の開発者であるライリー（Reilly）に 1974 年に訊いたところによると，ミュンスター大学のウィッケ（Wicke）ということであった．ウランに水素を吸蔵させた UH_3 を用いて，実験室のガスラインに高純度水素を供給していたという．もとの水素の純度が高くなくても，一度吸蔵させて残ガスを排気してから UH_3 を温めると，高純度水素が放出される．

図 1　MH キャニスターと水素プッシュ缶

Wicke 自身やその関係者の論文によると，図 2 のような水素発生器が 30 年余にわたって無事故で作動し続けていた．一端を封じた Pd/Ag 合金管をカソードとして Pt アノードと対向させ，電気分解を行うと，管の内側に水素が発生する．内側の表面を Pd ブラックの堆積物で被覆しておくのがポイントだという．得られる水素の純度は "highest purity" であり，100 bar 以上の圧力の水素を発生させることもできる．

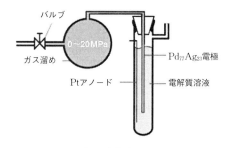

図 2　水素発生器

Wicke らの研究は多岐にわたるが，水素トランスファー触媒（hydrogen transfer catalyst）は今なお未解明のコンセプトを含む．有機二重結合に水素を移して水素添加反応を行おうというものであり，後年注目されることになる水素スピルオーバー（hydrogen spillover）と似たところがある．しかし，水素トランスファーが金属の直接接触によって起こるのに対して，スピルオーバーは金属上で生成された水素原子がマトリックスや担体の上へこぼれて拡がっていくという違いがある．水素トランスファーは有機物の水素化には成功しなかったが，UH_3 や CeH_3 から Ta や Ti 等へ水素を移行させ，平衡を短時間で達成させることには成功している．

実験室用水素発生器は，重水素を用いた解析実験で特に大きい威力を発揮した．ガス溜めの代わりに水素吸蔵合金を用いたシステムも論文の実験欄に記載されている．

3.5
水素による CO_2 削減

西宮伸幸

海外の再生可能エネルギーを利用する水素エネルギーシステムを構築するためのユーロケベック計画 (1986〜1998) やわが国の WE-NET 計画 (1993〜2002) と期をほぼ同じくして，1992 年にリオデジャネイロで国連の地球サミットが開催され，気候変動枠組条約が採択された．1994 年に発効したこの条約は，大気中の温室効果ガスの濃度増加が地球の温暖化を起こす恐れがあり生態系に悪影響を及ぼしかねないことを，人類共通の関心事として認識し，温室効果ガス濃度の増加を抑えて気候を安定化させることを目的としている．条約に従って毎年 COP (Conference of the Parties) が開かれており，第 3 回の京都会議 COP3 (1997 年) では京都議定書が採択された．IPCC が 1995 年に提出した第二次報告書では，地球温暖化は人類の化石燃料消費による CO_2 濃度の上昇が原因，と結論づけられている．京都議定書はこれと呼応するものであり，その後の，水素安全利用等基盤技術開発 (2003〜2007) や，クールアース 50 首相演説 (2007) およびこれを受けたクールアースエネルギー革新技術計画 (2008) へとつながっている．水素は燃料電池の燃料とされ，次世代自動車の低コスト化や高効率化が具体的に推し進められた．

水素は燃焼しても CO_2 を排出しないことから，他の化石燃料とは全く異なるクリーンさを有すると思われがちであるが，例えば天然ガスの水蒸気改質 (1) とシフト反応 (2) によって水素を入手すると，水素 4 mol に対して 1 mol の CO_2 を排出している．

$$CH_4 + H_2O = CO + 3H_2 \quad (1)$$
$$CO + H_2O = CO_2 + H_2 \quad (2)$$

表 1 は，種々の燃料の燃焼熱あたりの CO_2 排出量を示すものであり，水素については，水素そのものの値と水素を作る反応で排出される CO_2 を算入した場合の両方を示している．

燃料の化学式の H/C の比が小さくなるとともに燃焼熱あたりの CO_2 排出量が多くなることや，始めから酸素原子を含有している燃料からの CO_2 排出量が多いこと等が見て取れる．水素を除くと，天然ガスの主成分であるメタンからの CO_2 排出量が最も少ない．前述の天然ガスの水蒸気改質で得られた水素を用いた時の CO_2 排出量は，メタンを直接燃焼させた時よりも 23% 減少しており，水素を作る時に CO_2 が出るからダメという単純なものではないことがわかる．液化石油ガス (LPG) の主成分であるプロパンを出発原料とした場合でも，水素をエネルギーキャリアにした方がメタンの直接燃焼よりも CO_2 排出量が少ない．ただし，ライフサイクルアセスメント (LCA) 的に，反応 (1) および (2) の効率や，反応温度を維持するための燃料消費等を考慮して現実を数量化していくと，表 1 のような燃料のみに関わる数量だけで優劣を判断するのは早計であることがわかる．表 1 は，あくまでも各燃料の潜在的能力であると考えるべきであろう．

もう一つ，エクセルギーの観点から，水素の優位性を確認しておきたい．物質のエクセルギーとは，その物質から取り出せる最大有用仕事のことであり，環境温度の熱源や液体の水，大気中の分圧と同じ圧力の酸素や窒素等の値をゼロとして，各物質の値が割り出されている．エクセルギーの値を燃焼熱で割って求められるエクセルギー率で比較した時，メタン，エタン，プロパンがそれぞれ 0.93，0.96，0.97 と大きいのに対して，水素の値は飛び抜けて低く，0.83 である．少ないエクセルギーしかなく,悪いことのように見えるが，そうではない．熱機関において 2,000℃ 程度の高温ガスを燃焼で得たとすると，その高温ガスのエクセルギー率は 0.70 程度であるため，メタン燃焼の場合は 0.23 が損失となるが，

表1 燃焼熱1 kJ あたりの CO_2 排出量 /g

水素	コークス	一酸化炭素		
0	0.112	0.155		
メタン	エタン	プロパン	n-ブタン	n-オクタン
0.049	0.056	0.059	0.061	0.064
	エチレン	プロピレン		
	0.062	0.064		
	アセチレン		エタノール	グルコース
	0.068		0.064	0.094
メタン由来水素	コークス由来水素	プロパン由来水素	エタノール由来水素	グルコース由来水素
0.038	0.077	0.046	0.051	0.077

水素燃焼の場合は損失が0.13にとどまる.

メタンから水素を作る際に損失を先払いしているからかというと,そうではない.反応(1)の原料であるメタン1 molの燃焼熱は890 kJ,生成物である水素4 molの燃焼熱は1,144 kJであるから,燃焼熱は29%ほど上昇している.吸熱反応である(1)の進行の際に熱が貯蔵された勘定となる.熱の貯蔵の過程でエクセルギー率が下がっている.

以上のような考察を背景にして,再エネ由来水素,CO_2フリー水素,低炭素な水素,グリーン水素,プレミアム水素等,様々な呼び名の水素がCO_2削減の目的で注目されるようになってきている.水素をエネルギーキャリアとして用いることによるシステム上のCO_2削減を一歩進めて,水素の製造過程でのCO_2排出を極小にして元からCO_2を削減しようというものである.

EUのCertifHyコンソーシアムによると,水素の製造過程で排出されるCO_2が水素の燃焼熱1 MJあたり36.4 g以下のものをプレミアム水素(premium hydrogen)と呼び,このうち,再生可能エネルギー由来の水素をグリーン水素(green H_2),そうでない水素を低炭素な水素(low carbon H_2)と分類するという.CO_2排出36.4 gとは,化石燃料由来の通常の水素が1 MJあたり91 gのCO_2を排出しているとして,そこから60%の削減を課した値であると説明されている.プレミアム水素ではない水素はグレー水素(grey H_2)と呼ばれることになる.

反応(1)および(2)で得られるメタンの場合,1.144 MJの水素とともに排出されるCO_2は1 mol,44 gであるから,38.5 g CO_2/MJとなり,反応自体が基準を満たさない.反応に必要な熱をCO_2フリーの熱源から調達しても認証されないとすると,天然ガス由来の水素は事実上締め出されることになる.反応を(1)の段階で止めてCOを化学原料に回す場合の扱いがどうなるのか,注目される.

2017年5月のG7の頃,英仏のエンジン自動車抑制の表明を契機として,電気自動車(battery electric vehicle:BEV)へのシフトが顕在化した.水素によるCO_2削減よりも蓄電池によるCO_2削減の方が優っているとするBEV至上の論説も見られる.落としどころは燃料電池自動車(fuel cell vehicle:FCV)とBEVのすみ分けということになり,FCVはヘビーデューティの方向へ特化していく可能性もある.

2017年秋の国際エネルギー機関(IEA)のデータによると,電力1 kWhあたりのCO_2排出量は,1990年の日本は452 gだったのに,2011年3月11日以降原子力発電が止まった2014年の実績では,556 gに増えた.この間,米独英は,600〜700 gだった排出量を400 g台に下げたため,日本は環境先進国としての地位を失っている.CO_2を排出しない再生可能エネルギーの導入の遅れが主原因である.日本自動車研究所が2011年3月に出した「総合効率とGHG排出の分析報告書」によると,走行1 kmあたりのCO_2排出量は,FCVが78 g,BEVが77 gである.FCV用の水素はオフサイト天然ガス改質,BEV用の電力は2012年度の電源構成が前提とされている.電力を天然ガス火力のみで賄った時にどういう比較になるのか,開示を待ちたい.

3.6 大規模エネルギーシステムの中の水素と水素発電

西宮伸幸

2010年7月に燃料電池実用化推進協議会(FCCJ)が出した『FCVと水素ステーションの普及に向けたシナリオ』には,「2025年には水素ステーションが1,000か所となり,FCVが200万台に達するとともにステーション1か所あたりのFCVが2,000台となってステーションビジネスが成立する」という青写真が描かれている.2017年末の段階で,商用水素ステーションは計画・建設中のものも含めてちょうど100か所,FCVは2,100台くらいである.シナリオ通りにFCVが200万台に達したとして,これが同時に水素を満タンにすることを想定すると,1台あたり5kgであるから,総計1万トンとなる.1年間に必要な量は10万トンのレベルである.

水素の価格を下げるためには大規模化が避けて通れない.水素を安定的に大量消費する水素発電が注目されている.川崎重工業の資料によると,液化水素運搬船2隻で年間22万トン余の水素輸送が可能である.また,2017年12月の再生可能エネルギー・水素等閣僚会議で決定された「水素基本戦略」によると,2030年頃に商用規模のサプライチェーンを構築し,年間30万トン程度の水素を調達し,その水素コストを30円/Nm^{3}程度にするという.水素源は海外未利用エネルギー/再生可能エネルギーである.2030年頃に発電容量100万kW,コスト17円/kWhを目指している.

川崎重工業の資料では,将来,80隻の就航で年間900万トンの水素を輸送することを視野に入れている.2,600万kWの発電容量の水素発電を行い,日本の総発電量の20%を賄うという.「水素基本戦略」では,水素発電は再エネ導入拡大に必要となる調整電源・バックアップ電源と位置づけられており,その役割は天然ガス火力発電等と同様であるという.将来的な目標値は,水素調達量が年間500万～1,000万トン程度,発電容量は1,500万～3,000万kWである.

大林組と川崎重工業によって神戸に設置された1MW級ガスタービンによる2018年1月開始の実証試験は,NEDOによると,水素コジェネレーションシステムとしては世界初の取り組みだという.わが国ではこれが水素発電の第一歩であるが,世界では幾つかの先例がある.

2006年2月にはBP社およびEdison Mission Energy社がカリフォルニア州カーソン(Carson)で50万kW級の水素発電に着手している.水素源は石油コークスであり,水素の製造工程で発生するCO_2は地下深くの油田に注入する方式が採られた.CO_2を半永久的に閉じ込めるのと同時に,原油の粘度を下げて採取しやすくする効果がある.なお,BP社は2005年6月にスコットランドで大掛かりな水素製造に着手しており,この時の水素源は北海天然ガスである.CO_2は回収され,油田に送入されている.また,石油コークスから水素を作るプラントにはAir Products社の空気分離機からの日量7,000トンの酸素が用いられている.製造された水素は発電に使用されるほか,Air Products社によって低炭素な水素として商用化されている.

2007年8月には,ダウ・ケミカル社がヒューストン(Houston)郊外で水素発電を始めた.26万kWである.天然ガスと水素の混焼により,全電力使用量の10～20%を水素で賄い,その分のCO_2を削減している.排ガスのCO_2を回収して苛性ソーダと反応させ,重曹を合成する試みも行われている.

イタリアのEnel社は,2009年8月に水素100%の水素発電を始めた.イタリア初で世界初の水素パワープラントをベニス近郊に建設する,と自社のホームページ表明してからちょうど1年後のことである.水素はPolimeri

社のエチレンクラッキング工程から供給され，両社は水素パイプラインでつながれている．発電容量は12 MWで，タービンはGE社の開発品である．発電の副生物である水蒸気は石炭焚きプラントで利用され，4 MW分のエネルギーが付加的に得られるという．

水素発電に必要な水素の量がどの程度の規模なのかを実感するために，ここで，水素の工業用利用の統計を確認する．2014年4月に資源エネルギー庁が開示した「水素の製造，輸送・貯蔵について」によると，2012年の外販水素供給実績はおよそ3万トンである（もとの統計は億 Nm^3 単位で表されているが，本稿では1億 Nm^3 = 1万トンと近似している）．内訳は，液化水素0.35万トン，圧縮水素1.01万トン，オンサイト水素1.84万トンである．オンサイト水素とは，産業ガス事業者等がユーザーの工業用プラント等に水素製造装置を設置して供給する水素を意味するものである．半導体，金属，ガラス，化学工業等が水素のユーザーとなっている．重要なのは，工業用利用のために作られている水素のごく一部しか外販に回されていないという点であり，工業利用の総量はおよそ150万トンに達する．その大半は石油精製のための水素であり，104万トンである．このうち70万トンほどは接触改質装置から供給される．ナフサ中のイソパラフィンやナフテンの脱水素環化反応によってトルエンやキシレンを得る工程であり，目的はオクタン価を高めることにあるが，多量の水素が副生される．他に，35万トンほどの水素がLPGやナフサの水蒸気改質反応によって作られている．水蒸気改質装置は燃料の需要期に合せて大きめに製作されており，年産70万トンほどの能力がある．工業利用量との差の35万トンほどが水素余力と呼ばれる．この量は，「水素基本戦略」の2030年頃の年間30万トンという計画とほぼ等しい．これらの水素のほか，工業利用されていない副生水素が，苛性ソーダ製造プロセスから10万トン，製鉄所のコークス炉か

ら70万トン等と推計されている．

国際的な水素サプライチェーンを担う輸送技術としては，液化水素の他に，有機ハイドライドおよびアンモニアが有力視されており，場合によりメタンも水素キャリアまたはエネルギーキャリアとして使用される可能性がある．アンモニアおよびメタンは，キャリアの直接利用，つまり水素に変換せずに燃焼させたり燃料電池で使用したりするオプションが併存する．液化水素，有機ハイドライドおよびアンモニアの三者は，ユーロケベック計画の頃にも詳細な比較研究が行われていた．有機ハイドライドは千代田化工建設のメチルシクロヘキサンがその先頭に位置づけられているが，近年，パーヒドロジベンジルトルエンを用いる動きがドイツで盛んになっている．これらのものの総称として，LOHC (Liquid Organic Hydrogen Carrier) といういい方が多用されるようになっている．パーヒドロジベンジルトルエンおよびその脱水素形のジベンジルトルエンは，メチルシクロヘキサンおよびその脱水素形のトルエンより密度が高いため，体積あたりの水素輸送量が多い．しかし，メチルシクロヘキサンおよびトルエンのような汎用化学品ではないため，市販での入手が困難であり，高価格という問題がある．

ところで，冒頭に述べたFCCJのシナリオは「水素基本戦略」によって下方修正されている．2030年の水素ステーションが900か所，その時のFCVが80万台とされた．なお，エネファームは2030年に530万台と想定されており，これは全世帯数の10%にあたる．

本稿では，水素発電をタービンによる発電と同義として述べてきたが，燃料電池による大規模発電を追求する動きも存在する．多くは発電容量が1,000 kW単位であるが，韓国南部発電 (KOSPO) がFuelCell Energy社からインチョンに導入し2018年に稼働する燃料電池は2万 kWである．

3.6 大規模エネルギーシステムの中の水素と水素発電

3.7
Power to Gas

西宮伸幸

Power to Gas とは「電力でメタン，水素等の燃料ガスを作る」，「電力から燃料ガスへエネルギー変換を行う」という意味であり，表題の表記のほか，Power-to-Gas, PowertoGas, Power2Gas, PtoG, PtG, P2G 等と種々に表記される．時には®付きで表記されるのを目にすることもある．余剰電力が再生可能エネルギー(Renewable Energy)由来であることを強調して，Renewable Power to Gas という表記も時々見かける．

水素を余剰電力から作ることは，水素がクリーンエネルギーシステムの中に位置づけられた当初から考えられ，実行されてきたことである．余剰電力限定なら Power to Gas に概念的な新しさはない．それにもかかわらず流行語のようにこの言葉が多用されている背景には，化石燃料の改質によって水素を作るという道筋を排除しようという意識の世界的な高まりがある．また，Power to Liquid のような拡張概念を生み出すベースとして頻用されているフシもある．余剰でなくても電力をガスに変換するというオプションも排除されない．ところで，製品を消費者(consumer)に提供するのではなく，ビジネスからビジネスへ提供するという意味で，B to B というい方があり，社業を B to C に変えてもっと消費者密着でいこうという動きがある一方，再生可能エネルギーにおいては逆向きの C to B という動きも見える．IoT(Internet of Things) や AI(Artificial Intelligence) で世の中が激変しようとしている中で，方向性を示し，場合により方向性を変える "to" が流行している可能性があるが，この解析は社会学者に任せたい．

2015 年 3 月の NEDO のプレスリリースでは，貯めやすい，運びやすいといった水素の特徴を活かし，再生可能エネルギーを水素に転換し利用するシステムを，Power to Gas と呼んでいる．再生可能エネルギーの変動する出力の吸収や，エネルギーの長距離輸送が可能になる，とした上で，このシステムの開発を通じ，再生可能エネルギーの課題を解決し，水素を最大限に活用する「水素社会」の実現を目指す，と NEDO は宣言した．研究開発の開始にあたり，委託予定という形で以下の 5 テーマが開示されている．

①水素(有機ハイドライド)による再生可能エネルギーの貯蔵・利用に関する研究開発

②北海道に於ける再生可能エネルギー由来不安定電力の水素変換等による安定化・貯蔵・利用技術の研究開発

③高効率固体高分子型水素製造システムによる Power to Gas 技術開発

④発電機能を有する水素製造装置を用いた水素製造・貯蔵・利用システムの研究開発

⑤非常用電源機能を有する再生可能エネルギー出力変動補償用電力・水素複合エネルギー貯蔵システムの研究開発

再生可能エネルギー・水素等閣僚会議が 2017 年末に決定した「水素基本戦略」においては，Power to Gas 技術は有望，と明記されている．再生可能エネルギーの利用拡大には調整電源の確保とともに余剰電力の貯蔵技術が必要，とされ，蓄電池では対応の難しい長周期の変動には水素によるエネルギー貯蔵が有望，とされた．さらに，Power to Gas の中核に水電解システムがある，とした上で，2020 年までに 5 万円/kW を見通す技術を確立して世界最高水準のコスト競争力を実現する，という目標が掲げられた．

蓄電池と水素の棲み分けが議論される場合，再生可能エネルギーの長周期の変動を水素で平準化するという仕分けの他に，時に，水素の出番は大量のエネルギーの変動対策に限定される，という極端な仕分け論に出合うことがある．この論は，ニッケル水素電池が

安全に長期間使用されてきた実績を考えると，容易に却下される．エネルギーキャリアとしての水素の貯蔵には，高圧ガス以外にも液化水素，固形化水素等の形があり，Power to Gas といっても高圧ガスに限定されるわけではない．ニッケル水素電池では水素吸蔵合金の中に固形化された水素が用いられている．モバイル用途からハイブリッド自動車用途まで，幅広いエネルギー帯域で実用化されており，水素によるエネルギー貯蔵は大規模な長周期変動に限る，等という論は成立しない．

また，蓄電池は電気を貯めていて，水素貯蔵とは全く別物，という考えにも注意が必要である．上述のニッケル水素電池は水素を貯めていて，その結果，電気を貯めている．蓄電池は，ギブズエネルギーの高い化学物質を貯め，その結果，電気を貯める．ギブズエネルギーは化学ポテンシャルといい換えることもでき，水力発電が力学的なポテンシャルエネルギーの活用によって行われることと通じるものがある．一方，蓄電池とは一線を画すキャパシターや超電導蓄電は電気そのものを貯めていて，瞬間的な応答力が高い．エネルギー貯蔵技術の棲み分けは，貯蔵シナリオとの精密なマッチングを必要とする．

再生可能エネルギーによる水電解は，当面，アルカリ電解で行われる見込みであるが，固体高分子形電解質膜（PEM）および固体酸化物形電解質を用いる電解へ移行していくと見られている．商用のアルカリ電解システムは，大型のものも調達可能，コストが低い，寿命が長いといった特長を有するが，電流密度が限定的で，腐食対策のメンテナンスコストがかかるという短所がある．PEM 電解システムも市販で入手可能であり，腐食性の物質がなく，電流密度が高く，高効率で水素を生産できる特長があるが，高価な構成材料に性能を依存する問題がある．固体酸化物形の高温水蒸気電解システムは，まだ実験室レベルであるが，理論的な電解効率が高い上，排熱の有効利用が同時に行える魅力がある．つまり，作動温度が 800〜1,000℃ と高いのは短所と見ることもできるが，水素をメタン化するオプションの場合，その反応熱を有効に利用できることを長所と見ることもできる．ただし，高価であり，安定運転が長時間継続しがたいという問題の解決が必要である．

Power to Gas のガスをメタンとする構想は，回収した CO_2 と CO_2 フリー水素との反応でメタンを合成するという CO_2 サイクルとしての意味を有するだけではなく，既存の天然ガスインフラ（都市ガス配管）を用いて配送も貯蔵もできるという長所を有している．また，上述のように，メタン化反応の発熱をシステムに組み込むオプションがある．さらに，再生可能エネルギーによる水電解で水素を作る際に副生される酸素を有効に利用して化石燃料を酸素燃焼させ，窒素フリーの高温の燃焼ガスを得るとともに，CO_2 回収を高効率で行うというオプションも選択肢に含まれる．

さらに進んで，Power to Gas のガスを水素およびメタンの両方とする図 1 のようなプランも存在する．電力が水素に変換され，水素はそのままでも使用されるし，メタンへの変換も行われる．その後メタンを都市ガス配管に注入する方式をとれば現行のインフラがそのまま使用でき，水素のままで都市ガス配管に注入するとハイタン（Hythane）のシステムが使用できる．貯蔵された水素から電力を得るには，燃料電池発電またはタービンに

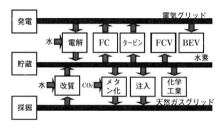

図 1 水素およびメタンを電力と並列させる PtG システム（2015 年 7 月 30 日付 NREL/PR–5400–64833 に準拠）

3.7 Power to Gas

図2 Hydrogenics 社製の P2G 実証用 2 MW アルカリ形電解装置(Hydrogenics Selected References 2016)

よる水素発電が選択できる．モビリティも，電力を蓄電池に貯めて走る電気自動車(BEV)および水素を車上で電力に変換する燃料電池自動車(FCV)の両方が選択肢となる．電力-水素-天然ガスの三者が相補的に併存するシステムは応用範囲が広い．他に，メタン合成の代わりに水素をメタノール合成に用いる構想も存在しており，Power to X の X は多様である．

世界の Power to Gas の現況に目を転じると，先行して実証を始めているドイツが一歩進んでいるように見える．E.ON 社は，カナダの Hydrogenics 社が納入した図2のアルカリ形電解装置を用いて，2 MW，水素 360 Nm^3/h の運転を行い，水素を 55 bar の都市ガス用天然ガスグリッドへ注入する実証を 2013 年から実施している．風力発電の出力変動に追随させて電解装置およびコンプレッサーを制御するシステムが実証された．さらに，同じく Hydrogenics 社製の世界最大の PEM 形水電解スタック(1 MW スタック 16 基)を用いて，水素 3,200 Nm^3/h の実証運転が行われている．

英国では，2012 年発足の Northsea Power to Gas Project の中で，ITM Power 社が Power to Gas 用の PEM 形水電解装置を開発し(図3)，2013 年にドイツの NRM (Netzdienste

図3 ITM Power 社製の PtG 実証用 PEM 形水電解装置(2018 WEB カタログ)

Rhein Main GmbH)社へ納入している．装置は 360 kW のタイプで，水素製造能力は 72 Nm^3/h であるが，実証は 315 kW，60 Nm^3/h で行われている．電力原単位は，4.8 〜 5.0 kWh/Nm^3 である．

フランスの McPhy 社は水電解で製造した水素を水素吸蔵合金に貯蔵するシステムを提案している．水素 700 kg，23 MWh 相当という大規模なもので，合金ディスクを空気中に取り出しても燃えないような工夫が施されているが，水素の取り出しに 300℃ ほどの熱を必要とする点に問題がある．ただし，繰り返しになるが，Power to Gas のガスをメタンとするシステムの場合には，CO_2 のメタン化の反応熱を有効に利用し，総合効率で優位に立てる可能性がある．

Power to Gas は，Power to X への多様な広がりを見せる分野であるが，Power が再生可能エネルギー由来である限り，X が何であっても電解水素を経由することになる．出力変動に対応できる電解システムの確立が急務である．

コラム

太田時男のポルシェ計画

太田健一郎

わが国の水素エネルギー研究の先達としてはまずは太田時男を挙げなくてはいけない．当時，横浜国立大学の教授であった太田時男は1970年代初期から太陽光をはじめとする再生可能エネルギーに注目し，その活用法として水素を提案していた．さらにその研究集団として水素エネルギーシステム研究会を横浜国大内に1973年に発足させた．初代会長は神田英蔵，二代会長は伏見康治，三代会長は赤松秀雄であり，太田時男は第四代会長となっているが実質は設立当初から彼が運営していた．

太田は水素のための太陽光利用を研究課題として，金属水素化物を利用した太陽熱貯蔵，光化学反応を組み込んだ熱化学サイクル等の研究を実施していた．この具体的な実験計画としてポルシェ計画(Plan of Ocean Raft System for Hydrogen Economy：PORSHE)を立案，当時の産業界からの基金を募り実施しようとした．これは海上に浮かべた巨大筏に降りそそぐ太陽光を一次エネルギーとして利用してこれを水素に変換して日本に持ってくる計画である．ここで hydrogen economy という言葉が使われているが，これは当時，石油中心のエネルギーシステムを石油経済と呼ぶことにならって，水素エネルギー研究者がよく使っていた言葉である．この計画の目標は太平洋上に1km四方の巨大筏を浮かべ，ここに太陽光発電，太陽熱発電，水電解，液体水素プラント，アンモニア製造プラント，メタノール合成プラントを載せて太陽光をベースにした水素経済を実証しようとする野心的な計画であった．

具体的には，科学研究費補助金を利用して3m四方の筏を作り，そこに熱電変換を用いて太陽熱を電気に変え，この電気で水を電気分解して水素を作る実験（ヨコハママークIV）までは行った．ちなみに横浜国大の水素エネルギー研究者が利用しているグリーン水素研究棟はもとは太陽水素エネルギー実験棟と呼ばれ，1970年代には太田時男がこの太陽-水素の実験に使用していた建物である．

この計画を具体化するために，ポリネシア地方の太陽エネルギー密度の高い海洋地域を対象に1978年にはポルシェ計画研究会を組織し検討が進められた．対象としてはパラオ共和国地域を考え，現地政府の依頼により詳細な現地調査がなされた．この報告の中には，まずは現地の石油燃料を使うディーゼル発電に代わる太陽熱発電が重要視されている．さらに現地で生産されるヤシの実を使って，海水電解で得られる水素と水酸化ナトリウムを利用した石鹸，マーガリン製造という産業振興まで提案している．

ここで取り上げられている海水電解は簡単ではない．実は海水電解では海水中に多くの不純物を含むことから，単純に水素と酸素が得られることはなく，技術的にはかなり困難な技術である．一つは海水中に含まれる塩素である．海水を電解すると通常の触媒では水電解の水素と酸素でなく，水素と塩素が得られる．ただし，酸化マンガン系触媒を用いると塩素発生反応が抑えられ酸素発生が選択的に起こる．

ポルシェ計画は1978年に始まる第一期計画から第三期計画まである．第一期計画での筏の中央高柱による四隅吊りから第二期では筏100m^{2}ごとに1本の浮き支柱に変わり，第三期では発電方式を太陽熱発電から太陽電池へと変更になっている．残念ながら，具体的にこの計画は実施されることはなかった．その主たる原因は技術見通しの甘さ，水素製造コスト，特に用いる太陽電池が高価なためであった．

> コラム

Winterの水素エネルギー論

太田健一郎

　Carl-Jochen Winterはシュツットガルトにある宇宙航空研究所(DLR)の教授で，1970年代から始まる水素エネルギー開発研究の世界のパイオニアの1人である．そのころの世界の水素エネルギー開発は米国，日本，欧州を中心に進められており，その欧州の中核にあたる研究者であった．

　水素エネルギー開発は，1973年に始まったOPEC諸国の石油輸出制限による石油ショックをきっかけとしている．これは1972年に発刊されたローマクラブのレポート"The Limit of Growth"が理論的根拠となっている．すなわち世界の資源は有限であり，このままの状態で資源消費が増大するといずれは枯渇するという警告である．この本では石油は20年後には枯渇するとあった．ちなみに，温暖化ガスである二酸化炭素濃度も当時300 ppm程度であるが2000年には400 ppmになると予告している．

　この石油ショックを受けて日本ではトイレットペーパー騒動が起こった．トイレットペーパーがなくなる（高くなる）という噂が流れ多くの人がスーパーに群がり，あっという間に売り切れとなった．洗剤もしかりだった．これを受けて，世界でこれから経済の根幹であるエネルギーをどうするかの議論が沸騰した．当時一次エネルギーは使いやすい液体燃料である石油，それも安価な中東の石油に依存していた．石油資源の将来に問題があるとしたら将来はどうなるのか？ 大きな課題がそこから出てきた．これは石炭，天然ガス等化石エネルギーすべてにあてはまることであった．

　化石エネルギーの代替をどうするか．太陽光エネルギーや風力エネルギーの自然エネルギーないしは原子力エネルギーが一次エネルギー候補として考えられ，これを有効に使うための二次エネルギーとして水素が注目されはじめた．これを受けて第1回の世界水素エネルギー会議(WHEC)が1976年米国のマイアミで開催された．

　Winterはこれらの初期の水素エネルギー開発について"Hydrogen as an Energy Carrier"として本にまとめ1983年に出版した．本書には彼が考えた水素エネルギーの基本が書かれている．まず，石油に変わる新たなエネルギーキャリア（二次エネルギー）が必要である．石油からはガソリン，軽油等の二次エネルギーが簡単に作れ，これらは輸送，貯蔵が可能である．一方，太陽光，風力の自然エネルギーないしは原子力からも電気は作れるが，簡単には輸送，貯蔵できない．ここで，二次エネルギーとしての水素の活用が明確にされている．ここでは化学原料としての水素とは異なる特徴も考慮する必要があり，安全性も大きな課題として取り上げられている．

　次は非化石エネルギーからの水素の製造である．水素は実質上，天然には存在しない．したがって，太陽光，風力，原子力といった非化石エネルギーから作る必要がある．安価な水力発電を利用して水素を作ることは産業として成り立っていたが，大量で安価という要求はより高い技術開発が必要になる．当時，原子力発電が成長していた時代で，新たなタイプのHeガス冷却の高温ガス炉も設計中であった．これは水素製造のための原子炉である．

　Winterは太陽光の中でも光触媒による水素製造に大きく期待していた．現在でも可視光に反応できる触媒開発が続いている．理論的には素晴らしいので新たな展開を期待したい．

　Winterの本のポイントは水素を二次エネルギーとして明確に位置づけ，その作り方の基本を示したことにある．ただし，その利用法には技術的見通しが未だなかった時代である．

コラム

Bockris の水素エネルギー論

西宮伸幸

ボックリス(Bockris)自身の振り返りによると，水素経済(hydrogen economy)という語句自体は GM 社(General Motors Technical Laboratory)が1969年に発明したものだという．1971年，電気化学者として既に数々の業績を上げていた48歳の同氏は，これを引き継ぐ形で水素経済のコンセプトを示した．原子力および太陽のエネルギーによる水の分解で得られた水素が豊かな経済の燃料となる，というものである．その後，Australia and New Zealand Book Company から "Energy：The Solar – Hydrogen Alternative" が出版された．1975年のことである．わが国では1977年に笛木和雄，田川博章の監訳により，『新エネルギーシステム―太陽エネルギーと水素への道―』として出版された．以下にその概要を示す．

将来のエネルギー源としては，原子力と太陽が最も可能性が高い．両者とも，エネルギーの生産地が消費地から遠く離れているため，長距離（少なくとも1,600 km，場合により6,000 km）輸送する必要がある．電力で輸送すると送電ロスが問題になる．水素に変換してパイプラインで輸送し，消費地で燃料電池発電するか，燃焼させて熱として利用しようというのが「水素経済」という考え方である．水素がエネルギーキャリアとなりうるものならば，同じ量のエネルギーを長距離にわたって輸送する場合，送電線より安くなる，というのが基本である．自動車用燃料として水素が優れていることや，空気，水等の汚染問題の解決策となりうること等は，経済性とは別個に後から指摘された．エネルギー輸送における経済性以外に水素が持っている効用は以下の通りである．

①化学工業において無公害還元剤として使用しうる．

②金属製錬のコストを下げ，公害も同時に減らせる．

③水素経済によって安価になる電力または副生する酸素によって下水処理が容易になる．

④ 10 kW のエネルギー供給により，1日14ガロンの浄水が副生する．

⑤水素内燃機関および燃料電池で効率の良い交通手段が実現する．

⑥天然ガスを経由せずに水素経済に移行すれば，大気汚染及び温室効果が防止できる．

水素経済への移行は数十年にわたる期間に行われる．石炭のような過渡的なエネルギー源を利用する場合にも，石炭をガス化して水素製造すれば大気汚染は著しく減少する．この場合，石炭のガス化が移行の第1段階，洋上原子力発電からの電解水素が第2段階，太陽エネルギーによる水素製造が第3段階となる．第3段階は人口1万人の小都市で実証し，同じことをハワイ諸島全島で実施して仕上げる．

以上，その名称の通り経済が議論の根幹にあり，環境は付帯的な価値とされている．また，エネルギー安全保障や安全上の問題は脇に置かれている．構想をまとめるにあたり，海洋上や砂漠での太陽エネルギー利用に関する先行の提言が参照されているが，その中には，Bockris 自身が1962年に示した太陽エネルギー由来の水素を米国の都市にパイプライン供給する提言も含まれている．この時期，Veziroglu とともに THEME 会議を成功に導き，国際水素エネルギー協会（IAHE）の設立に尽力した功績は大きい．

後年，Bockris は常温核融合にも関わり，卑金属を金に変換し，かつ家庭ごみを電気化学的手法で灰化したとして，1997年に物理学分野のイグノーベル賞を受賞している．これに先立つ1996年，Texas A&M 大学で原子核変換に関する第2回目のシンポジウムを開催しようとしたところ，大学の許可が得られなかったためキャンパス外のホテルで開催した，という逸話が残されている．

第4章

水素の基本物性

世界で最も長時間の運用実績がある FC バス
(米 AC Transit, カリフォルニア州)

4.1
水素の物理的性質
a. 水素の一般特性

天尾 豊

　水素は宇宙で最も豊富に存在する元素であり，全宇宙質量のおよそ75%を占め，総量数比では全原子の90%以上である．地球表面での水素の元素数では酸素・ケイ素に次いで3番目であるが，水素は質量が全元素の中で最も小さいため，全元素に対する質量比率で表すクラーク数（表1）は9番目（0.83）である．

　水素は主に水や有機化合物の構成要素として豊富に存在していることになる．一方，水素は原子状態で存在することはまれで，水素分子として気体状態で存在する．水素分子は天然ガスの中に僅かに含まれる程度である．地球大気中での濃度は1 ppm以下である．

　各元素の物理的・化学的な性質は電子配置によって決定される．電子殻とは，陽子・中性子で構成される原子核を取り巻く電子軌道の集まりのことである．電子殻は主量子数 n ごとに複数層を構成しており，エネルギー準位の低い方からK・L・M殻…と定義されている．各電子殻の許容電子数は $2n^2$ 個になる．電子殻は，一つ以上の「小軌道」（電子殻を構成する電子軌道の集まりのことで，エネルギー準位の低い内側のs軌道から始まり，外側に向けてp, d, f, g軌道）から構成され，各小軌道での電子収容数の和が，各電子殻での電子収容数となる．電子は，量子数の小さい電子殻から入る．それぞれの原子の最も外側の電子殻に存在する電子を最外殻電子と呼び，価電子として働くことが多い．電子殻に収容可能な電子数を表2に示す．

表1　主な元素のクラーク数

元素	クラーク数
O	49.5
Si	25.8
Al	7.56
Fe	4.71
Ca	3.40
Na	2.64
K	2.41
Mg	1.94
H	0.83
Ti	0.46
Cl	0.19
Mn	0.091
P	0.081
C	0.082
S	0.062
N	0.030

表2　電子殻に収容可能な電子数

殻	主量子数 n	電子数 $2n^2$	小軌道
K	1	2	s
L	2	8	s, p
M	3	18	s, p, d
N	4	32	s, p, d, f

図1　水素原子の電子殻構造

　水素原子はK殻に電子が一つ充填されている最も簡単な電子配置である．加えて方位量子数・磁気量子数ともに0の1s軌道に電子が一つ配置されていることになり，電子配置は $1s^1$ と表記される．水素原子の原子核は一つの陽子で構成され中性子は持たないので電子殻は図1のように示すことができる．

4.1 水素の物理的性質

b. 水素の物理的性質

天尾 豊

水素分子は二つの水素原子で構成され, 分子式 H_2 で示される. 水素分子は常温では無色・無臭の最も分子量の小さい, つまり地球上で最も軽い気体である. 水素分子は酸素と容易に反応し水を生成する際にエネルギーを生ずる. いい換えれば非常に燃焼・爆発しやすいといった特徴を持つ. この特徴を利用して水素をエネルギー物質とすることができる. 水素を安全に取り扱うために気体状態や液体状態の物理的性質を知っておく必要がある.

水素は地球上で最も軽い気体であり空気(窒素80%, 酸素20%)の重さと比較すると約1/14である. 0℃ (273 K)・1気圧での気体密度は 0.08988 g L^{-1} である. 空気を1とした時の相対気体密度は 0.07 と小さい値を持つ.

これに対して -253℃ (20 K) での液体水素の密度は 70.8 g L^{-1} である. 1気圧での水素分子の融点および沸点はそれぞれ -259.14℃ (14.01 K) および -252.87℃ (20.28 K) である. 水素分子が気体, 液体および固体の3相が共存して平衡状態にある三重点は, 水素分子が最も軽い気体であることから極低温 -259℃ (13.80 K) および 7.042 kPa である. 気相-液相間の相転移が起こりうる温度および圧力の上限である臨界点は -240.03℃ (32.97 K) および 1.293 MPa である.

水素分子の融解熱および蒸発熱はそれぞれ 0.117 および 0.904 kJ mol^{-1} であり, 25℃ (298 K) での熱容量は 28.84 J mol^{-1} K^{-1} である. 加えて水素の蒸気圧は 20 K で 100 kPa である. 水素分子の 0℃ (273 K)・1気圧での水への溶解度は 0.0214 cm^3 g^{-1} である. 発火温度は 500〜571℃, 空気中での燃焼限界は 4〜76% と範囲が広い.

水素分子を構成する二つの水素原子に属する陽子の核スピンの向きが並行にそろったものをオルト水素, 互いに逆向きのものをパラ水素という2種類の異なる状態が存在する (図1).

陽子はフェルミ統計に従うため, オルト水素 (オルソ水素とも表記する) の回転量子数は奇数, パラ水素では偶数をとることになる. したがって, 両水素分子の化学的性質は同じであるが統計的縮退度が異なるため, 低温での熱力学的性質に差が生じる. 特にオルト水素とパラ水素の比熱を比較すると大きな差が生じる. 一例として 100 K の低温状態でのオルト水素の比熱は 26.4 J mol^{-1} であるのに対して, パラ水素は 1.38 J mol^{-1} であり, 19倍もの値になる.

パラ水素の方がエネルギー的には安定なのでオルト水素からパラ水素への変換は発熱反応となる. オルト水素とパラ水素との間の平衡組成の温度依存性を図2に示す.

常温ではおおよそパラ水素濃度が 25% を占

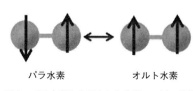

図1 パラ水素およびオルト水素のスピン状態

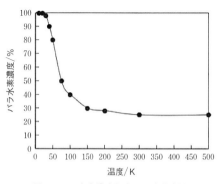

図2 パラ水素濃度組成の温度依存性

表1 オルト水素・パラ水素の物理的性質

	物性	ノーマル水素	パラ水素
気体	密度 ($mol\ cm^{-3}$)	0.045×10^3	0.055×10^3
	定圧比熱 ($J\ mol^{-1}\ K^{-1}$)	28.6	30.4
	定容比熱 ($J\ mol^{-1}\ K^{-1}$)	20.3	21.9
	エンタルピー ($J\ mol^{-1}$)	7,749	7657
	内部エネルギー ($J\ mol^{-1}$)	5,477	5385
	エントロピー ($J\ mol^{-1}\ K^{-1}$)	139.6	127.8
	粘度 (mPa s)	0.0083	0.0083
	熱伝導度 ($mW\ cm^{-1}\ K^{-1}$)	1.74	1.83
	誘電率 (ε)	1.0	1.0
	自己拡散係数 ($cm^2\ s^{-1}$)	1.29	—
	解離熱 ($kJ\ mol^{-1}$) (298.15 K)	435.9	435.9
液体	融点(三重点 K)	13.9	13.8
	沸点(K 常圧下)	20.4	20.7
	臨界温度 (K)	33.2	33.0
	臨界圧力 (kPa)	1315	1293
	臨界体積 ($cm^3\ mol^{-1}$)	66.9	64.1
	密度($mol\ cm^{-3}$ 沸点)	0.035	0.035
	蒸発熱 ($J\ mol^{-1}$)	899.1	898.3
	定圧比熱 ($J\ mol^{-1}\ K^{-1}$)	19.7	19.5
	定容比熱 ($J\ mol^{-1}\ K^{-1}$)	11.6	11.6
	エンタルピー ($J\ mol^{-1}$)	548.3	−516.6
	内部エネルギー ($J\ mol^{-1}$)	545.7	−519.5
	エントロピー ($J\ mol^{-1}\ K^{-1}$)	34.9	16.1
	粘度 (mPa s)	0.0133	0.0133
	熱伝導度 ($mW\ cm^{-1}\ K^{-1}$)	1.0	1.0
	誘電率 (ε)	1.23	1.23

め，オルト水素とパラ水素の平衡組成は3：1である．この状態をノーマル水素と呼ぶ．ある程度低温にしてもノーマル水素の比率が維持されることは，低温での比熱を見れば説明できる．

ノーマル水素とパラ水素の0℃・1気圧（気体）および沸点（液体）での物理的特性を表1にまとめた．気体状態でのノーマル水素とパラ水素の物理的性質はほとんど大きな差がないことがわかる．これに対して，極低温での液体状態でのノーマル水素とパラ水素の物理的性質では三重点，沸点，密度には大きな差がないものの，エントロピー等熱力学的パラメータに大きな差が生じていることがわかる．

液体水素の沸点での平衡組成では98％がパラ水素であることを考えると，液体水素としての貯蔵技術を発展させる際には，これら熱力学的データを参考し，材料開発を進めることができるであろう．極低温状態での液体水素では，分子回転状態がほぼ基底状態になり，オルト水素の方が高い回転エネルギーを持つことは図1のスピン状態から容易に想像できる．つまり，液化水素を貯蔵している間にゆっくりとオルト水素とパラ水素との間の変換が進み，回転エネルギー差の分だけ熱が発生し，液化水素が気化する．平衡組成のオルト水素とパラ水素を完全にパラ水素に変換するためには室温で$0.056\ kJ\ mol^{-1}$の熱量が必要であり，オルト水素とパラ水素との間の変換速度は一般に遅く，ある種の触媒を用いることで促進される．これらのことを考慮し，オルト水素からパラ水素への変換のための触媒（活性炭や鉄，常磁性物質またはイオン）が液体水素貯蔵には必要である．

4.1 水素の物理的性質
c. 水素の同位体

天尾 豊

同位体とは，同一原子番号を持つものの中性子数（質量数−原子番号）が異なる核種のことを示す．同位体は，放射性同位体と安定同位体の2種類に分類される．同位体の表記は，元素名に続けて質量数を示す．あるいは，元素記号の左肩に質量を付記する（例えば炭素14あるいは ^{14}C）．

水素原子には通常の水素（^1H あるいは H：軽水素と呼ばれ原子量1.01）の他に重水素（^2H あるいは D：原子量2.01）と三重水素（^3H あるいは T：原子量3.02）という二つの同位元素が存在する．

図1に示すように軽水素は原子核が陽子一つのみで構成され，中性子を持たない．

現在存在が確認されている中で，軽水素と同様に中性子を持たない核種は，リチウムの同位体であり陽子三つで原子核が構成されるリチウム3（^3Li）のみである．これに対して重水素は原子核が陽子一つと中性子一つ，三重水素は原子核が陽子一つと中性子二つで構成されている．天然に存在する水素の同位体は水素（軽水素），重水素および三重水素である．自然界での存在比は，軽水素は99％以上であり，重水素は0.01％程度にすぎない．三重水素はさらにそれ以下の存在比である．軽水素と重水素は放射性は示さず，安定な元素である．これに対して三重水素は放射性同位体であり，その半減期は12年以上と長い．上述の通り，自然界にも少量の三重水素が存在する．これは宇宙線と大気の相互作用により生成しているものと考えられている．

その他天然には存在しないが，水素の同位体として水素4（^4H：陽子一つ・中性子三つ）から水素7（^7H：陽子一つ・中性子六つ）まで確認されており，最も重い ^7H はヘリウム10（^{10}He）に軽水素を衝突させて得ることができる．質量数4以上の水素原子は寿命がきわめて短く，^7H の半減期は 2.3×10^{-23} 秒ほどである．水素同位体を表1にまとめている．

一般的に，同一元素の同位体では，電子状態が同じであるため化学的には同等の性質である．しかし質量数は異なるため，結合や解離反応速度に差が現れる．特に水素の同位体の場合ではもともとの軽水素の原子量が1なので，同位体の質量差が2〜3倍と大きく変わるため，その性質も大きく異なる．例えば重水素分子 D_2 は通常の水素分子 H_2 よりも

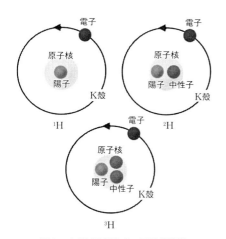

図1 水素原子同位体の電子殻構造

表1 水素同位体一覧

	質量	陽子数	中性子数	半減期
^1H	1.0078	1	0	安定
^2H	2.0141	1	1	安定
^3H	3.0160	1	2	12.32 年
^4H	4.0278	1	3	1.39×10^{-22} 秒
^5H	5.0353	1	4	9.10×10^{-22} 秒
^6H	6.0450	1	5	2.90×10^{-22} 秒
^7H	7.0526	1	6	2.30×10^{-23} 秒

分子量が大きくなるため大きく性質が異なる．H_2 と D_2 はともに常温，常圧で無色無臭の気体である．H_2 の融点および沸点はそれぞれ 14.0 および 20.6 K であるのに対して，D_2 の融点および沸点は 18.7 および 23.8 K であり，D_2 の方が融点・沸点が高い．また D_2 の方が H_2 に比べて溶融潜熱がおよそ 2 倍，蒸気圧は 10% 小さくなる．

H_2 と D_2 との混合状態では以下の同位体交換反応が進行する．

$$H_2 + D_2 \rightleftarrows 2HD$$

重水素は原子核反応での中性子の減速に利用されるほか，生物や化学分野にて同位体効果の研究や，医薬分野では診断薬の追跡に広く用いられている．一方，三重水素分子はトリチウムと呼ばれ，放射性物質であり低エネルギーの β 線源（半減期 12.26 年）であり，放射性物質の特徴を活かし，生物工学分野でトレーサー実験や発光塗料の励起源として広く用いられている．

この他水素様異種原子の存在も明らかにされつつある．ポジトロニウム (Ps) は電子の反粒子で正電荷を持つ陽電子と電子からなる水素様異種原子である．その他ミュウオニウムや反水素と呼ばれる水素様異種原子も存在する．

この他水素の同位体を含む物質の例として

表2 水と重水の物理的性質

	水	重水
融点 (K)	273.15	276.96
沸点 (K)	373.15	374.57
密度 (gml^{-1})	0.9971	1.107
臨界温度 (K)	647.35	644.65
臨界圧 (kPa)	101.3	101.3
融解熱 (kJ mol^{-1})	6.01	6.34
蒸発熱 (kJ mol^{-1})	40.6	41.7
三重点での昇華熱 (J mol^{-1})	50.9	52.9
誘電率 (ε)	81.5	80.7

水 (H_2O) と重水 (D_2O) がある．水素の同位体間では質量差が大きいため，水と重水の間でも物理的性質にも大きな差が見られる（表2）．

重水の方が水よりも分子量が大きくなることから，特に融点や沸点，融解熱，蒸発熱，昇華熱に大きな差が出てくる．

重水と水の間でも同位体交換が起こり HDO（半重水）が生じる．自然界では，D_2O としてはほとんど存在せず，HDO として存在している．HDO の主な物理的性質を見てみると，融点は 275.19 K，沸点は 373.85 K である．また，密度は 1.045 gml^{-1}，融解熱は 6.22 kJ mol^{-1} である．おおよそ水と重水の間の性質を持っていることがわかる．

4.2
水素の化学的性質
a. 水素の酸化数・電気陰性度・イオン化エネルギー

天尾 豊

　一般的に，酸化とはある原子が電子を失うことを意味し，単体状態より電子密度が低くなる．それに対して還元とはある原子が電子を得ることを意味し，単体状態より電子密度が高くなる．単体の酸化数はゼロである．ある原子が酸化状態にある場合では，酸化数は正の値であり，値が大きいほど電子不足状態にある．逆に還元状態にある場合では，酸化数は負の値であり，値が大きいほど電子過剰状態にある．ある原子の酸化数を調べることで，それが，酸化剤あるいは還元剤として働くかが評価できる．水素原子の酸化数は $+1$ あるいは -1 であり，酸化数が正・負両方とることが可能な両性酸化物であるため酸化剤としても還元剤としても働く．

　電気陰性度とは，分子内の原子が電子を引き寄せる強さの相対的な尺度である．異種の原子どうしが化学結合している時，各原子における電子の電荷分布は，各原子が孤立して存在する場合と異なる．これは結合している他の原子から影響を受けるため，各原子固有に電子を引きつける強さに違いがあるためである．この電子を引き付ける強さは，各原子の相対的な尺度として電気陰性度として決められる．一般に周期表の左下に位置する元素ほど小さく，右上ほど大きくなる傾向にある．電気陰性度の決定には幾つかの方法があるが，一般的に用いられているのはポーリングの電気陰性度であり，水素のその値は 2.20 である．電気陰性度の値から，例えば水素結合の形成しやすさも予測できる．例えば，水素よりも電気陰性度の大きい窒素(3.04)，酸素(3.44)，フッ素(3.98) の間では容易に水素結合を形成することができる．

　ある原子がその電子をどれだけ強く結びつけているのかの目安であり，原子等から電子を取り去ってイオン化するために要するエネルギーをイオン化エネルギーと呼ぶ．気体状態の単原子あるいは基底状態にある分子の中性原子から取り去る電子が 1 個の場合を第一イオン化エネルギー，2 個目の電子を取り去る場合を第二イオン化エネルギー，3 個目の電子を取り去る場合を第三イオン化エネルギーと呼ぶ．一般的に単に元素のイオン化エネルギーは，第一イオン化エネルギーのことをさす．イオン化エネルギーの一般的傾向として，s と p 軌道の相対的エネルギーとともに，結合に対する電子の有効核電荷効果を考えることによって説明でき，原子核の正電荷が大きくなると与えられた軌道にある負に荷電した電子は強いクーロン引力をより受けることになり，強く保持されることになる．周期表の同周期の中で一番大きいイオン化エネルギーは希ガスであり，希ガスは安定な閉殻電子配置を持つことになる．

　第一周期の水素原子の第一イオン化エネルギーは，$1{,}312.0\,\mathrm{kJ\,mol^{-1}}$ である．この値を希ガスヘリウムと比較してみると，原子核の正電荷が増加すると，与えられた軌道にある負に荷電した電子はより強い静電引力を受け，より強く保持される．ヘリウムの 1s 電子を取り去るには水素の 1s 電子を取り去るよりも多くのエネルギーを必要とする($2{,}372.0\,\mathrm{kJ\,mol^{-1}}$)(図1)．

　ここからは水素原子から水素分子がどのように形成され，その化学的性質は水素原子と比較してどう変わるかを見ていく．

　水素分子は水素原子どうしが共有結合して形成されている．それぞれの水素原子は一つの電子に対する一つの 1s 原子軌道を有するので，これら二つの原子軌道の重なり合いによって水素原子どうしの結合が形成される．図2には水素分子形成過程としての原子軌道と分子軌道との関係を示している．

　水素原子は 1s 軌道に電子を一つ持ち，二つの水素原子が結合し水素分子を形成する際

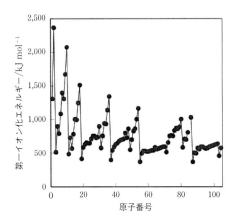

図1　第一イオン化エネルギーと原子番号との関係

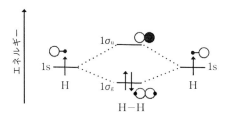

図2　水素分子形成の原子軌道と分子軌道の関係

は，結合性分子軌道（$1\sigma_g$）と反結合性分子軌道（$1\sigma_u$）とに分裂する．図2に示すように結合性分子軌道の方が反結合性分子軌道よりもエネルギー的には低い位置に存在する．二つの水素原子のそれぞれの電子はエネルギーが低い結合性分子軌道を埋め安定化し水素分子が形成される．

共有結合している原子間の電子雲または波動関数の重なりまでの距離である共有結合半径は原子の種類や電気陰性度等に大きな影響を受ける．一般的には二原子分子の場合では，構成している原子の共有結合半径の和で表される．ライナス・ポーリングは同種二原子分子の場合では，原子種，電気陰性度ともに同じであるので，原子間の距離の1/2が共有結合半径と定義している．水素の共有結合半径は32 pm（10^{-12} m）と見積もることができる．例えば比較として炭素の共有結合半径を見ると，単結合，二重結合および三重結合のそれは，75，67 および 60 pm であり，水素の共有結合半径はかなり小さいことがわかる．

原子の大きさを表現するための方法の一つであり，実際の原子は非常に小さい原子核とその周囲を取り巻く電子雲からなる非常に疎な構造を有しているが，原子がある半径以内では堅いものと想定した大きさでファンデルワールスにより提唱されたファンデルワールス半径について，水素では120 pm と見積もられている．

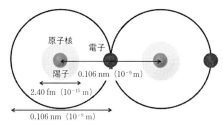

図3　水素分子の電子配置モデル

一方，水素分子について水素原子どうしの結合エネルギーは 435 kJ mol^{-1} であり，メタンの炭素原子と水素原子との結合エネルギー 439 kJ mol^{-1} に匹敵する．上述の結合距離等を考慮に入れると水素分子は図3のようなモデルとして表すことができる．

4.2 水素の化学的性質
b. 水素の結晶構造と磁気特性

天尾 豊

水素は常温常圧では気体であり,液体状態ですら 20.28 K という極低温にする必要がある.気体・液体状態では結晶構造は存在しないが,さらに 14.01 K まで下げることにより固体状態の水素を作り出すことができる.固体状態の水素になればその結晶構造が見えてくる.

一般的に結晶構造は,基本構造と格子の二つで決定される.基本構造とは周囲の環境が同一である一つの格子点に付随する構造のことを示す.格子点は特定の原子位置には制限されない.格子点は並進操作により格子と呼ばれる形を形成する.この格子点を結んだもののことを単位格子と定義する.単位格子中で格子点が頂点だけの単位格子を基本単位格子と呼ぶ.結晶系の分類では,三斜晶系,単斜晶系,直方晶系,正方晶系,六方晶系,三方晶系および立方晶系となる.

固体水素の結晶構造は六方晶系をとっていることが知られている.一般的な六方晶系の構造を図1に示す.

六方晶系構造では α と β の角度が 90° である.固体状態の水素の結晶構造を図2に示す.

水素分子の結晶を図1の六方晶系構造にあてはめて帰属すると,結晶構造の対称性を示す三次元空間群は $P6_3/mmc$ となる.空間群数は 194 である.構造としては六方最密充填である.結晶構造のパラメータでは a と b の長さは 470 pm, c の長さが 340 pm である. α と β の角度が 90° であるのに対して γ の角度は 120° である.このように液体や気体状態では水素分子の結晶構造は見られないものの,極低温での固体状態での水素の結晶構造はその詳細が明らかにされている.

結晶構造とともに,重要な化学的特性として磁気特性が挙げられる.磁性とはある物質の磁気の現れ方を示している.磁性は電子や原子核等が持つ磁気双極子の並び方に起因している.一般的には,電子が持つ双極子の寄与に基づいている.外部磁場の方向に双極子の向きがそろうのが常磁性であり,磁場とは逆向きの双極子が現れ,その方向に磁化されることを反磁性と呼ぶ.ここでは水素分子の

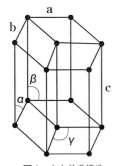

図1 六方晶系構造

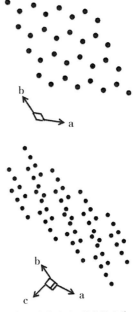

図2 水素分子の結晶構造[3]

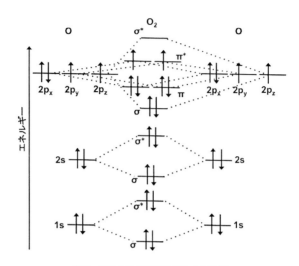

図3 酸素分子の原子軌道と分子軌道

ように同一の原子どうしで形成される二原子分子の磁性について見てみる．例えば酸素分子は酸素原子二つが共有結合したものである．酸素分子の原子軌道と分子軌道を図3に示す．

酸素分子の場合では，1sと2s軌道から形成される結合性分子軌道（σ）と反結合性分子軌道（σ^*）はスピンが埋まっている状態をとっている．さらに2p軌道から構成される結合性分子軌道（σおよび二つのπ）はスピンが埋まっている．さらに，二つの反結合性分子軌道（二つのπ^*）には一つずつスピンが入っている状態となる．つまりスピンが平行で存在していることになるので，常磁性を示すことになる．

これに対して，水素分子は4.2.a項で示したように結合性分子軌道がスピンで埋められており，安定化し水素分子が形成される．つまり，上下の向きのスピンが存在していることから磁性を打ち消しており，反磁性を示す．

水素分子と磁性との関係では，4.1項のオルト水素とパラ水素との間の変換にも関わっている．液体水素状態でのオルト水素からパラ水素への変換のためには常磁性物質を触媒として用いることで，その変換を促進することが可能となる．

4.2 水素の化学的性質
c. 水素イオンの化学的特性

天尾 豊

水素イオンの定義は，国際純正・応用化学連合(IUPAC)によって，水素およびその同位体のすべてのイオンを表す一般名として勧告されている．生成したイオンの電荷によって，陽イオンと陰イオンの二つの異なる分類に分けることができる．

ここでは水素原子から電子を一つ奪った形のヒドロンの化学的性質について述べる(図1)．ヒドロンは，H^+で表される水素原子の陽イオンの一般名として定義される．ヒドロンはIUPACにより，天然の水素同位体混合物に含まれる軽水素，重水素，三重水素について区別されない場合に，水素イオンとして一般的に用いられている軽水素の陽イオンであるプロトンに代わる言葉として使うことが勧告されている．そのため，ヒドロンはプロトン($^1H^+$)，デューテロン($^2H^+$，D^+)，トリトン($^3H^+$，T^+)を含む名称である．天然の水素原子核の99.9844%はプロトンであり，次いでデューテロン，ごく少量がトリトンである．

ヒドロンは他の一般的なイオンと異なり，電子を持たず裸の原子核のみから構成される(図2)．化学領域において，ヒドロンはほとんど使われず，単にプロトンと呼ぶ際は水素イオンを指し示している．

プロトンは，電子殻を持たないむき出しの原子核であるため，化学的にはファンデルワールス半径を持たない正の点電荷の挙動を示す．反応性は高く，溶液中で，単独では存在できないことが多い．

水素原子のイオン化エネルギーは1,132 kJ mol^{-1}に対して遊離状態にあるプロトンの水和エネルギーは1,091 kJ mol^{-1}と見積もられており，この値は高電子密度に起因する水分子との高い親和力の指標となる．プロトンは，溶液中で分子と反応することにより，複雑な陽イオンを形成している．例えば，プロトンは水と反応することによってオキソニウムイオン(H_3O^+)や最も強酸であるフルオロアンチモン酸と反応し不安定な陽イオンH_2^+を生じる．他の水和型には，一つのプロトンと二つの水分子からなるズンデルカチオン($H_5O_2^+$)や一つのプロトンと三つの水分子からなるアイゲンカチオン($H_9O_4^+$)の存在も知られており，グロッタス機構により説明できるプロトン・ジャンプの機構において重要な役割を担っている．プロトンも一般的なブレンステッド-ローリーの酸塩基理論において重要な役割を果たしている(図3)．

また，水素イオンモル濃度[H^+]は酸性度を定量的に表す指標として一般的に広く用いられ，[H^+]の対数に負号をつけた値として水素イオン指数(pH)が一般的である．

$$pH = -\log[H^+]$$

水中の[H^+]は1から10^{-14} Mまでの広範囲を取り，したがってpHは0〜14程度と

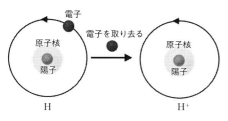

図1 水素イオンH^+の生成過程

図2 プロトン($^1H^+$)，デューテロン($^2H^+$，D^+)，トリトン($^3H^+$，T^+)

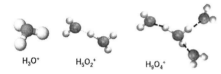

図3 プロトンが形成する複雑な陽イオンの構造

なる．一般的に中性の水には 10^{-7} M の水素イオンが存在し，pH は約 7 となる．これは以下のような水の自己解離反応から説明ができる．

$$H_2O \rightleftarrows H^+ + OH^-$$

質量保存の法則により定圧・定温条件では，この反応の熱力学平衡定数は以下のように表すことができる．

$$\frac{a_{H^+} \cdot a_{OH^-}}{a_{H_2O}}$$

この時，a はそれぞれの活量を示している．

この値は，溶質の種類や濃度に依存しない一定値となる．水の活量が 1 と近似できるような希薄水溶液では水のイオン積 K_W は以下のような式で表すことができる．

$$K_W = a_{H^+} \cdot a_{OH^-} \quad (単位\ M^2)$$

25℃では $K_W = 1.008 \times 10^{-14}$ M^2 であるから pH の式の関係を考慮に入れると以下の式が導き出される．

$$pH + pOH = 14.00$$
（水酸化物イオン濃度指数）

これらの式から pH = pOH の時が中性，

表1 温度と pK_W との関係

温度 /℃	pK_W
0	14.94
5	14.73
10	14.53
15	14.34
20	14.17
24	14.00
25	13.99
30	13.83
35	13.68
40	13.53
45	13.40
50	13.26
55	13.14
60	13.02

pH > pOH の時が酸性，pH < pOH の時が塩基性となることがわかる．

水のイオン積は平衡定数の一つであるため温度によって変化する．一般式としては以下の式が成り立つと考えてよい．

$$pK_W = pH + pOH$$

表1に pK_W と温度との関係を示す．温度上昇とともに pK_W の値は下がる．0～60℃の範囲では pK_W は 14.94～13.02 の値をとる．

水素イオン濃度は酸と塩基の中和に関する分析化学分野で広く用いられているばかりでなく，水素イオン濃度変化は生体内での化学反応に広く関与していることから，様々な分野で非常に重要な要因として認識されている．

4.2 水素の化学的性質
d. 水素化物・ヒドリドの化学的性質

天尾 豊

水素原子は電気陰性度が2.20であり,酸化数が+1および-1をとることができることから,酸化剤としても還元剤としても働く.このため非金属元素とも金属元素とも親和しやすい性質を持っている.例えばナトリウムと水素との反応では酸化剤として働き,水素化物として水素化ナトリウム NaH を生じる.

水素化物は第13族から第17族元素の水素化物として Al, Bi, Pr を除いたものが分子状化合物,アルカリ金属あるいはアルカリ土類金属の水素化物である塩類似水素化物および遷移金属元素 Sc, Ti, V, Cr, Y, Zr, Nb, Pd, Lu, Hf, Ta の各水素化物である金属類似水素化物および Be, Mg, Al, Cu, Zu の水素化物が中間の水素化物として分類される.金属の水素化物では,水素の酸化数が-1となっている.これらは金属陽イオンと水素化物イオン H^-(ヒドリド)のイオン性化合物である.金属水素化物は水と容易に反応して水素ガスを発生する.

$$MH_n + nH_2O \rightarrow M(OH)_n + nH_2$$

ここで,M は金属を示す.これら水素化物は有機化合物の還元剤や水素化試薬として用いられることが多い.また,水と反応して水素を獲得できることから水素貯蔵材料としても注目されている.水と反応して水素を発生可能な金属水素化物は,LiH, NaH, KH や CaH_2 が挙げられる.この場合,アルカリあるいはアルカリ土類金属は酸化数が+1あるいは+2であるため,水素の酸化数は-1となるため,ヒドリドとのイオン性水素化物となる.

水素化物に関連してヒドリドは,上述のアルカリ金属,アルカリ土類金属あるいは第13族・14族元素等電気的に陽性な元素の水素化物が電離する時生成する陰イオン型水素である.ヒドリドは水素原子に電子が一つ入り K 殻が閉殻した電子配置を持ち,ヘリウムと等電子的であるために,原子核のみで形成されるプロトンとは特性が大きく異なる(図1).ヒドリドはフッ化物イオンよりもイオン半径が大きいような挙動を示す.ヒドリドは弱酸である水素分子 ($pK_a = 35$) の共役塩基であるので,一般的には強塩基として機能することが多い.

$$H_2 + 2e^- \rightarrow H^-$$

生成したヒドリドが塩基あるいは還元剤として作用する.還元剤として用いる場合は,広くヒドリド還元と呼ばれるが,金属と還元される化合物との組合せによりその性質が変化する.ヒドリドの標準酸化還元電位は-2.25 V と見積もられている.また標準モルエンタルピーは 108.96 J K^{-1} mol^{-1} 程度である.

ヒドリド還元剤としては水素化リチウムアルミニウムや水素化ホウ素ナトリウムが広く用いられている.水素化リチウムアルミニウムを用いたヒドリド還元ではケトンのアルコールへの還元反応が代表例である(図2)

水素化リチウムアルミニウムは水と激しく反応し,主には水酸化アルミニウムと水素を発生するため,水溶媒での反応には使えない.

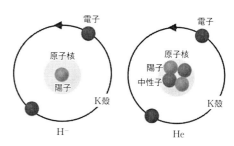

図1 ヒドリドとヘリウムの電子構造

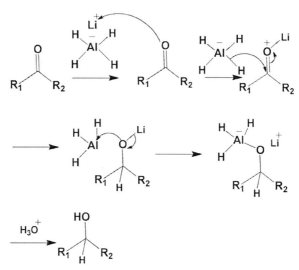

図2 水素化リチウムアルミニウムを用いたケトンのアルコールへのヒドリド還元

ヒドリド還元剤として水素化ホウ素ナトリウムも広く用いられている．その還元力は水素化リチウムアルミニウムよりも小さいが，同様にカルボニル化合物をアルコールに還元するために用いられている．水素化ホウ素ナトリウムも水溶液中では不安定であり，特に酸性および中性溶液中で分解する．

アルミニウムやホウ素等の13族元素以外のヒドリド供与体としてはロジウム等の遷移金属のヒドリド錯体が知られている．クロロトリス(トリフェニルホスフィン)ロジウム(I)は通称ウィルキンソン触媒と呼ばれ，ヒドリド還元触媒として用いられている(図3)．

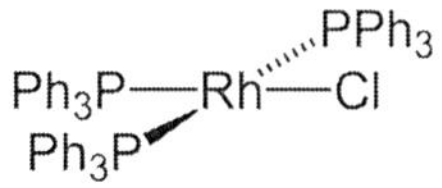

ウィルキンソン触媒はアルケンの水素化反応に均一系触媒として広く用いられているば

図3 クロロトリス(トリフェニルホスフィン)ロジウム(I)の化学構造

かりでなく，カテコールボランやピナコールボランを用いたオレフィンの触媒的水素化等に幅広く用いられている．これらの反応では，還元により分子内からヒドリドを失ったロジウムは水素分子との反応により再度，ヒドリド錯体を形成することができる仕組みになっており，全体として触媒的水素化反応として進行している．

4.3
高圧水素の物性
a. 圧縮率因子

天尾 豊

　水素分子の常温常圧状態あるいは極低温における液体・固体状態の物性についてはよく知られている．一方，水素分子のエネルギー利用が普及するにつれ，水素分子をいかに貯蔵し運搬するかという問題に直面する．水素分子は最も軽い気体であることから，密度の低い気体といえる．そのため，決められた容積内により大量の水素分子を貯蔵するためには圧縮する必要がある．ここでは高圧における気体の挙動について説明する．

　気体を説明する際に用いられる用語として理想気体と実在気体とがある．理想気体とは，圧力が温度と密度に比例し，内部エネルギーが密度に依存しない気体のことを示し，気体を取り扱う上で，最も基本的な理論モデルである．理想気体は気体の圧力 P は体積 V に反比例し，絶対温度 T に比例する以下の式（理想気体の状態方程式）で示されるボイル－シャルルの法則に従う．

$$PV = nRT$$

ここで，n：気体のモル数，R：モル気体定数（8.31 JK mol^{-1}）．

　しかしながら，実際のほとんどの気体は分子間力の反発または引力が作用するため，理想気体としての挙動は見られない．分子間の反発は高圧状態で顕著に見られ，分子間引力は特に分子間が分子直径の数倍程度となるような圧力がかかった場合や，低温状態で顕著に現れてくる．その結果，実在気体では圧力増加，温度低下とともに理想気体の状態方程式からずれが生じ，圧力と体積の積は一定値をとらなくなる．ずれの度合いはそれぞれ分子間相互作用が異なる気体の種類によって違いが生じる．また，同一気体については低温あるいは高圧になるほど理想気体の状態方程式からのずれが顕著になる．

　実際の気体を扱う際に理想気体からのずれを補正する必要が出てくることになる．理想気体と実在気体のずれを補正する方法として以下に示すビリアル方程式がある．これは理想気体の状態方程式を圧力 P あるいはモル体積（V_m）の逆数を整級数で展開（ビリアル展開）したものである．

$$Z = \frac{PV_m}{RT} = 1 + B_P P + C_P P^2$$

あるいは

$$Z = \frac{PV_m}{RT} = 1 + \frac{B_V}{V_m} + \frac{C_V}{V_m^2}$$

B，C と続く定数は，分子間の相互作用に依存して実験的に求められる各温度での気体ごとの固有の定数であり，ビリアル係数と呼ばれる．B は第一ビリアル係数，C は第二ビリアル係数と呼ばれ，以後第三，第四と続く．ここで Z は圧縮率因子と呼ばれ，実在気体の挙動に関して理想気体からのずれを表す無次元量の指標である．圧縮因子あるいは圧縮係数とも呼ばれている．圧縮率因子は以下の式でも表すことができる．

$$Z = \frac{PV}{nRT} = \frac{V_m}{V_m^{\text{idial}}}$$

ここで，V_m^{idial} は理想気体としてプロットして得たモル体積を示している．

　まず理想気体での圧縮率因子を考えてみると $Z = 1$ となることはいうまでもない．では実在気体についてビリアル方程式の $Z = 1$ となる条件を考えた場合では，圧力 $P = 0$ の場合にその条件を満たすことになり，現実ではほとんど考えられない状態である．加えて，圧力が上昇するごとに高次の P の項の寄与が大きくなることもわかる．圧縮率因子 Z を圧力 P に対してプロットすると物質固

表1 空気の圧縮率因子(実測値)

温度 / K	圧力 / MPa										
	0.1	1	2	4	10	15	20	25	30	40	50
75	—	—	—	—	0.5099	0.7581	1.0125	—	—	—	—
300	0.9999	0.9974	0.9950	0.9917	0.9930	1.0074	1.0326	1.0669	1.1089	1.2073	1.3163
1000	1.0004	1.0037	1.0068	1.0142	1.0365	1.0556	1.0744	1.0948	1.1131	1.1515	1.1889

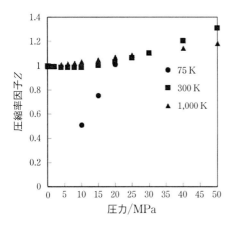

図1 空気の圧縮率因子Zと圧力との関係(温度は75, 300, 1,000 K)

有の曲線が得られることになる.

例として空気の圧縮率因子Zと圧力との関係を表したものを図1に示す. 75 Kという極低温においては理想気体からかなりのずれを生じていることが見てとれる.

これに対して常温あるいは高温状態では, 圧力増加とともに圧縮率因子Zが1を超える値をとるようになり, ビリアル方程式の第2項以降の寄与が大きくなってくることがわかる. 一般の実在気体では, 十分に低圧状態になれば圧縮率因子Zは1より小さくなる. これに対して, 十分に高圧状態になれば圧縮率因子Zは1を超える値をとる. これは実在気体では無視できない分子間力と分子自体の体積の二つの寄与によるものである. 表1に各温度の空気の圧縮因子Zと圧力との関係をデータとして示す.

ここでは一般的な実在気体の圧縮率因子について説明した. 水素分子は最も軽い気体であり, 分子体積も小さいことから理想気体に近い. しかしながら, 高圧状態にした際には分子間力相互作用が大きく影響することから, 理想気体からのずれが生じることになる. 水素を高圧状態で貯蔵する際に, 実在気体としての水素の挙動も考慮する必要がある. なお, 高圧水素と理想気体との関係は後述(4.3.c項)する.

4.3 高圧水素の物性
b. 高圧水素貯蔵

天尾 豊

　高圧水素の物性を考慮に入れ，どのような方法で貯蔵するかを説明する．繰り返しになるが，水素は常温では最も軽い気体であり，常圧では大きな体積を占有することになり，通常貯蔵や運搬のためには，数十MPaに圧縮し，ボンベ等の容器に入れることとなる．特に燃料電池自動車に搭載等の応用を考えた際には，さらに高圧で水素ガスを圧縮し貯蔵搭載する必要がある．

　まずは，圧縮する圧力と必要な容器の体積についてその関係を見てみる．図1には，圧縮する圧力に対する必要な容器の体積を示している．ここでは5kgの水素貯蔵として計算している．なお計算には，天然ガス用に実用化されているDynetek社の高圧容器を参考にした．

　図1には水素を理想気体および実在気体と見なした時の相関も示している．高圧になるに連れて理想気体の挙動からずれることが見て取れる．例えば，高圧水素の貯蔵の目安である35MPaでは，およそ300Lの容器体積が，さらに実用的な70MPaでは200Lの容器体積が必要となる．常圧の水素5kgを概算すると容器体積が56,000Lとなるので，圧縮する効果がいかに大きいかがわかる．

　高圧水素を扱うにあたって，水素の漏れを防止するためにはステンレス合金，アルミニウム等に加え，気体バリア性の高分子材料も必要となってくる．

　例えば，耐熱性・高ガスバリア性機能を持つ粘土膜と炭素繊維をプラスチックの中に入れて強度を向上させた炭素繊維強化プラスチック（CFRP）を積層し高温高圧で加工した膜材料を使うと，従来の水素バリア性材料であるアルミニウムよりも水素の漏洩を防ぐことが示されている．この材料を厚さおよそ1mmの板状膜にして，水素ガスバリア性を0.7MPaの水素を用い測定すると従来の膜材料よりも水素ガスバリア性が100倍以上あることが示されている．例えば，この材料を長さ5m，直径1m，圧力5.0MPaの水素タンクにおいて利用した場合，リーク量が年0.01%程度まで抑制できると見積もられている．

　表1に温度と水素の圧縮因子Zと圧力との関係をデータとして示す．

　また高圧水素ガスの供給に必要なホースに利用される材料も種々開発されている．ホースに使われる材料は金属のように剛直では使えないため，高分子材料が広く用いられている．一つの高分子材料で水素漏洩を防げないので，異種高分子材料を用いて形成されている．

　一例として，35MPa対応の高圧水素ガス供給ホースは三重構造のものが開発されている．具体的な構成を図2に示す．内部層には1,1ナイロンを用いて，水素ガスの漏洩を防ぐとともに，材料自体の溶出を防止できる材料となっている．中間には補強層として35MPaに耐えうる構造材としてアラミド繊維が用いられている．またアラミド繊維を用いることで，ホースとしての柔軟性も加わっ

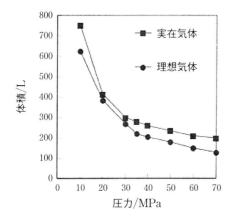

図1　5kgの水素を貯蔵する際の圧力と必要体積との関係

表1　水素の圧縮率因子(実測値)

温度 /K	圧力 / MPa									
	2	4	6	8	10	15	20	30	40	50	60
273.15	1.0067	1.0133	1.0200	1.0267	1.0333	1.0533	1.0667	1.1000	1.1333	1.1667	1.2000
473.15	1.0137	1.0273	1.0410	1.0547	1.0683	1.1093	1.1367	1.2050	1.2733	1.3417	1.4100

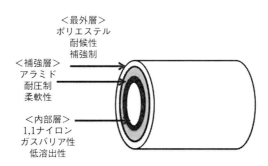

図2　高圧水素供給ホース用材料構造の一例

ている．最外層はポリエステルを用いて，耐候性や補強性を材料全体に加えている．

後述の水素による事故例で概要を示しているが，水素エネルギーとして利用しない場合でも，貯蔵材料や周辺の構造材が高圧状態や加熱状態になった場合に容易に水素が発生し，静電気等による引火，爆発に陥る危険性もある．特に金属材料は高温の水蒸気と反応して水素発生が容易に起こるため，高圧水素貯蔵の場合も，水素物性を考慮する必要がある．

4.3 高圧水素の物性
c. 高圧水素と理想気体

天尾 豊

高圧状態での水素ガスの挙動について，理想気体からのずれについて紹介する．

水素分子は最も軽い気体であることから常温・常圧では理想気体に近いとされている．しかしながらヘリウム等の希ガスと違い，水素分子は分子間力が働くため，理想気体からずれた挙動をすることが多い．ここでは実在気体としての水素分子について，特に高圧状態での挙動について説明する．4.3.a「圧縮率因子」で述べたように，理想気体では圧縮率因子 Z は1になるのに対して，実在気体の圧縮率因子 Z は1からずれてくる．特に高圧状態では1を超える圧縮率因子を示すことを空気を例にして説明した．では空気よりも質量が軽い水素分子ではどうなるかを見ていく．次式

$$Z = \frac{PV}{nRT} = \frac{V_m}{V_m^{idial}}$$

を使ってメタン，二酸化炭素，水素について圧力に対して圧縮率因子 Z がどのように変化するかを見てみる．図1に圧力に対する圧縮率因子 Z の変化を示している．

図1を見るとわかるように，水素は他の気体と比較して，どの温度でも圧力増加とともに単調に圧縮率因子 Z が大きくなっている．このことから理想気体とはかなりのずれを生じていることが見てとれる．4.3.b「高圧水素の貯蔵」でも述べたように，圧力変化に伴う必要な体積も大きく理想気体からずれていること考慮に入れると，高圧状態での水素の挙動は他の気体と比較しても異なると推察される．

ここで分子間力を考慮した気体の状態方程式であるファンデルワールスの状態方程式で

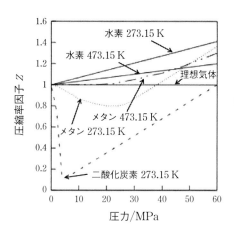

図1 圧力に対する圧縮率因子 Z の変化

水素分子の挙動を見てみる．ファンデルワールスの状態方程式において，熱力学温度 T，モル体積 V_m の平衡状態における圧力 P が以下の式で表されるとする．

$$P = \frac{RT}{V_m - b} - \frac{a}{V_m^2}$$

ここで，係数 a, b は実在気体の理想気体からのずれを示す定数であり，気体ごとに固有の値を示し，ファンデルワールス定数と呼ばれるものである．

係数 b は排除体積効果に基づく定数である．圧力が無限大の極限では，モル体積 V_m は b に近づく．このことは，どんなに高圧条件下でも分子体積より小さくはならないことを意味している．この際，分子を剛直体と考え，同じ空間を複数分子が占有ができないという考えを排除体積効果と呼ぶ．これは，ファンデルワールスの状態方程式をビリアル展開することで求めることができ，第二ビリアル係数から様々な気体の排除体積を見積もることができる．一方，係数 a は分子間引力に基づく定数である．分子が互いに引き合うために，気体が容器を押す圧力が小さくなる．一つの分子による引力の効果は隣接する分子数

表1 ファンデルワールスの状態方程式に基づいて計算される臨界温度 T_c, 臨界圧力 p_c, 臨界体積 V_c

気体	T_c /K	P_c /Pa	V_c/m^3 mol^{-1}
空気	132.5	3.766×10^6	88.1×10^{-6}
ヘリウム	5.201	0.227×10^6	57.5×10^{-6}
水素	33.2	1.316×10^6	63.8×10^{-6}
窒素	126.20	3.400×10^6	89.2×10^{-6}
酸素	154.58	5.043×10^6	73.4×10^{-6}
二酸化炭素	304.21	7.383×10^6	94.4×10^{-6}
水蒸気	647.30	22.12×10^6	57.1×10^{-6}

に比例することから,分子ごとに固有値があり,全体として体積あたりの分子数つまり密度の2乗に比例する.

これらのことから,気体分子間の平均的な間隔が大きいほど,排除体積や分子間の相互作用の影響も小さくなるため,低密度の極限にある分子では実在気体は理想気体の挙動に近づく.逆に高圧条件下では気体分子間の平均的な間隔が小さくなり,理想気体からずれた挙動をとることになる.

ファンデルワールスの状態方程式は気相と液相との間の相転移を計算することができ,その臨界点を見出すことができる.ファンデルワールスの状態方程式に基づいて計算される臨界温度 T_c, 臨界圧力 P_c, 臨界体積 V_c を気体ごとに表1にまとめた.

これらの値を見ると,分子間力が少ないとされるヘリウムと比較しても水素は臨界圧力,臨界体積で比較すると酸素や窒素に近い値を示していることがわかる.つまり,水素は分子量が最も小さい気体であるが,分子間力が働き,理想気体とはずれた挙動をとることを示していることになる.

さらに,ファンデルワールス係数 a および b を比較すると,ヘリウムのファンデルワールス係数 a および b はそれぞれ,3.45×10^{-3} Pa m^6 mol^{-2} および 3.8×10^{-6} m^3 mol^{-1} であるのに対して,水素の係数はそれぞれ,24.8×10^{-3} Pa m^6 mol^{-2} および 26.7×10^{-6} m^3 mol^{-1} である.係数 a は分子間引力に基づく定数であることを考えるとヘリウムの約8倍も大きい値となっている.係数 b も気体の排除体積という点で考えると水素の方がヘリウムよりも8倍以上の値である.

図1に示した圧力変化による圧縮率因子の変化や分子間相互作用,排除体積効果を考慮に入れると,高圧状態も含めて水素分子は最も軽い気体ではあるものの,理想気体よりもむしろ実在気体として振る舞っていると考えた上で,エネルギー利用や貯蔵へ活かしていく必要がある.

水素の技術

中学生を対象とした水素教育セッション「話題の水素エネルギーを体験しよう！」(2015年10月)
　　　主催：水素安全国際会議（ICHS），㈱テクノバ
　　　共催：横浜市
　　　協力：横浜国立大学，㈱リバネス

5.1

水素の製造法
a. 現在の化石資源からの水素製造

壱岐 英

　水素の製造を目的とした水素製造法には，原料として化石資源を用いる方法と，非化石資源を利用する方法がある．このうち，化石資源である炭化水素から水素を目的生産物として製造する主な方法として表1に示す製造法が挙げられる．

1) 水蒸気改質法（スチームリフォーミング）

　水蒸気改質は炭化水素から水素を製造する方法として広く実用化されている反応である．炭化水素としてメタンを用いた場合の水蒸気改質反応は以下の式で表される．

$$CH_4 + 2H_2O \rightarrow 4H_2 + CO_2 \quad (1)$$

この反応には，以下の素反応が含まれる．

$$CH_4 + H_2O \rightarrow CO + 3H_2 \quad (2)$$
$$CO + H_2O \rightleftarrows CO_2 + H_2 \quad (3)$$
$$CO + 3H_2 \rightleftarrows CH_4 + H_2O \quad (4)$$

　水蒸気改質法では，炭化水素と水（スチーム）を，Ni等を含む触媒と接触させることで水素を生成する．酸素を使用しないため空気分離を必要とせず，比較的設備コストも安いことから，石油精製や化学品製造における水素製造法として幅広く採用されている[1]．後述する改質触媒の被毒や炭素析出といった特性から，対象となる原料炭化水素として，天然ガス，LPG，ナフサといった比較的軽質な炭化水素が用いられる．

表1 炭化水素からの水素製造方法

水素製造法	原料炭化水素
水蒸気改質法	天然ガス，LPG，ナフサ，メタノール
部分酸化法	重質油，石炭
オートサーマル法	天然ガス，LPG，ナフサ，メタノール

　水蒸気改質プロセスは主に以下の工程で構成される（図1）．
　①水素化脱硫工程
　②水蒸気改質工程
　③CO転化工程
　④水素精製工程

　水素化脱硫は，改質触媒の被毒を防ぐために原料炭化水素から硫黄分を除去する工程である．この工程では，原料となる炭化水素と水素ガスを約300℃前後でCo-Mo等を含む水素化脱硫触媒と接触させ，さらにZnO等の吸着剤に硫黄化合物を吸着させることで，硫黄含有量を0.1 ppm以下まで除去する．

　脱硫された炭化水素は水（スチーム）と混合され，改質触媒を充填した反応管に導入される．水蒸気改質は吸熱反応であり，外部から熱を供給する必要がある．反応部は一般に加熱炉式となっており，触媒を充填した多くの反応管が炉の中に設置され，バーナーからの輻射熱あるいは対流熱によって反応管が加熱される．バーナーの構造や位置によって幾つかの加熱炉形式があり，主なものとしてDown-firing, Up-firingおよびSide-firingといった形式がある．これらは，それぞれプロセスの要件等によって選択される．また，改質炉の上流に予備改質器を設けることで原料炭化水素を軽質化し，エネルギー効率の向上や能力増強を図ることができる．

　一般に，改質反応の条件は圧力として～3 MPaG, 反応温度650～900℃である．スチームと炭化水素の比率（Steam/Carbon比；S/C比）は，原料組成，後段のガス精製方式および炭素析出抑制といった観点からS/C比＝3～5.5の範囲で選択される．

　水蒸気改質用触媒としては，大型プロセスではNi，定置式燃料電池等ではRuを活性成分としてアルミナやシリカ等の多孔性担体に担持したものが用いられる．いずれの触媒系も硫黄により被毒されるため，原料に含まれる硫黄分を予め除去する必要がある．また，特にNi系触媒については，触媒上での炭素

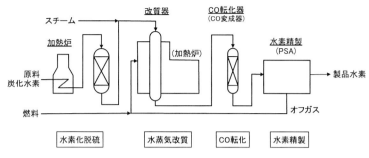

図1 水蒸気改質プロセスフロー

析出により活性が低下する傾向があり，重質な炭化水素を原料とする場合は炭素析出の抑制が求められる．このため，反応条件ではS/C比を量論比より高く設定する．また，触媒にはアルカリ金属酸化物やアルカリ土類金属酸化物を添加する等の炭素析出を防ぐ工夫が施されている[2]．さらに，予備改質器の設置によって原料の軽質化と改質温度の低下が可能であり，炭素析出の抑制に有効となる．

水蒸気改質反応で得られた生成ガスには，平衡組成として水素およびCO_2の他に少量のCOやメタンが含まれる．そこでCO転化工程（CO変成工程ともいう）では，式(3)に示すCO転化反応により，副生するCOを水と反応させてCO_2と水素に転換する．

CO転化触媒の種類には，Fe-Crを含む高温（300〜450℃）用，Cu-Znを含む中温用（190〜350℃）および低温用（180〜250℃）があり，プロセス構成や条件によって，高温と低温を組合わせる場合や，中温単独で用いるといった構成が採用される．

水素精製工程には，吸収法と吸着法の2種類がある．吸収法では，アミン系化合物等の吸収剤によるCO_2吸収と，メタネーター（CO_2のメタン化）を組合わせて用いる．この場合，CO_2やメタンを完全に除去することは難しく，水素純度は95〜98%程度となる．

一方，吸着法は水素以外の不純物成分を，吸着剤を用いて除去するものであり，圧力スイング吸着法（pressure swing adsorption：PSA）がよく用いられる．PSA法では，加圧工程で不純物を吸着させて水素を精製し，脱圧およびパージ工程で吸着した不純物を吸着剤から除去する．PSAは，複数の吸着塔でこれらの工程を順次繰り返すことで精製水素を得ることができるプロセスである．各工程はバルブ操作等をシーケンス制御によって自動的に行う．吸着剤としてはゼオライトや活性炭等が用いられ，これらの材料は常温では水素とほとんど相互作用しないため，不純物との分離が可能となる．吸着法では高純度な水素精製が可能であり，水素純度は99〜99.9%となる．

水蒸気改質法による水素製造技術は，オンサイト型水素ステーションの水素製造装置にも適用されている．改質器の改良や，改質以外の工程で用いる機器の小型化，さらに小型PSAの採用等により，全工程を一体化した小型パッケージの300 Nm^3級水素製造装置が商品化され，水素ステーション用等に展開されている．さらに，最近では水素分離型メンブレンリアクターによる改質技術の研究も進められている[3]．この技術は，反応器と水素分離膜を一体にすることで，高温側で水素生成が有利になるという平衡論的制約を回避して反応温度の低温化が可能であり，水素精製工程も簡略化できることから，小型改質器として開発，実証が行われている．

5.1 水素の製造法

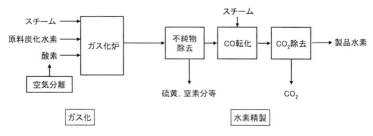

図2 部分酸化法による水素製造フロー

2) 部分酸化法

部分酸化反応は炭化水素を酸素と接触させるもので，メタンを例にとると以下の式で表される．

$$CH_4 + 1/2O_2 \rightarrow CO + 2H_2 \quad (5)$$

実際の部分酸化では，以下のように熱分解反応，式(6)，燃焼反応，式(7)，CO転化反応，式(8)も進行している．

$$CH_4 \rightarrow C + 2H_2 \quad (6)$$
$$CH_4 + 2O_2 \rightarrow CO_2 + 2H_2O \quad (7)$$
$$CO + H_2O \rightleftarrows CO_2 + H_2 \quad (8)$$

部分酸化法は触媒を用いず，高度な原料前処理を必要としないことから，原料としては軽質炭化水素だけでなく，重油やアスファルト分，石炭といった重質炭化水素も処理することができる．ただし，一般には1,000℃以上の高温が必要であり，副生する窒素化合物や硫黄化合物の処理や腐食対策も必要となるため，水蒸気改質法に比べて設備コストが高くなる傾向にある．

部分酸化法による水素製造プロセスは以下の工程からなる(図2)．

①ガス化工程
②水素精製工程

ガス化工程では，原料炭化水素とスチームおよび酸素がガス化炉内に導入される．酸素は，空気の深冷分離によって得られる．ガス化炉は，ガスや液体の場合は炉内に設置されたバーナーから原料を噴射して部分酸化反応を行う．石炭等の固体では，固相の流動状態によって固定床(または移動床)，流動床，噴流床のいずれかの方式が採用される．ガス化温度はガス化炉の形式や原料に応じて設定されるが，噴流床の場合は，微粒な原料粉を供給して1,800℃の高温でガス化を行うため，処理能力が高く経済性に優れているとされる[4]．

ガス化で得られた生成ガスには，水素のほか，副生するCOや原料炭化水素に由来する窒素化合物，硫黄化合物および酸素化合物が含まれる．水素精製工程では，洗浄塔や吸収塔においてこれらの不純物を除去した後に，水蒸気改質法と同様にCO転化によってCOをCO_2に転換し，得られたCO_2を吸収法あるいは吸着法によって除去することにより水素を精製する．

3) オートサーマル法

オートサーマル法は，一つの反応器の中で部分酸化と水蒸気改質を組合わせることで水素を製造する方法である．反応器の前半で原料およびスチームとともに酸素(空気)を導入して部分酸化させて，得られた反応熱を利用して反応器の後半で水蒸気改質を行うものである．

自己加熱によって反応が進行するため，外部からの熱供給を不要あるいは小さくすることができる．

4) その他の水素製造

石油精製では，水素を目的生成物として生産しないものの重要な水素発生プロセスとし

て，接触改質装置がある．接触改質装置は，重質ナフサから芳香族に富む高オクタン価ガソリン基材を製造するプロセスである．原油を蒸留して得られる重質ナフサ留分のオクタン価は 70 以下であるが，接触改質によってトルエン等のオクタン価の高い芳香族化合物を生成することでオクタン価 100 程度の接触改質ガソリンが得られる．なお，ここでの接触改質は水蒸気改質とは異なり，環状飽和炭化水素の脱水素反応，式(9) および鎖状飽和炭化水素の脱水素環化反応，式(10) によってオクタン価の高い留分に転換することをさす．

$$\text{C}_6\text{H}_{11}\text{CH}_3 \longrightarrow \text{C}_6\text{H}_5\text{CH}_3 + 3\text{H}_2 \quad (9)$$

$$\text{C}_7\text{H}_{16} \longrightarrow \text{C}_6\text{H}_5\text{CH}_3 + 4\text{H}_2 \quad (10)$$

反応は主に吸熱反応であり，反応の進行に伴って温度が降下するため，反応塔を 3〜4 基に分割して，各反応塔から出た流体を中間加熱炉で再加熱して次の反応塔に送り込む．接触改質では，触媒上での炭素析出が顕著なため，燃焼による炭素除去が必要である．触媒の再生方式には，固定床反応器で反応と再生を繰り返して実施するものと，移動床反応塔を用いて触媒を連続的に抜き出し再生する連続再生式がある．改質触媒には，炭素析出や活性成分のシンタリングを抑制するための工夫を施した Pt 合金系の触媒が用いられる．

接触改質は，本来は高オクタン価ガソリン基材を製造する装置であり水素は目的生産物ではないが，石油精製工程において重要な水素源となっている．

炭化水素からの水素製造は，石油や化学品だけでなく多くの産業分野できわめて重要な技術であり，多くの実績を有している．一方で，化石資源からの水素製造においては，水素生成に伴い CO_2 が副生することは避けられない．このため，高効率な CO_2 回収技術と組合わせた新しい水素製造法としての技術の開発と実用化が望まれる[5,6]．さらに，高度な CO_2 固定・利用技術の進展も期待される．

5.1

水素の製造法

b. 水電解

黒田義之

1) 現　状

　水電解は電気エネルギーを用いて水から水素と酸素を生成する環境適合性の高い水素製造方法である．電解質によりイオン的に接続された電極間に電圧を印加し，電極表面で水の電気分解反応を行う．反応を進行させるためのエネルギー源として主に電気エネルギーを使用し，常温から1,000℃程度の高温まで幅広い条件での運用が可能である．また，原理的にはカソードでは水素のみが生成するため，生成ガスから水分を除去することで高純度な水素を得ることができる．

　水電解は比較的古くから工業化されてきた技術であるが，20世紀中盤以降は電力コストの高まりにより，水素製造は化石燃料の水蒸気改質が主流となっている．近年では化石燃料に由来する二酸化炭素の排出抑制が重視され，太陽光や風力のような再生可能エネルギーと水電解の組合せによるCO_2フリー水素の製造が注目されている．また，同じ基本設計で，小規模から大規模まで幅広く対応可能であるというメリットもある．現状，水電解はオンサイトでの水素製造や燃料電池用水素ステーション，再生可能エネルギーを利用した水素製造のための技術と位置づけられるといえよう．水電解の電解槽方式は，大きく分けてアルカリ水電解，固体高分子形水電解，高温水蒸気電解と分類することができ，それぞれ効率や用途の面で特徴が異なる．以下に，水電解の原理とそれぞれの電解槽方式の特徴を解説する．

2) 水電解の原理

　ここでは，まずアルカリ水電解と固体高分子形水電解に共通する液相での水電解の反応について述べる．以下に解説する原理は高温水蒸気電解でも共通するものの，電極反応そのものはやや異なるので注意が必要である．水電解の全反応を式(1)に示す．

$$H_2O(l) \rightarrow H_2(g) + 1/2 O_2(g) \tag{1}$$

塩基性電解質を用いた場合，アノード反応，カソード反応は式(2)，(3)の通りである．

アノード：$2OH^- \rightarrow 1/2 O_2(g) + H_2O(l) + 2e^-$ (2)
カソード：$2H_2O(l) + 2e^- \rightarrow H_2(g) + 2OH^-$ (3)

また，酸性電解質では式(4)，(5)の通りである．

アノード：$H_2O(l) \rightarrow 2H^+ + 1/2 O_2(g) + 2e^-$ (4)
カソード：$2H^+ + 2e^- \rightarrow H_2(g)$ (5)

いずれの条件においても，片方の電極では電解質ではなく，溶媒である水が反応の対象となる．それぞれの電極における平衡電極電位（E_A, E_C）はNernstの式を用いて表される．E_A°, E_C°を標準水素電極基準の標準電極電位，反応種iの活量をa_i，反応種jの分圧をp_jとすると，塩基性条件では式(6)，(7)のように表される．

$$E_A = E_A^\circ + \frac{RT}{2F} \ln \frac{a_{H_2O} p_{O_2}^{1/2}}{a_{OH^-}^2} \quad (E_A^\circ = 0.40\,\text{V}) \tag{6}$$

$$E_C = E_C^\circ - \frac{RT}{2F} \ln \frac{p_{H_2} a_{OH^-}^2}{a_{H_2O}^2} \quad (E_C^\circ = -0.83\,\text{V}) \tag{7}$$

酸性条件では式(8)，(9)の通りである．

$$E_A = E_A^\circ + \frac{RT}{2F} \ln \frac{a_{H^+}^2 p_{O_2}^{1/2}}{a_{H_2O}} \quad (E_A^\circ = 1.23\,\text{V}) \tag{8}$$

$$E_C = E_C^\circ - \frac{RT}{2F} \ln \frac{p_{H_2}}{a_{H^+}^2} \quad (E_C^\circ = 0.00\,\text{V}) \tag{9}$$

$E_A - E_C$は理論分解電圧（$U_{\Delta G}$）と呼ばれる．$U_{\Delta G}$において，a_{H^+}，a_{OH^-}はキャンセルされるため，$U_{\Delta G}$はpHに依存せず，標準状態（25℃，1 atm）では1.229 Vである．実際には，各電極における反応速度や，液抵抗はpHや電解質濃度に大きく依存するため，電解質に

高濃度の塩基や酸が用いられるのが普通である．

次に電解槽の効率について考える．等温，等圧において，反応に必要なエネルギーは反応のエンタルピー変化($\Delta_r H$)である．$\Delta_r H$には式(10)の関係が成り立つ．

$$\Delta_r H = \Delta_r G + T\Delta_r S \tag{10}$$

$\Delta_r G$ は電気エネルギーにより与えられ，理論分解電圧に対応するエネルギーである．エントロピー変化に相当する $T\Delta_r S$ は外部から熱として与えねばならないが，実際には槽電圧の抵抗損失分が熱エネルギーに変化されることで賄われている．外部からの熱の入力がない内熱式電解槽の場合，$\Delta_r H$ のすべてが電気エネルギーにより与えられることとなるため，電解に最低限必要な槽電圧は式(11)のように表される．

$$U_{\Delta H} = \left| -\frac{\Delta_r H}{nF} \right| \tag{11}$$

これを熱的平衡電圧と呼ぶ．標準状態は温度 T の関数として式(12)により表される．

$$U_{\Delta H} = 1.415 + 2.205 \times 10^{-4} T + 1.0 \times 10^{-8} T^2 \tag{12}$$

したがって，エンタルピー基準のエネルギー変換効率(ε)は，槽電圧を U_t として式(13)で表されることになる．

$$\varepsilon = \frac{U_{\Delta H}}{U_t} \tag{13}$$

$\Delta_r H$ および $\Delta_r S$ の温度依存性は小さいため，式(10)より，温度が高くなると熱的平衡電圧と理論分解電圧の差が大きくなる(図1)．このため，外部からの熱を利用し高温で電解を行えば，必要な電力は小さくなる．また，電流密度を小さくすると，槽電圧が低くなるため効率が向上する．しかし，この場合水素生産量あたりの設備規模が大きくなってしまうため，設備費と運転費のバランスを考慮し，経済的な電流密度が選択される．

3) 各電解方式の特徴

液体の水を扱う電解槽方式は，主に電解槽の構造から，多孔質隔膜を用いた方法，高分子電解質膜を用いた方法に大別することがで

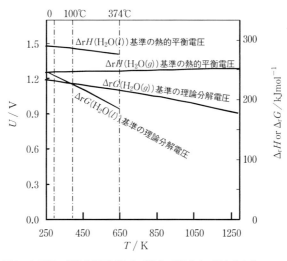

図1　水電解の理論分解電圧および熱的平衡電圧の温度依存性
　　　(熱力学データは Outokumpu HSC Chemistry® より作成)

きる．さらに，電解質として塩基性電解質を用いると，電極触媒や電解槽の構成材料に比較的安価な材料を用いることができる．したがって，多孔質隔膜を用いる方法では高濃度の塩基性電解質が用いられ，アルカリ水電解と呼ばれる．高分子電解質を用いる固体高分子形水電解では，多孔質隔膜を用いるものに比べて電極間抵抗を低減し，高電流密度化が容易であるが，実用的な性能を持つ高分子電解質膜がプロトン交換膜に限られるため，酸性の電解質が用いられる．このため，実験室用の小規模な電解槽には固体高分子形水電解が用いられ，特に商用の大型電解槽等ではアルカリ水電解が用いられることが多い．多孔質隔膜を用いるアルカリ水電解では，特に低電流密度で生成ガスのクロスオーバーによる純度の低下，固体高分子形水電解では電解質が酸性であるため，貴金属系電極触媒等の高価な材料が必要であることから，アニオン交換膜の開発と，水電解への応用も検討されている．

また，高温水蒸気電解は300℃～1,000℃といった高温で水電解を行う技術であり，前述のように水電解に必要なエネルギーのうち，電力の割合を低減することができる．残りのエネルギーは低質な熱エネルギーでよく，電極の過電圧も小さくなる．この方法は種々の熱源と組合わせた高効率の電解法として注目されているが，高温で利用可能な材料が限られており，現状は研究段階である．

①**アルカリ水電解**：アルカリ水電解の電解液には，イオン伝導度が大きく，CO_2溶解度の低い20～30％のKOH水溶液が用いられることが多い．ニッケルや鉄はアルカリ電解液中でも安定であり，電極反応にも良好な触媒活性を示すため，アルカリ水電解槽の構成材料として一般的に利用される．カソードではこれらの鉄，ステンレス，ニッケル系材料に加え，多孔体であるラネーニッケルや硫化物，Ni–Mo合金等を触媒として担持し，過電圧が低減されている[7,8]．アノードではCoやNiからなる酸化物やNi–Co，Ni–Fe等の合金が用いられる．Ir等の貴金属触媒が用いられることもある．

水電解は気体を生成する反応であり，生成ガスの輸送に特に注意が必要である．アルカリ水電解の場合，電極には表面を粗面化したエキスパンドメタル等を用い，電極からの泡抜けを良くする工夫がなされる．カソードと

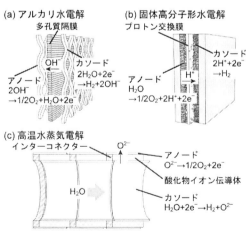

図2　各電解槽方式における装置構造の模式図

アノードが浸された電解液は多孔質隔膜により隔てられているが（図2a），生成ガスのクロスオーバーのため，水素と酸素が再結合したり，生成ガスの純度が下がったりして，特に低電流密度において効率が低下する傾向にある．溶液抵抗は電極間距離を小さく取ることで削減できるが，クロスオーバーの影響を避けつつこれを行う必要がある．多孔質隔膜には従来アスベストが用いられてきたが，人体への有害性が問題となり，代替材料の検討が進められている．親水化したPTFEやグラフト重合膜，ZrO_2等のセラミックスと結着剤の複合代替材料等が用いられる．低抵抗で生成ガスのクロスオーバーが少ないセパレーターが利用できれば，ゼロギャップ構造により槽全体の性能を向上させることができるため，新たなセパレーター材料の開発も重要である．

商用の電解槽では，複数の電極が並列に接続された単極式電解槽や，電極がバイポーラ板により直列接続された複極式電解槽が用いられる．複極式電解槽では，別のセルの電極，例えばバイポーラ板の表裏はマニフォールドを流れる電解液によりイオン的に接続され，リーク電流や電解槽停止時の逆電流が電極劣化の原因となる．近年は電力変動の大きい再生可能エネルギーとの組合せのため，これらの問題への対策が課題となっている．

通常，アルカリ水電解槽は70～90℃で運転され，大気圧作動でセル電圧が1.7～2.3 V，電流密度が0.1～0.5 A cm^{-2}程度であり，電力原単位は4.2～5.9 kWh Nm^{-3}-H_2程度である[8,9]．運転温度を90～160℃とし，理論分解電圧，反応過電圧，電解質の抵抗過電圧を低減し，高効率および高電流密度にて運転するものを改良型アルカリ水電解と呼び，電力原単位は3.8～4.3 kWh Nm^{-3}-H_2以下となる．高温では電解槽の性能が大幅に向上するものの，高濃度アルカリによる腐食性が増大するため，電解槽材料，気液分離機，ポンプ，配管等に耐食性に優れた材料を用いなければならず，コスト増が課題である．

②**固体高分子形水電解**：固体高分子形水電解は，固体高分子型燃料電池のようにフッ素樹脂系プロトン交換膜をセパレーターとする膜電極接合体を用いた水電解方式である．膜電極接合体はアイオノマーで被覆した触媒からなる触媒層とプロトン交換膜が接合した構造をとっている（図2b）．プロトン交換膜が固体電解質となるため，電解槽には純水を供給すればよく，液抵抗が非常に大きいため，リーク電流や逆電流は大きな問題とはならない．プロトン交換膜はイオン抵抗が小さく，生成ガスのクロスオーバーも小さいため，固体高分子形水電解ではアルカリ水電解に比べて高い電流密度を流すことができる．また，生成ガスは高純度である．

一方，プロトン交換膜が強酸性であるため，電極等の材料には耐酸性が求められる．このような制約から，鉄やニッケルを用いることができず，カソード集電体には炭素が，アノード集電体にはチタンが用いられることが多い．また，酸性電解液中では利用できる電極触媒にも制約があり，ほとんどの場合に高価な貴金属が用いられる．したがって，固体高分子形水電解槽はアルカリ水電解槽と比べてコストが高くなることが避けられない．

アルカリ水電解において有効であった鉄やニッケル，コバルトを電極触媒として用いることができないため，固体高分子形水電解のカソード触媒には白金系材料が用いられる．白金系材料は高コストであるものの，活性，耐久性においては特に優れている[9]．一方，アノード電極触媒にはイリジウム系材料が用いられる．ルテニウム系材料も高活性であるが，耐久性が低く実用的ではない．ルテニウムの利用に関しては，タンタル，イリジウム等と複合化し，安定性を向上した材料が検討されている．これらの貴金属触媒の有効利用率，耐久性を高めるとともに，非貴金属系の安定で高活性な触媒の開発も重要である．

触媒を高分子電解質膜に直接析出させる触媒被覆膜構造により，触媒と固体電解質との

接触抵抗を低減することができる．それぞれの電極にはカソード給電体としてカーボンペーパー等，アノード給電体としてチタン繊維焼結体等の多孔質材料が用いられる．

固体高分子形水電解は80℃程度の温度で運転されている．セル電圧は1.8〜2.2Vで，0.6〜2.0 A cm^{-2}の高い電流密度を流すことができる．電力原単位は4.2〜5.6 kWh Nm^{-3}程度である[9]．大電流密度を流すことで相対的に装置コストを抑えることができる．また，研究段階ではあるが，アニオン交換膜を用いた固体高分子形水電解にも注目が集まっている．アニオン交換膜を用いることで，安価な材料，非貴金属系触媒を用いつつも，電流密度の高い電解槽が設計できると期待される．ただし，現状では強アルカリ条件で安定なイオン交換膜の開発が十分ではなく，耐久性の問題や，中性に近い条件での運転に制限される等の課題がある．

③**高温水蒸気電解**：高温水蒸気電解は固体酸化物形燃料電池（SOFC）と類似の構造を有する電解装置を用い，700〜1,000℃の高温で行う水電解方式である．電解質にはセラミックス系酸化物イオン伝導体が用いられる．SOFCとの対比から固体酸化物形水電解（solid oxide electrolysis cell：SOEC）とも呼ばれる．この場合，アノード，カソードではそれぞれ酸化物イオン，水蒸気が反応し，反応式は以下の通りである．

アノード：$O^{2-} \rightarrow 1/2 O_2(g) + 2e^-$　　(12)
カソード：$H_2O(g) + 2e^- \rightarrow H_2(g) + O^{2-}$　　(13)

前述のように，高温では電解に必要なエネルギーの一部を熱により賄え，電力を低減することができる．このため，高温水蒸気電解は発電所やプラントからの定常的な熱源を利用した高効率な水素製造への利用が期待されている．しかし，過酷な条件での運転となるため，利用可能な材料の制約が大きく，実用化には課題が多い．

高温水蒸気電解槽の材料は，SOECの材料を踏襲しており，主として高温でも安定なセラミックス系材料が用いられる．高温水蒸気電解の運転温度では，理論分解電圧の低減のみならず，電極反応の過電圧も大幅に低減させることができるため，白金のような高コストな触媒を用いる必要はない．一方で，電極材料には高温での安定性に加え，導電性，ガス透過性が要求される．また，電解質等の他の部材と熱膨張係数を同程度に揃える必要がある．これらの要求から，カソードではニッケルやコバルトのサーメット（金属とセラミックスとの複合材料）が，アノードにはカルシウムやストロンチウムをドープしたLaMnO$_3$のようなペロブスカイト型酸化物が用いられる[10]．また，これらの電極を電気的に接続するためのインターコネクターとしてLaCrO$_3$が用いられる．

電極を隔てる酸化物イオン伝導体には，主に固体酸化物イオン伝導体であるイットリア安定化ジルコニア（YSZ）が用いられている．YSZ自体は高温で高いイオン伝導率を示すが，その他の材料の耐熱性の観点から，運転温度の上限は1,000℃程度であり，その性能を最大限発揮できるわけではない．通常は，抵抗を削減するために薄膜化して利用されるが，低温でイオン伝導性が高く，電子絶縁性の材料の開発も重要な課題となっている．機械的強度や気密性に優れた円筒状構造の固体電解質を用いてセルが形成される（**図2c**）．

まとめ

水電解法は水のみを原料とし，再生可能電力との組合せで二酸化炭素の生成を抑えたクリーンな水素製造技術であり，水素社会の実現に向けた鍵となる技術の一つであるといえよう．既に商用化されているアルカリ水電解に対し，改良型水電解や固体高分子形水電解，高温水蒸気水電解により効率を高める技術は種々開発されているものの，コスト高が実用化のハードルとなっている．目的に応じた適切な電解槽設計がなされるとともに，低コストな新材料や電解槽構造の開発が待たれる．

コラム

医療と水素

石原顕光

医療に最も関わりの深い水素は，磁気共鳴画像検査（Magnetic Resonance Image: MRI）であろう．1980年代初頭に臨床の場に登場したMRIは大いなる発展を遂げ，今なお進化している．MRIは水素原子の核磁気共鳴（Nuclear Magnetic Resonance: NMR）現象を利用して，細胞内の水素原子の状態を断層画像にし，それにより身体内の状態判断に用いるものである（図1，図2）．

水素原子核は，核スピンの結果として固有の磁気双極子モーメントを持っている．磁気双極子モーメントは通常はランダムな方向を向いているが，静磁場を印加すると，ラーモア周波数と呼ばれる一定の周波数で歳差運動を行う．そのときゼーマン効果により，異なるエネルギー準位に分裂する．MRIで用いられる水素原子の場合，1T（1万ガウス）の磁場中では42.57 MHzで歳差運動し，分裂したエネルギー準位の幅に相当する．その状態からさらに，ラーモア周波数と同じ周波数の回転磁場を，交流電流を利用して加える．すなわち1Tの磁場中で42.56 MHzのマイクロ波を照射すると，水素原子核中の磁気双極子のエネルギーの吸収が起こり，回転磁場を止めるとエネルギーの放出が起こる．このエネルギーの吸収と放出を核磁気共鳴と呼ぶ．MRIでは，放出されるエネルギーを信号として検出し，コンピュータで画像に変える．生体の主たる構成分子は水であるが，水分子は水素原子を持つ．そのため，MRIは水分量が多い脳や血管等の部位を診断することに長けている．そして，水素原子の核磁気共鳴は，その水素原子周りの状態によって異なるため，異常部位の発見に役立てられている．

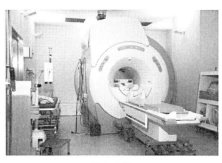

図1　MRI

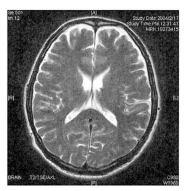

図2　脳のMRI画像

X線を使ったCT（Computed Tomography；コンピュータ断層）に比べて，MRIは脳等頭部の映像や腫瘍，椎間板ヘルニア等の診断に優れた情報を与えることができる．また，X線のようなエネルギーの高い電磁波ではないので，放射線障害が起こらないという長所がある．

一方，水素分子そのものを医療に役立てる可能性も研究されている．老化や生活習慣病の一因として，活性酸素種の増加によって生じる酸化ストレスが挙げられる．水素は還元作用があり，抗酸化作用が期待される．実際に最近の研究により，水素分子は生体内の過剰な酸化状態を軽減できることが判明してきている．今後，病気の治療や予防に利用される可能性も高まっている[11]．

5.1

水素の製造法

c. バイオマス
(1) 水素発酵

澤山茂樹

バイオマスを原料として水素を製造する方法には，熱分解法と発酵法があり，発酵法は特に生ごみ等水分含量が比較的高い原料に向いている．微生物を使う水素製造法として，発酵法以外に光合成法がある．両者を比較すると，発酵法は発酵槽体積あたりの水素生産効率を議論すればよいが，光合成法は面積が制約となる．原料としては，発酵法では主に糖類であるが，光合成法では主に二酸化炭素・無機塩類・光である．糖類の供給源としてはデンプン・セルロース系バイオマスが，無機塩類の供給源として下水処理水が検討されている．下流側のプロセスとしては，発酵法は有機酸が副生するので通常メタン発酵を組合わせた二段発酵となり，発酵液にある程度の有機物等が残留するので，廃液処理が必要となる．光合成法では，培養液に残留した無機塩類の処理が主体となる．

水素発酵は，細菌・古細菌が酸素のない嫌気条件において，グルコース等の糖を水素・有機酸・二酸化炭素に分解する反応で，水素はヒドロゲナーゼにより発生する．原料としては，比較的糖分が多い食品系廃棄物が向いている．古紙等セルロース系バイオマスをグルコースに加水分解し，原料として利用することも考えられる（図1）．

水素発酵細菌としては，*Enterobacter aerogenes*, *Clostridium butyricum*, *Thermoanaerobacterium thermosaccharolyticum* 等の嫌気性細菌が報告されている．水素発酵立ち上げの際は，下水処理場等のメタン発酵汚泥を種菌として利用し，原料を投入しながら水素発酵に適した雑多な微生物群を育成する．このような複合微生物系では，そこに特定の微生物を後で加えても，多くの場合その微生物を維持するのは難しいといわれている．

反応槽内の嫌気条件は，微生物が酸素を消費するため好気条件に比べ維持しやすく，ステンレス等のタンクで密閉すればよい．水素発酵を効率良く行うためには，反応槽内の撹拌が重要である．また，水素発酵は有機酸を副生するので，反応液のpHが酸性になりやすい．発生するガスは，50〜60%の水素を含み，残りはほとんど二酸化炭素である．水素発酵細菌の種類により，副生する有機酸は異なるが，グルコース1 molからの最大水素収率4 molとなるのは，酢酸が生成する場合である（図1）．

実験室スケールでは，他の雑菌を滅菌した純粋微生物系で水素発酵実験を行うことが可能であるが，大量のバイオマスを滅菌することは経済性・エネルギー収支から困難である

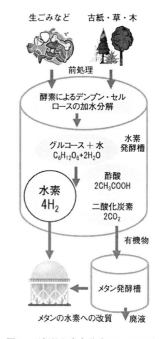

図1　理想的な水素発酵システムの概要

図2 水素・メタン二段発酵実証プラント（上），水素発酵槽（下左），メタン発酵槽（下右）(AIST Today 2004. 10 TOPICS より引用)

発酵法の研究開発が行われている．食堂残飯や食品廃棄物を原料に，NEDO・産総研・鹿島建設・西原環境・アイシン精機が，水素メタン二段発酵法の実証試験を行っている（図2）．メタン発酵で生成したメタンは，水素に改質することができる．

ビール仕込み廃液や製パン廃棄物を用いて，サッポロビールが実証試験を行い，メタン発酵単独に比べ，水素・メタン二段発酵ではエネルギー回収量が14%増加することを報告している[12]．廃水の水素発酵では，メタン発酵に比べ懸濁物質の分解に優れている．水素・メタン二段発酵法は，メタン発酵法と競合する技術と認識されるので，固形分分解速度が速いという有利な点を活かせる原料に絞った開発が考えられる．また，基礎研究として，キチンを原料に超高熱性古細菌 *Thermococcus kodakarensis* を利用した水素発酵が報告されている[13]．

水素発酵の将来性を考える上で重要なのは，経済性だと考えられる．メタン一段発酵における課題が，廃水処理であることから，水素発酵の実用化を考える際はできるだけ廃水処理の必要がないシステムの構築が望まれる．メタン発酵においては，廃水処理の経済性を考慮して乾式法の研究・開発が進展したことから，水素発酵に関しても乾式法の研究の進展が期待される．将来的に，再生可能水素の固定価格買い取り制度が創設されれば，水素発酵の普及が進む可能性がある．

発酵法以外の生物を利用する水素生産法として，真核単細胞藻の *Chlorella* 属や原核生物のラン藻等は，光エネルギーを使ってヒドロゲナーゼやニトロゲナーゼの働きにより水素を発生する．このような光合成法による水素生産に関する基礎研究が行われている．

ため，実用化スケールでは通常複合微生物系となる．複合微生物系では，発生した水素はメタン生成古細菌等他の微生物に直ちに利用されるので，水素利用微生物の活動を抑える必要がある．そのため，発酵温度を60～70℃に維持する方法や，水素発酵細菌の増殖速度が速いことを利用して，水素発酵層の希釈率を高める方法等が開発されている．

水素発酵では有機酸が副成するので，後段にメタン発酵を組合わせる，水素メタン二段

5.1 水素の製造法
c. バイオマス
(2) 熱化学変換

美濃輪智朗

バイオマスから水素を製造する別の方法として熱化学変換がある．基本的には「5.1.a. 現在の水素製造—化石燃料からの水素製造」で紹介した方法と同様であり，［熱分解・ガス化→水蒸気改質→精製］の工程を経て水素を製造することとなる．天然ガスやナフサを原料とした場合と比べると，熱分解・ガス化の工程が必要となり，これらの工程が必要な石炭等を原料とした水素製造と同様である．したがって，ここではバイオマスの熱分解・ガス化に注目して紹介することとする．

化石燃料やバイオマスを高温（600℃～1,000℃以上）で熱分解・ガス化すると合成ガス（H_2, CO）のほか，炭化水素（CH_4 等），二酸化炭素（CO_2）のガスが得られる．また，この反応を促進させるためにガス化剤（空気，酸素，水蒸気等）を用いる．

$$CH_xO_y + ガス化剤 \rightarrow H_2, CO, CH_4, CO_2, H_2O 他 \quad (1)$$

熱化学変換の観点から，バイオマスは，

① H/C 比が高い（2 程度）
② O/C 比が高い（1 程度）
③ 揮発性成分が多い（90% 程度）
④ 固定炭素分が少ない（10% 程度）

といった特徴がある（図1）．H/C 比が高いことは H_2 の生成に有利である．また，O/C 比が高いとガス化剤の量が少なくてすむ．揮発性成分が多いことはタールの生成につながり，閉塞等のハンドリングの問題を生じやすい．また，熱化学平衡組成よりも多くのメタンやエタン等の炭化水素ガスが生成することとなる．固定炭素分が少ないことは未燃炭素の生成が少なくガス化に向いている．

式（1）の熱化学平衡から，高温低圧であれば H_2 と CO が生成し易く，低温高圧であれば炭化水素と CO_2 が生成しやすい（図2）．また，ガス化剤として空気や酸素を用いれば CO_2 や H_2O が多くなり，水蒸気を用いれば H_2 が多く生成することになる．ただし，ガス化のための高温を維持する必要があることから，空気をガス化剤として用いることが一般的である（不完全燃焼で H_2 や CO が生成するイメージである）．

このような熱分解・ガス化を進行させるガス化炉は非常に多数のものが提案されている．大別すると，固定床（向流型，並流型），流動床，噴流床に分けられる（図3）．固定床

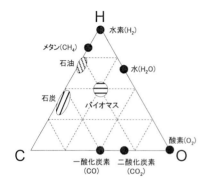

図1　各種原料のC/H/O 組成

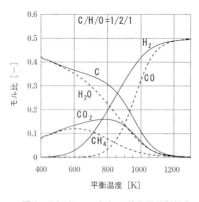

図2　C/H/O ＝ 1/2/1 の熱化学平衡組成

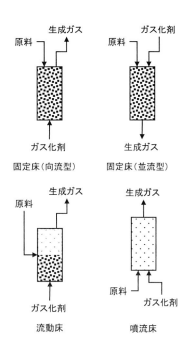

図3 ガス化炉形式の模式図

では，原料が少しずつ上から下に移動していきながらガス化される．横型であるキルン炉もある．原料に対するガス化剤の流れの向きで向流型と並流型に分けられる．向流型の方が熱効率が高くなる一方，並流型の方がタールが少なく，ガス化率が高くなる．流動床では，砂等の流動媒体がガス化剤の吹込みにより流動している状態に原料を投入する．急速加熱・ガス化が可能で，大型炉に適している．噴流床では，原料はガス化剤とともに流れて行きながらガス化される．急速なガス化，高いガス化率が可能である．

坂井正康博士は，過熱水蒸気をガス化剤としたバイオマスの新しいガス化法を開発した．3 mm以下に粉砕したバイオマスを完全な水蒸気雰囲気下で完全ガス化(水蒸気改質)させるもので，触媒を用いず，常圧で行われる．ガス化は吸熱反応となるため，反応管を外部から800～1,000℃に加熱する．反応管の中ではバイオマスの粉が過熱水蒸気で激しく混合され，噴流床となる．浮遊外熱式高カロリーガス化法あるいは定地式噴流床による外熱式水蒸気改質反応と呼んでいる．平成16年(2004年)に50 kW級のプラント(農林バイオマス3号)で実証された．

石炭利用総合センター(当時)の林石英らは，石炭の水蒸気ガス化の際に二酸化炭素を吸収するカルシウム等の吸収剤を入れることで，熱化学平衡をずらして，CO_2を含まないH_2を主成分とするガスを生成するガス化法を開発した(二酸化炭素吸収ガス化)[14]．2005年に，産業技術総合研究所の筆者らは，バイオマス(木材)の二酸化炭素吸収ガス化の実証を行い，日量10 kg規模の連続装置で，CO_2を含まないクリーンガス(水素濃度83%，メタン15%)の連続生産に成功した[15]．二酸化炭素の吸収のために2 MPa程度の高圧で運転しており，温度は700℃程度と比較的低い．CO_2を吸収したカルシウムは加熱することで再生，再利用が可能であった．

他にも様々なバイオマスのガス化が提案されており，技術的にはバイオマスから水素を製造することは可能である．一方，バイオマスの利用は水素だけでなく，熱や電気といったエネルギー利用，セルロースナノファイバー等のマテリアル利用も可能である．2012年に始まった再生可能エネルギー電力買取制度(FIT)により，政策的，経済的にはバイオマス利用は発電に誘導されている．主には2,000 kW規模以上の大規模ボイラー発電が行われる．一方，小規模なガス化—ガスエンジン発電も行われている．この場合にはガス化ガスが得られるので，社会情勢等の状況に応じて水素を製造することも可能となる．

5.1

水素の製造法

d. 光触媒

天尾　豊

水を分解して水素を製造する方法として，金属酸化物半導体を基盤とした光触媒技術がある．金属酸化物半導体を利用した水素製造技術は，酸化チタン単結晶電極と白金電極とを組合わせ，図1のような反応装置を構築し，酸化チタン単結晶電極側から紫外線を照射することで，酸化チタン単結晶電極表面から酸素，白金電極から水素が生成することが知られており，これは本多-藤嶋効果と呼ばれている[16]．

この発見以来，水を光分解して水素を製造するための様々な金属酸化物半導体を基盤とした光触媒材料が開発されている．例えば酸化チタン微粒子に白金を助触媒として担持すると，図2に示すような機構で紫外線照射により水を酸素と水素に分解することが可能となる．

ここで半導体光触媒による水の光分解の原理について説明する．図3に半導体のエネルギー準位を示す．

価電子帯と伝導帯とのエネルギー差をバンドギャップと呼ぶ．ここで半導体にバンドギャップ以上のエネルギーの光を照射すると価電子帯の電子が伝導帯へと励起される．励起された電子は，水素イオンを還元し水素を生成し，一方で価電子帯に形成されたホールは，水を酸化し酸素を生成する．このような原理で半導体光触媒による水の水素と酸素への分解反応が進行する．一般的にバンドギャップが大きい物質は光子によって電子が励起されにくくそのまま光子が通過するので，可視光波長域のエネルギー以上に大きなバンドギャップを持つ物質はその色が透明になる．水の光分解に用いられる幾つかの半導体光触媒のエネルギー準位を図4に示す[17]．図4には酸素発生電位と水素発生電位も示している．

この時に酸素発生電位と価電子帯準位との間，水素発生電位と伝導帯準位との間は，それぞれ熱力学的に求められる反応の理論電位（平衡電極電位）と実際に反応が進行するときの電極電位との差，いわゆる過電圧として

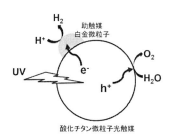

図2　白金微粒子を助触媒として担持した酸化チタン微粒子を用いた水の光分解

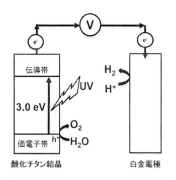

図1　酸化チタン単結晶電極と白金電極とを組合わせ紫外線照射による水の光分解

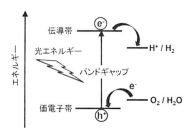

図3　半導体のエネルギー準位

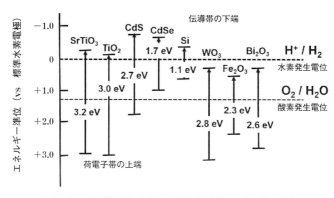

図4 水の光分解に用いられる半導体光触媒のエネルギー準位

評価される.つまり反応を進行させるためには過剰な電圧が必要となる.また大きなバンドギャップを持つ半導体光触媒の利用できる励起波長は紫外線に限られるため,太陽光を有効利用する観点から可視光を利用した水の光分解を達成するためには半導体光触媒のバンドギャップ内に酸素発生電位と水素発生電位が納まっており,なおかつバンドギャップが小さいことが要求される.これらの条件から図4に示す半導体光触媒のエネルギー準位を見ると,単一の半導体光触媒を用いて可視光で水を分解することが如何に困難であるかが容易に理解できる.例えばバンドギャップの小さい(2.8 eVは443 nmに相当)酸化タングステン WO_3 は可視光照射による酸素発生には利用できるが,伝導帯準位の位置が水素発生電位よりも下に位置するため,水素発生には利用できない.

これに対して,d^{10} 電子配置を持つGaやGeの窒化物を基盤とした可視光応答型光触媒が開発されている.たとえば,GaNは青色レーザー等に応用されている3.2 eVのバンドギャップを持つ半導体材料である.この材料をZnOとで固溶体を形成させると,可視光まで吸収端が長波長化する.組成は$(Ga_{1-x}Zn_x)(N_{1-x}O_x)$で示されるような組成の固溶体ができる.紫外領域(< 400 nm)にしか吸収のないGaNやZnOが,固溶化によって480 nm付近まで吸収帯が長波長化する.GaNのバンドギャップ内に亜鉛を基盤とする準位が形成したため長波長化が達成できている.$(Ga_{1-x}Zn_x)(N_{1-x}O_x)$ 上に水素発生助触媒としてRh-Cr複合酸化物を担持した光触媒を用い,可視光照射すると水が分解され酸素と水素が化学量論的に発生する.Rh-Cr複合酸化物助触媒は,逆反応抑制効果があることが知られており酸素から水が生成する反応を抑制している.この光触媒を用いた場合,410 nmの単色光に対して5.2%の見かけの量子収率が得られている.

また,d^0 電子配置を持つ金属イオンからなる酸化物も光触媒として高い活性を示す.ペロブスカイト型結晶構造を持つ複合酸化物 $NaTaO_3$ や $SrTiO_3$ は高い光触媒活性を示し,紫外光照射下で効率的に水を分解できる.特に $NaTaO_3$ に少量のLaをドープしNiOを水素発生助触媒として担持することにより,280 nmの波長の光に対して50%以上の量子効率で水分解が進行する.これらペロブスカイト型複合酸化物の酸素原子を窒素原子に置換することにより,吸収端の長波長化ができる.$SrTiO_3$ の一つのOをNに置換し,電荷を補償するためSrをLaに替えると,$LaTiO_2N$ というペロブスカイト型酸窒化物

5.1 水素の製造法

が合成できる．窒素の 2p 軌道は酸素の 2p 軌道よりもエネルギーが浅い位置にあるため，このような酸窒化物の価電子帯は酸化物より浅くなり，バンドギャップは小さくなる．d^0 型の電子配置を持つ金属イオンからなるペロブスカイト型酸化物の酸素を窒素に置換した材料では，600 〜 700 nm まで吸収が長波長化しており，より広範囲での波長域の太陽光を利用できることを示している．

この他，代表的な水の光分解用光触媒について表1にまとめた[18]．

表1に示した光触媒材料はほとんどが紫外光応答型であるが，水を完全に酸素と水素に光分解できるものであり，主にタンタルやニオブ系酸化物が水の分解用光触媒材料として有効であることが知られている．

ここまでは，単一の光触媒材料を用いた水の光分解について紹介してきた．これに対して二つの光触媒を組合わせた可視光による水の分解系の効率化も進められている．可視光応答型の酸素発生用と水素発生用光触媒とをそれぞれ効率化して連結する方法が提案されている．これは植物やある種の藻類の酸素発生型光合成機構である二段階光励起（Ｚスキーム）を模倣した光触媒系である．図5にそのＺスキーム型光触媒系の反応機構を示す．酸素発生光触媒上では，励起電子により電子伝達系の酸化体が還元体に還元され，正孔により水が酸化されて酸素が生成する．一方，水素発生光触媒上では，正孔により還元体が酸化され，励起電子により助触媒上で水素イオンを還元して水素が生成する．この時電子伝達系は消費されることなく酸化還元を繰り返すため，反応全体として水の完全分解が進行する．

Ｚスキーム型光触媒系は，単純に酸素発生用および水素発生用光触媒を電子伝達体で連結するだけでは達成できない．それぞれの光

表1 水の光分解用光触媒の代表例

光触媒材料
$Ba_5Nb_4O_{15}$
$Ba_3LaNb_3O_{12}$
$Cs_2Nb_4O_{11}$
$CsTa_3O_8$
$Cs_4Ta_{10}O_{27}$
$Cs_6Ta_{16}O_{43}$
$Cs_3Ta_5O_{14}$
$K_3TaB_2O_{12}$
$RbTa_3O_8$
$La_{2/3}TiO_3$ $La_4Ti_3O_{12}$ $La_4Ti_4O_{15}$
$NaTaO_3$：X
（X：La, Ca, Ba, Sr 等）

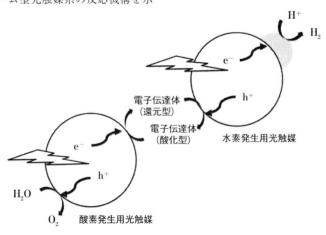

図5 Ｚスキーム型光触媒系

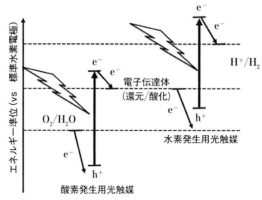

図6 Zスキーム型光触媒系におけるエネルギー準位の相関

表2 酸素発生用光触媒および水素発生用光触媒

酸素発生用光触媒	水素発生用光触媒
WO_3	$SrTiO_3：Cr$
TaON	$SrTiO_3：Ru$
Ta_3N_5	$SrTiO_3：Pt$
$Rh-BiVO_4$	$BaTaO_2N$
$Rh-Bi_2MoO_6$	$CaTaO_2N$
$Rh-WO_3$	

触媒のバンドギャップと電子伝達体の酸化還元電位を考慮する必要がある(図6)[19]。

バンドギャップを考慮し、Zスキーム型光触媒系に可能な酸素発生用および水素発生用光触媒の代表例を表2にまとめている。

酸素発生用光触媒と水素発生用光触媒とを連結する酸化還元電子メディエーターとしてはI^-とIO_3^-との間の酸化還元系、鉄イオン(Fe(II)とFe(III))の酸化還元系、コバルト錯体の酸化還元系等が用いられている。

以上のように水を光分解し、酸素と水素を得る多彩な光触媒材料が開発されており、従来紫外光のみでしか応答しなかった光触媒も可視光応答型へと展開され、その効率も飛躍的に向上している。

ここからは、光触媒を用いた水素製造について、実用化へ向けたアプローチを紹介する。まず、水の完全光分解系では、水素源が水だけであるので、非常に有用な技術であるが、いい換えれば水を分解し酸素と水素が同一系内に同時に発生する、いわゆる曝気ガスとし

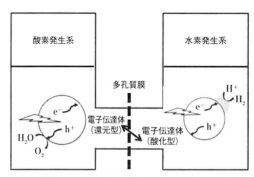

図7 独立した二つの光触媒系を連結した水の光分解系

て生成する点も注意しなければならない．

この点を解決するためにも上述のZスキーム型光触媒系は，酸素発生系と水素発生系とを適当な電子伝達系で連結しているため，二つの系を独立させることができることから有用である．

同一系内ではZスキーム型光触媒系により水の完全光分解系は達成できているが，二つの系を独立させ，電子伝達系で連結させた際にそれぞれの効率が低下してしまうことも予想される．

例えば，図7に示すように多孔質膜を用いて電子やイオンの授受を可能にすることで，独立した二つの光触媒系を連結することができている．

この他，太陽光を容易に捕集するための方策として酸素発生および水素発生用光触媒材料をガラス基板上にシート状に配列させたデバイス開発も進められている．一例として酸素発生用光触媒に $BiVO_4$ ：Mo，水素発生用光触媒に $SrTiO_3$ ：La あるいは $SrTiO_3$ ：Rh を用いた光触媒シートを用いることで，太陽光エネルギー変換効率が1.1%で水を光分解可能なことが示されている[20]．

光触媒による水の光分解に基づく水素製造は，太陽電池による水の電気分解等と並列して水を原料とした太陽光エネルギー駆動型の水素製造技術として発展が望まれる．

コラム

食品と水素

石原顕光

　食品にも水素が使われている．一般に植物の種子から生産される油は二重結合を含む不飽和脂肪酸であり液体である．植物油に水素を添加して，二重結合の一部を一重結合とすることで液体から半固体や固体にする部分水素添加という処理を行い，マーガリンやファットスプレッド，ショートニングを製造する．マーガリンやファットスプレッドは，JAS規格にしたがって油脂含有率によって区別され，80％以上がマーガリン，80％未満がファットスプレッドとされている．日本で販売されている家庭用のマーガリンの多くはファットスプレッドである．

　マーガリンは，高価なバターの代用品として，1869年にフランスの化学者イッポリト・ムーリエが考案した．はじめは牛脂にオリーブ油や牛乳を混ぜて冷却硬化させていたが，その後，生産量の多い魚油や植物油を牛脂の代わりに使うようになった．

　19世紀末に，ニッケル触媒を用いた不飽和脂肪酸の二重結合への水素添加反応が発見され，液状油から固形脂に物性変化することから硬化油と呼ばれた．硬化油は不飽和度の減少によって
①耐酸化性，熱安定性の向上
②融点の上昇，固体脂含量の増加
③色相の淡色化
④風味変化（原油からの風味除去および低減）
等の改質効果がある[21]．

　油への水素添加反応は，油にニッケル等の金属触媒を分散させ，その触媒混合油に水素ガスを吹き込むことにより，油を構成する脂肪酸に存在する二重結合に水素を付加させる．油脂はグリセリンに三つの高級脂肪酸がエステル結合している．植物油を構成する脂肪酸は，αリノレン酸，リノール酸や一価不飽和脂肪酸からなる[22]．
これらは融点が低く常温では液体状態なので，マーガリン製造のために水素添加が行われる．

　触媒細孔内の活性のあるニッケル表面では，化学的吸着された原子状水素と不飽和脂肪酸基とが不安定な複合体を形成する．この複合体は，非常に高い反応性があり，不飽和脂肪酸基に水素を与えることで水素添加反応が進行する．その後両者が離脱してもとの触媒に戻ることを繰り返すことで硬化反応は進行していく．

　現在は，家庭用にはヤシ油，パーム油，大豆油，コーン油，ナタネ油等植物油が中心で，業務用には動物油や魚油も使われている．日本の2015年のマーガリン生産量は約15万トンであるから，水素添加量を1％とすると2千万Nm^3ほどの水素が使われていることになる．

　ただ，水素添加は100％達成されるのではなく，数％は未添加のまま熱変性で安定化する．近年，健康障害を与える可能性が噂されるトランス状態の脂肪酸がマーガリンには含まれていることになる．

5.1 水素の製造法
e. 熱利用

久保真治

本項では,熱エネルギーを主たる熱源とした水分解による水素製造方法について概観する.これらの方法には大きく分けて,水の熱化学分解法,熱エネルギーと電気エネルギーを併用する水のハイブリッド分解法がある.

1) 水の熱化学分解法の原理

水を分解して水素を得るには,自由エネルギー分の仕事を含めエネルギーの投入が必要である.水電解は,これを電気で供給する方法である.

一方,直接熱分解は,仕事の投入なしに熱のみで水を分解しようとする方法である.熱化学分解法は複数の化学反応を組合わせることによって,直接熱分解に要求される温度(数千度の超高温)より低い温度レベルの熱エネルギーを用いて,水を分解する.熱,電気,水素と二段のエネルギー変換より,熱,水素と一段変換の方が高効率になる可能性を秘める.

図1は,水の熱化学分解法の原理を示したΔG-T線図である(水蒸気を原料とする場合,また,反応のΔHおよびΔSの温度依存性は無視).ここで,作業物質として働くある物質(X)を用い,水の直接熱分解反応を以下の二つの反応,発熱反応と吸熱反応に分割できたとして,以下に示す熱化学反応の組合せ(熱化学サイクル)で水分解を行うことを考える.

$H_2O + X = XO + H_2$ 操作温度:T_1
$XO = X + 1/2 O_2$ 操作温度:T_2

吸熱反応は温度T_H以上の高温で,また,発熱反応は温度T_L以下の低温で,反応の自由エネルギー変化が負となり,自発的に進行させることができる.つまり,熱化学サイクルは,熱エネルギーのエクセルギー差(高温吸熱反応での高いエクセルギーの取り込み,低温発熱反応での低いエクセルギーの排出)で,水分解に必要な仕事を生み出す化学的な熱機関というべきものである[23].

2) 水の熱化学分解法

熱化学分解法は,米国のFunkら[24]によって,初めて,その可能性について熱力学的な考察が行われた.水分解に適した具体的な反応サイクルの探索は,二段反応サイクルの探索研究に始まり,以後,各国の研究機関で数百にのぼる数のプロセスが検討され,要素反応の反応率,生成物分離,作業物質の毒性や腐食性,プロセスの熱効率等の観点から選別が進んだ.

① Iodine-Sulfur サイクル(IS プロセス):熱化学分解法により水分解を行うためには,水素のみならず酸素を発生させる反応が必要である.この反応に硫酸分解を用いる方法を硫黄系と呼び,現在最も活発に研究開発が行われているのが本プロセスである.

$H_2SO_4 = H_2O + SO_2 + 0.5 O_2$
　　　　　　　　　　　800 − 900℃　(1)
$SO_2 + I_2 + 2H_2O = 2HI + H_2SO_4$
　　　　　　　　　　　100℃　(2)
$2HI = H_2 + I_2$　　　400 − 500℃　(3)

本プロセスは,硫酸分解(1)で生成する二酸化硫黄をブンゼン反応(2)で吸収して,硫酸を生成するとともにヨウ化水素を生成し,ヨウ化水素を熱分解(3)して水素を得る.これまでに提案された,すべての要素反応を熱化学反応で行うプロセスの中で最も反応数が

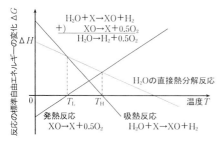

図1　水の熱化学分解の原理
水分解反応を複数の化学反応に分割する.

少ないシンプルなプロセスであり，作業物質が液とガスのみ（固体のハンドリングなし）というメリットを持つ．

ISプロセスに関する研究開発課題は，①閉サイクルプロセスという特殊な化学プロセスによって安定的に水素製造を行う運転方法の開発，②熱エネルギーを化学的な水素エネルギーに変換する変換効率の向上，③きわめて腐食性の強いプロセス流体（硫酸とハロゲン）を取り扱うための耐食装置材料の開発である．

わが国において，工業化に必要となる装置材料に耐食・耐熱性を持たせた反応器（金属，セラミックス等）を組み込んだ水素製造試験装置を用い毎時数十L，数十時間の水素製造に成功する等研究開発が進捗している[25]．

② UT-3サイクル：UT-3サイクルの反応構成を以下に示す．

$$CaBr_2(s) + H_2O(g) = CaO(s) + 2HBr(g)$$
$$700 - 750℃$$
$$CaO(s) + Br_2(g) = CaBr_2(s) + 0.5O_2(g)$$
$$500 - 600℃$$
$$Fe_3O_4(s) + 8HBr(g) = 3FeBr_2(s) + 4H_2O(g) + Br_2(g)$$
$$200 - 300℃$$
$$3FeBr_2(s) + 4H_2O(g) = Fe_3O_4(s) + 6HBr(g) + H_2(g)$$
$$550 - 600℃$$

このように本サイクルは，カルシウム系および鉄系の加水分解と臭素化反応から構成される．

加水分解反応はいずれも吸熱反応であり，臭素化反応は発熱的に進む．本サイクルの要素反応は，すべて気固反応であるため，反応器内に固体反応物を充填・固定して反応ガスの流路を切り替える連続運転方式が提案されている．反応の繰り返しに耐え，高い反応性を発揮させるための固体反応物の調製法が課題とされている．臭化物，酸化物と反応の繰り返しに耐えるような固体反応物調製法が研究され，ベンチスケールでの水素製造が実証[26]された．

3) 水のハイブリッド熱化学分解法

熱化学分解法に電気分解反応を組合わせた方法である．

① ハイブリッドSulfurサイクル[27]：本方法は，Westinghouseサイクル，HySサイクルとも呼ばれる．

$$H_2SO_4(g) = H_2O(g) + SO_2(g) + 0.5O_2(g)$$
$$800 - 900℃$$
$$SO_2(g) + 2H_2O(l) = H_2(g) + H_2SO_4(aq)$$
$$25℃ [Electrolysis]$$

本サイクルには，二段反応とシンプル，高効率の可能性，高価で高腐食性のハロゲンが不要，電解による高純度水素生成という利点がある．電解反応における硫黄生成の抑制および所要電力の低減が課題である．酸素生成反応に対し三酸化硫黄の電解を援用することにより操作温度を低下（500 - 550℃）させた試み[28]もある．

② Copper-Chlorideサイクル：本サイクルは，銅および塩素の化合物による複数の固液気反応を用いて水を分解するものである．以下に，四段サイクルの反応式を示す．

$$2CuCl_2(s) + H_2O(g) = CuO \cdot CuCl_2(s) + 2HCl(g)$$
$$400℃$$
$$CuO \cdot CuCl_2(s) = 2CuCl(l) + 0.5O_2(g)$$
$$500℃$$
$$2CuCl(aq) + 2HCl(aq) = H_2(g) + 2CuCl_2(aq)$$
$$<100℃ [Electrolysis]$$
$$CuCl_2(aq) = CuCl_2(s) \qquad <100℃$$

塩化銅の加水分解反応，オキシ塩化銅の熱分解反応（最高温度，酸素生成），塩化銅と塩酸溶液の電解（水素生成），塩化銅溶液の乾燥操作からなる．本サイクルの利点は，反応最高温度が500℃程度と比較的低いため，この温度レベルの熱源が利用可能なこと，装置材料の要件が緩和されることである．各要素反応の実現性は，実験室規模試験により実証[29]されている．課題は，電解器において銅がプロトン導伝膜を透過，カソード側電極へ析出して白金触媒が被毒すること等がある．

5.1

水素の製造法
f. 副生物としての水素製造：食塩電解

田中宏樹

食塩電解とは，原塩と水を原料とし，電気分解により目的生産物である苛性ソーダ，および塩素，そして副生物である水素を製造する製法である．現在の国内の年間生産量は，苛性ソーダが約400万トン，塩素が約350万トン，水素が約11億 Nm^3 である[30]．

現在，国内の食塩電解工場は，すべてイオン交換膜法が採用されており，その原理を図1に示す．

電解反応は，電解槽に組み込まれたイオン交換膜で分けられた陽極室，および陰極室にそれぞれ精製塩水と純水を供給し，電気を流すことで陽極室内では Cl^- の酸化反応による塩素ガスの生成，陰極室内では H^+ の還元反応よる水素の生成が行われる[31]．また，陽極室より電気泳動して来た Na^+ と OH^- により苛性ソーダが生成される．この電気分解反応は以下の式で表され，ほぼ量論的に進行する．

$$2NaCl + 2H_2O \rightarrow 2NaOH + Cl_2 + H_2$$

生成物の生産量は電流に比例するが，電解槽の通電面積は一定であるため，電流を上げると電流密度が上がり，電力原単位は悪化する．現在，標準電流密度 $5\,kA/m^2$ で苛性ソーダ（固形換算）1トンあたり約2,100 kWhとなる．これは同時に塩素，水素の生成を含む原単位であり，例えば，水素の原価を導くための原単位は質量，モル数基準等様々な考え方がある．

製造プロセスは，大きく塩水精製工程，電解工程，ガス処理工程，苛性濃縮工程に分けることができる．

塩水精製工程では，海外より調達された原塩を飽和まで溶解した後，主な不純物である Ca, Mg を固形化し，沈降分離にて除去する．さらに精密フィルターを通した後，キレート樹脂で金属イオンを吸着除去し，電解槽入口で数ppb程度まで精製される．金属イオンは，イオン交換膜内において，水酸化物として蓄積され，性能劣化要因となるため，塩水精製は非常に重要な管理工程となる．

電解工程（電解槽）の運転温度は約85℃であり，陽極室で発生する塩素ガスは，塩水ミスト，および蒸気圧相当の水分を同伴するため，ガス処理工程にて水洗・冷却後，硫酸により脱水乾燥され，配管でユーザーへ送気される．

一方，陰極室で発生する水素は，苛性ミスト，および蒸気圧相当の水分を同伴するため，水洗・冷却が行われた後，配管でユーザーへ送気される．電解槽より排出される苛性ソーダの濃度は約32 wt%で管理されており，その後，市販濃度である48 wt%まで蒸発缶で濃縮される．

食塩電解より発生する水素は，原料由来の不純物，および電気分解反応における副生物の発生がないため純度は高く，他の副生水素ガスのような分離・濃縮等の必要はない．水分を除けば純度は99.99%以上となる．

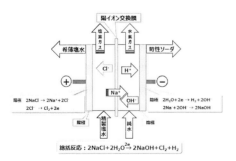

図1　イオン交換膜法食塩電解の原理

5.1 水素の製造法
g. 副生物としての水素製造：製鉄

野村誠治

鉄鋼製造プロセスでは，副生ガスの一部として水素が生成する．ここでは，水素を副生するコークス製造工程について概説する．

製鉄業では，高炉で鉄鉱石（酸化鉄）を還元する際の還元材および熱源として，主にコークスを使用している．コークスは大きさ50 mm 程度の塊状多孔質炭素材であり，通常 3 mm 程度以下に粉砕された粉状の石炭を「コークス炉」で乾留（無酸素状態で加熱）し，融着させて脱ガスすることで製造する[32]．コークス製造時に発生する副生ガスをコークス炉ガス（coke oven gas：COG）と呼ぶ．COG は石炭 1 トンあたり約 300～350 Nm^3 程度発生し，水素（50～60%），メタン（25～30%）を主成分とする高発熱量ガスである．組成例を表 1 に示す．

現在主流の室式コークス炉は，炭化室と燃焼室が交互にそれぞれ約 50 室配置された巨大な煉瓦構造体であり，一つの炭化室の大きさは，幅 0.45 m・高さ 6.5 m・長さ 16 m 程度である．コークス炉において，炭化室内に装入された石炭は，炉壁れんがを通して両側の燃焼室（約 1,200℃）より加熱され，乾留されて約 20 時間でコークスとなる．乾留が終了すると，約 1,000℃ 程度まで加熱された高温のコークスは，炭化室前後の炉蓋を開け，水平方向に押し出される．コークスの冷却は，かつては水をかける湿式消火が行われていたが，現在は乾式消火設備（coke dry quenching：CDQ）で不活性ガスによる冷却が主流となっており，回収熱で高温・高圧の蒸気に転換している．

石炭の乾留により発生した 900℃ 程度の高温ガスは，図 1 に示すように，上部の上昇管出口で安水（石炭乾留ガスから凝縮分離した水分で，アンモニア，フェノール等を含む）により 80℃ 以下に水冷され，さらにガス冷却器で 35℃ 程度まで冷却される．凝縮した液体はタールデカンターで油水分離され，油分はコールタールとして回収し，タール蒸留により化学品・炭素材製品原料として利用される．また，冷却されたガスは，次工程のガス精製設備で硫安，軽油等を分離回収し，常温でガス状のものは COG として回収する．

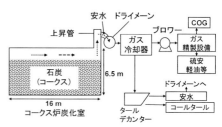

図 1 コークス炉発生ガスの処理フロー例

COG 発生量や組成は原料となる石炭の組成や乾留条件によって変化する[34]．COG は主に製鉄所内の加熱炉用燃焼ガスとして使用されるとともに，副生ガス専焼ガスタービンコンバインド発電設備（GTCC）で発電用燃料としても使用されており（2004 年に 300MW 複生ガス専焼 GTCC1 号機稼働）[35]，鉄鋼製造プロセスにおける重要なエネルギー源である．現在，日本全国の製鉄所から発生するCOG 中の水素は年間約 80 億 Nm^3 に達するとされており[36]，COG 起源副生水素を水素ステーションに供給する実証試験[35]や COG 中のタールを触媒改質し，タールから水素を製造する水素増幅試験[36]が行われている．

表 1 コークス炉ガスの組成例[33]

ガス種	H$_2$	CH$_4$	C$_n$H$_m$	CO	CO$_2$	N$_2$
体積 %	50～60	25～30	2～4	5～8	2～5	3～7

5.2
水素の精製
a. 吸着法

足立貴義

　水素は，メタン等炭化水素の水蒸気改質や熱分解，石炭のガス化反応や，水の電気分解（食塩電解，アルカリ水電解等）によって製造されている．したがって，炭化水素や石炭由来の水素の場合は，一酸化炭素や二酸化炭素が，水の電気分解の場合は飽和水分や酸素が不純物として含まれており，工業用の水素として利用するためには，ガス精製が必要となる．

　また，水素のニーズとしては，一般工業用の他に，分析用や半導体製造用があり，これらには高純度化が求められている．さらに最近では，燃料電池自動車（FCV）用の水素ニーズもあり，これは表1に示すように各不純物成分について細かい規格があり，高純度精製が必要となっている．

　水素の精製法としては，本項で吸着法を次項で膜分離法を記載する．一般的には吸着法の方が高純度まで精製が可能で，水素の回収率も高いが，バルブ等の構成部品等が多くなり，装置が複雑で高価になりやすい．対して膜分離法は，構造がシンプルで装置は安価に製作できるが，比較的水素純度は低く，高圧が必要で圧縮コストが高くなる傾向がある．

1) 吸着によるガス精製技術

　水素中の不純物を除去する一般的な方法として，不純物を多孔性材料（吸着剤）に接触させて吸着除去する方法がある．また吸着現象には，大きく分けて物理吸着と化学吸着がある[37]．

　物理吸着は，化学結合を伴わない比較的弱い力（分散力等のファンデルワールス力）でガス成分と吸着剤が結合しており，高圧・低温で吸着量が増加し，低圧・高温で吸着量が減少する．この性質を利用したガスの精製法としては，下記の2種類の方法がある．

①圧力変化を利用する「圧力スイング吸着法」（Pressure Swing Adsorption：PSA）
②温度変化を利用する「温度スイング吸着法」（Thermal Swing Adsorption：TSA）

化学吸着は，ガス成分が吸着剤と化学結合で結びついており，容易に脱離させることが困難で，再生時には水素等による還元反応が必要となる．結合力が強く低圧まで不純物を除去することができるので，高純度精製に利用される．

2) 圧力スイング吸着法

　水素の精製には，古くからPSA法が用いられており，これは不純物を含む水素を高圧に圧縮し，吸着剤に接触させることにより不純物成分を吸着除去して水素を精製する方法である．不純物を吸着した吸着剤は，圧力を下げることで不純物が脱離し，再び精製に利用することができる[38]．

　吸着剤としては，活性炭・活性アルミナ・合成ゼオライト等が用いられ，除去成分や吸着圧力・再生圧力によって剤が選定される．物理吸着の吸着熱は，ガスの凝集熱と相関があり，凝集熱の低い水素やヘリウムはほとんど吸着しないが，二酸化炭素や水分は強く吸

表1　FCV用水素燃料の仕様（ISO14687-2）

非水素成分	濃度規格 [ppm]
全炭化水素（C_1）	< 2
水分（H_2O）	< 5
酸素（O_2）	< 5
ヘリウム（He）	< 300
窒素，アルゴン（N_2+Ar）	< 100
二酸化炭素（CO_2）	< 2
一酸化炭素（CO）	< 0.2
硫黄化合物（S）	< 0.004
ホルムアルデヒド（HCHO）	< 0.01
ギ酸（HCOOH）	< 0.2
アンモニア（NH_3）	< 0.1
ハロゲン化物	< 0.05
粒子状物質量	< 1mg/kg

着する傾向がある（図1）．このため，水素は非吸着ガスとして高圧で導出されるために，圧縮エネルギーが有効に利用でき，効率的な分離となる．

$$H_2 < O_2 < N_2 < CH_4 < CO < CO_2 < H_2O$$

図1　物理吸着力の序列例（合成ゼオライト）

PSA式水素精製装置のフロー例を図2に示す．原料ガスを昇圧して吸着塔に導入し不純物が吸着され，真空ポンプによる排気で圧力を下げることで再生するフローになっている（真空再生型のPSAは，特にVPSAやPVSA, VSA等とも呼ばれる）．

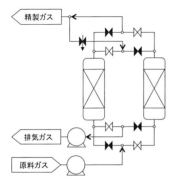

図2　PSA式水素生成装置フロー図例

3) 温度スイング吸着法

水素の精製法としては，吸着剤を低温（常温も含む）で不純物を吸着除去し，再生時には吸着剤を加熱して不純物を脱離するTSA法も利用されている．これは，微量の不純物を除去するのに適しており，半導体用水素や水の電気分解水素の精製に利用されている[39]．

吸着剤としては，常温で微量の成分を吸着できる合成ゼオライト等が主に利用され，触

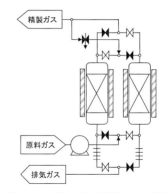

図3　TSA式水素生成装置フロー図例

媒反応や化学吸着が併用されることもある．特にNi系触媒等の化学吸着剤は，一酸化炭素や酸素と反応するために極低濃度まで不純物除去が可能となる．不純物を吸着した化学吸着剤は，水素等を通気しながら加熱することで還元再生され，再び精製に利用される．

TSA式精製装置のフロー例を図3に示す．精製ガスの一部を再生ガスとして利用し，ヒーター等によって吸着塔を加熱して再生するフローになっている．

4) 燃料電池自動車用水素の精製

FCV用の水素を充填する水素ステーションには，高純度水素をカードル（水素ボンベを束ねた物）等で供給するオフサイトステーションと，天然ガス等を改質して水素を製造するオンサイトステーションが存在する．

オンサイトの場合は，改質水素中に一酸化炭素や二酸化炭素，水分等が含まれるために表1に記載した規格まで精製する必要がある．ガス精製は，一般的にPSA法が使用され，吸着塔を3塔や4塔としたPSAプロセスにより，高純度化と水素の回収率を向上させたPSA装置が開発されている[40]．

5.2

水素の精製
b. 膜分離法

足立貴義

膜によるガス分離は，膜の片側に精製するガスを含む原料ガスを高圧で供給し，膜の他方側の圧力を下げることにより，特定のガスが優先的に透過する現象を利用したものである．分離したいガスの成分間の膜透過速度にある程度以上の差が必要である．また，水素分子はガス成分中で分子径が最も小さいために，膜の透過速度は他のガスより比較的速く，膜精製に向いている（図1）．しかし，膜分離による精製水素は，膜の透過側から低圧で排出され，ガス供給のために再圧縮が必要となり，分離に係るエネルギーが高くなる傾向がある．

・ゼオライト膜のガス透過速度
　$CO_2 > H_2 > O_2 > N_2 > CH_4$

・高分子膜のガス透過速度
　$H_2O > H_2 > CO_2 > O_2 > N_2 > CH_4$

図1　膜によるガス透過速度の序列例

膜によるガス分離は，昇圧機と膜モジュール（膜を耐圧容器に入れてガス分離できる状態にしたもの）があれば分離可能なため，構成機器が少なくシステムの低コスト化が容易である．しかし，昇圧機の動力が比較的大きくなりやすく，精製ガス純度が低い等の欠点がある．また，膜分離はバルブや配管を少なくできるので，大流量のガス精製への適用も期待されているが，現状の技術では膜モジュールの大型化が難しく，大型膜モジュール製作方法の開発も重要となっている．

水素を膜分離する時の装置フロー図の例を図2に示した．図2上図は1段の膜分離法であり，簡便で低コストだが，膜分離ではガス純度とガス回収率にトレードオフの関係があ

るため，ガス純度を出すためには回収率を犠牲にする必要がある．このため，図2下図のような二段式の膜分離法も考案されており，1段目の非透過ガスを再度膜分離して水素を回収して原料側に戻すことで，水素純度を下げずに回収率を改善することが可能となる．

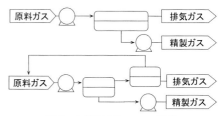

図2　水素分離膜のフロー例[41]
上：一段分離，下：二段分離．

1) ガス分離膜の種類

ガス分離膜は，大きく2種類に分類される．膜にガス分子が通る細孔が存在し，細孔径とガス分子の大きさの関係で分子ふるい効果による分離が可能な多孔質膜と，気体が膜中に溶解拡散する時の透過速度差で分離する非多孔質膜である（図3）．

水素分離用の多孔質膜としては，ゼオライト膜やシリカ膜，カーボン膜等の研究開発が盛んに進められている．非多孔質膜には，高分子膜と金属膜があり，金属膜のパラジウム（Pd）膜は，既に半導体用の高純度水素精製で実用化されており，高分子のポリイミド膜は，空気から窒素を製造する装置等で実用化されている．

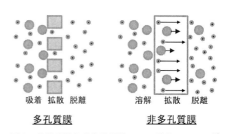

図3　多孔質膜と非多孔質膜のガス透過イメージ[42]

2）ゼオライト膜

近年，様々な種類のゼオライト膜が開発されており，化学プロセスへの適用が検討されている[43]．一般的に多孔質アルミナ管の表面にゼオライト層を形成する手法で製作される．高分子膜に比べて，ガス透過速度は速いが，管径が大きく表面積が小さくなる傾向がある．

3）シリカ膜

シリカ系分離膜は，細孔制御範囲が広く様々なガス分離に適用が可能であり，水素分離に適した細孔調整も可能である．また，膜の調整方法もゾルゲル法やCVD法等多彩であり，水素精製用分離膜の研究開発が盛んに進められている[44]．

4）カーボン膜

カーボン膜は，高分子膜を炭化することで製作され，炭化後に細孔調整等を施すことで，分子ふるい効果を持った多孔質膜が開発されている．細孔径が0.3～0.5 nmと無機ガスの分子サイズと近い膜も開発され，水素の精製やバイオガスの分離等が検討されている[45]．

5）金属膜：パラジウム膜

Pdは水素吸蔵合金であり，水素分子を原子状態で金属中に溶解させることができる．この性質を利用して，延伸・薄膜化したPd合金の表面に水素を高圧・高温で接触させると，表面で水素原子に解離吸着し，金属中を溶解拡散し，膜の裏側で結合して水素分子となって脱離し，水素のみが透過できる．

原理的に水素しか透過しないために，高純度まで精製することが可能で，半導体向けの水素精製等で利用されている．しかし，水素透過には高温かつ高圧が必要で，かつ高価なPdを使用するために装置コストが高くなる．

Pdの使用量削減のために，多孔質膜の表面にPdを無電解メッキしたり，多孔質膜の内部にPd膜層を付けることで[46,47]，安価で耐久性のあるPd水素膜の研究が進められている．

6）燃料電池自動車への適用

前項PSA法で述べた通り，FCV向けの水素には水素純度や不純物成分ごとの厳しい規格があり，ガス精製が必要となる．そして，水素キャリアとしてメチルシクロヘキサン（MCH）やアンモニア利用のための開発が進められており，それぞれ膜による精製技術の研究が進められている．

MCH由来の水素では，細孔調整したシリカ膜による水素精製への適用が検討されている．さらに，膜の外側にMCH分解触媒を充填しておき，分解した水素のみを膜の内側に透過させることにより，触媒層での水素濃度を減少させ，分解反応の効率を上げる研究が進められている[48]．また，カーボン膜による水素とMCHおよび脱水素後に発生するトルエンの分離精製の研究も進行中である[49]．

アンモニア分解水素の組成は，水素と窒素であるが，ほとんどの膜で両者の膜透過速度の差は少なく，精密な精製のためにPd膜が検討されている．Pd膜をアンモニア分解触媒と組合わせて，水素を発生させながら精製することで，反応効率が向上する[50]．

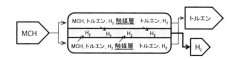

図4　触媒充填モジュールによるガス反応・精製イメージ[48]

水素分離膜と触媒反応塔を組合わせた反応・精製モジュールのイメージを図4に示した．触媒層でガスを分解し，水素のみを膜透過させることで，水素の発生と精製が同時に実現できる．

5.3

水素の貯蔵
a. 高圧水素

辻上博司

水素の貯蔵方法として，高圧，液化，貯蔵材料等があるが，普及している技術の一つが高圧による貯蔵である．圧縮機等でガスを高圧にし，容器や蓄圧器に水素を充填し貯蔵する，古くから普及している技術である．産業用等で使われる高圧水素容器は充填圧力が14.8 MPaや19.6 MPa型が一般的であるが，燃料電池車に搭載している水素容器には，70 MPaの圧力の水素が充填されている．

気体は一般的に高圧になるほど気体分子自身の体積や気体分子相互間の引力の影響が大きくなり，理想気体の法則から外れていく．そのずれは圧縮係数（PV_m/RT）で表されるがその詳細は4.3節で議論されている．実際に，同じ容器に70 MPaまで入れた水素は，35 MPaでの水素量の1.6倍程度の量である．高圧水素を貯蔵する容器は構造で分類すると，溶接構造容器，シームレス構造容器，FRP複合容器に分けられる．一般の高圧ガス容器は金属製のシームレス構造容器が使わ

れているが，燃料電池自動車向けの容器は軽量化が求められるため，FRP複合容器が使われる．

複合容器の構造を図1に示す．ライナーと呼ばれる薄肉の金属製（Type3）または熱可塑性プラスチック製（Type4）の容器の外側に樹脂を含浸させた炭素繊維等（繊維強化プラスチック：FRP）を巻き付けることにより強化された構造となっている．容器に内圧をかけた場合に発生する応力に対抗するように，ヘリカル巻き，フープ巻きが施される（図2）．ライナー自体は厚さが数mm程度であり，水素の透過を防ぐことが目的で強度はほとんどない．外側のFRP層が内圧に対する強度を持つ構造である．圧力が高い状態では，水素が金属組織内部に入り込み脆化を起こす，いわゆる水素脆化という現象が発生する場合がある．そのため，Type3容器の金属ライナーには，オーステナイト系ステンレス（SUS316L等）やアルミニウム合金（A6061等）といった水素脆化を起こさない材料が使われる．最近の車載用容器は，より軽量化のためにType4容器が使われるのが一般的である．

燃料電池自動車に搭載する水素量は5 kgであるが，これはガソリン車並みの走行距離

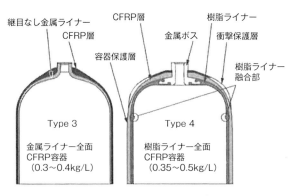

図1　FRP容器の構造の種類[51]

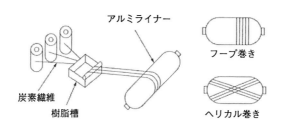

図2 炭素繊維のワインディングプロセス[51]

図3 複合容器の蓄圧器[52]

を達成するために必要な水素量である．高圧水素の貯蔵だけでは70 MPaの圧力が必要であるが，水素貯蔵材料を高圧容器に内蔵した35 MPa型高圧水素吸蔵合金容器の検討も進められている．

近年，Type3の複合容器は水素ステーションの蓄圧器としても使われはじめている（図3）．鋼鉄製の容器に比べ，厚さを薄くできるため内容積を大きくすることができる．そのため，ステーションのコンパクト化・低コスト化に繋がることが考えられる．充填回数（内圧荷重の繰り返し回数）および使用期限を制限することで，さらなる軽量化を図っている．

海外の水素ステーション蓄圧器には，金属製容器の胴体部のみFRPで強化された複合容器（Type2）が使用されている．日本国内ではまだ基準化が追いついていない状況ではあるが，NEDO事業での開発が進められており，今後の導入普及が見込まれる．

高圧による貯蔵は，シンプルな方法である．しかし，高圧にするほど圧縮係数は大きくなっていくため，圧力のわりには充填量増の効果が得られない．さらには，容器の肉厚が必要となり，容器が重くなる．また，高圧が故に，水素の漏れや付属品の耐圧性能等の懸念事項が出てくるため，最適な充填圧力についての議論も必要になると思われる．

5.3

水素の貯蔵
b. 液化水素

神谷祥二

1) 液化水素の物性

水素利用系の貯蔵または利用系までの輸送貯蔵方法として各種の水素キャリアがある．例えば，アンモニア，有機ハイドライド等の化学媒体，水素吸蔵合金，圧縮水素ガス，水素パイプライン，LH_2（液化水素）等があり夫々の特徴を有し利用系にあった貯蔵方法が適用される．LH_2 は，密度が常温，大気圧水素の約800倍で容積効率が高く，大規模輸送貯蔵に適する．また他キャリアと異なり，水素ガスの液化に外部エネルギーを必要とするが，利用系に高純度水素（例：99.999％以上）供給が可能で，脱水素時に外部エネルギーを必要としないシンプルな水素供給システムの構築ができる．

LH_2 技術の歴史は古く，1898年，英国の James Dewar 卿が世界で初めて水素の液化に成功している[53]．James Dewar 卿は魔法瓶（デュワー瓶）を発明したことで有名で極低温技術の基礎を築いた．1950年代には物理分野で粒子測定の泡箱の冷媒としても使用された．LH_2 の大型液化，輸送貯蔵技術は1960年代，米国の宇宙技術分野のアポロ計画で飛躍的に発展し，この時期に基本的な LH_2 技術はほぼ完成している．現在では，宇宙分野以外でも半導体産業に高純度水素の特徴を活かし広く供給されている．

LH_2 の大規模導入が期待される水素社会では，同じ可燃性低温液化ガスで1960年代から商業化された LNG（液化天然ガス；メタンを主成分としたプロパン，ブタン等からなる多成分系の液化ガス）の技術が活用される．水素社会に向けた LH_2 の大規模導入は，欧州 EQHHPP（ユーロケベック）（1986～1998年）[54] およびわが国の WE-NET プロジェクト（1993～2003年）[55] で検討された．LH_2 と LCH_4（液化メタン）との物性値の比較を表1に示す．LCH_4 に比較した LH_2 の特徴は，液密度が小さい，沸点が低い，単位体積あたりの潜熱が小さい，気体係数（=（300 K － 沸点）／潜熱）が大きく蒸発しやすい，表面張力と粘性が小さい等である．したがって，LH_2 の液化貯蔵には，高度な断熱技術，液化動力を小さくする高効率液化技術，および LH_2 温度で低温脆性を示さない材料の使用等が必要となる．LH_2 の使用環境では圧縮水素ガス雰囲気に見られる金属材料の水素脆化はないとされる．

LNG 貯蔵タンクで危惧されるロールオーバー（多成分系液の密度差による層状化と層状間の対流混合による急激な蒸発現象）は，単一成分の LH_2 では発生しないであろう．LH_2 の運用操作では，運用圧が LNG より臨界圧に近いことから，LH_2 の物性を考慮したハンドリング技術も重要である．

水素は，核スピンの方向によりエネルギー準位の高いオルソ水素（オルト水素とも表記する）と低いパラ水素がある．室温状態の水素ガスは25％パラ水素と75％オルソ水素からなるノーマル水素，LH_2 では99.8％パラ

表1 液体水素と液化メタンとの物性比較

物性	LH_2	LCH_4
沸点 (K (℃))	20.3 (−253)	112 (−162)
標準状態のガス密度 (kg/Nm³)	0.089	0.717
飽和液密度 (kg/m³)	70.8	442.5
飽和ガス密度 (kg/m³)	1.34	1.82
臨界温度 (K)	32.9	190
臨界圧力 (MPa)	1.28	4.6
潜熱 (kJ/L(kJ/kg))	31.4 (444)	226 (510)
気体係数 (K−cm³/J)	8.9	0.83
液表面張力 (mN/m)	1.98	13.4
低位発熱量 (MJ/L (MJ/kg))	8.5 (120)	22.1 (50)
可燃性範囲 (vol %)	4～75	5～15
最小着火エネルギー (mJ)	0.02	0.33
火炎速度 (cm/s)	265～325	37～45

＊大気圧の物性値（NIST，REFROP 等）

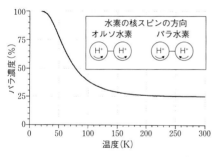

図1 水素の温度とパラ濃度の関係[56]

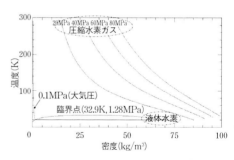

図2 水素の密度と温度との関係[57]

水素となる．**図1**に平衡状態にある水素の温度とパラ濃度の関係を示す．オルソ・パラ水素間の水素の沸点，密度等の物性的な違いは小さいが，定圧比熱等は温度範囲により異なる．例えば平衡状態のパラ水素のLH_2の沸点は20.3 K，非平衡状態のノーマル水素のLH_2沸点は20.4 Kである．

常温のノーマル水素からLH_2までの液化プロセスでは，同図に示す温度と平衡状態のオルソ・パラ組成比に維持しながらオルソからパラに変換しながら冷却液化することが重要である．非平衡状態で液化すると，液化後に発生するオルソ・パラ変換により液蒸発が促進され，非常に非効率的な液化となる．一般に市販されるLH_2はほぼ平衡状態のパラ水素でオルソ・パラ変換熱による液蒸発は無視できる．

圧縮水素ガスとLH_2の密度比較のために**図2**に，圧力をパラメータとしたLH_2と各圧力の圧縮ガスの密度の関係を示す．LH_2は臨界状態（温度32.9 K，圧力1.28 MPa，密度31 kg/m^3）以下で存在し，その液密度は飽和圧力に依存し，大気圧の飽和状態での密度は70.8 kg/m^{3}である．一方，圧縮水素ガスの密度は，温度，圧力に依存し，温度一定の条件で圧力を上げると密度は増加する．LH_2の密度は80 MPa，300 K状態の圧縮ガス密度（約45 kg/m^3）の約1.5倍である．圧縮水素ガスを低温化する低温圧縮ガス状態では，LH_2以上の密度が得られる．

次に安全性の観点からLH_2とLNGの比較を述べる．LH_2は，可燃性範囲が広い（4～75％，メタン：5～15％），着火エネルギーが低い（0.02 mJ，メタン：0.28 mJ）こと等からLNGに比較して着火しやすい．しかし水素ガスの密度は温度23 K以上で空気より軽く短時間に大気に拡散するため，可燃性範囲ガスの滞留時間が小さくなり，着火リスクは低減する．

LH_2の温度で空気が凝縮（凝縮温度約79K）した場合，液化空気の蒸発時に酸素リッチの環境雰囲気となり，注意を要する．

2）LH_2の輸送貯蔵

①断熱方法：低沸点・低潜熱のLH_2貯蔵輸送では，蒸発を低減する断熱技術が重要となる．**図3**にLH_2横型タンクの概略構造例を示す．一般に液体ヘリウム（沸点4.2 K）およびLH_2の極低温液の貯蔵は，図のように，内槽と外槽（真空容器）からなり，外部入熱を低減するため内外槽の空間に断熱材が取り付く．断熱材は後述するように，タンクの大きさ等により各種断熱方法が適用される．外槽は外圧，内槽は運用圧（＋真空圧）に対応する強度を持つ構造となる．また，内槽の支持は自重および地震等の外部荷重を支持，かつ外部入熱を小さくし内槽の熱変形に対応する構造となる．設計荷重は定置式，移動式またタンクの大小で異なり，各分野の設計規格・

5.3 水素の貯蔵

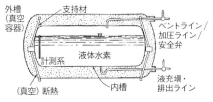

図3 液化水素タンクの概略図

表2 各種断熱材の有効熱伝導率[58]

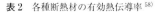
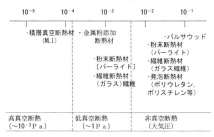

(参考)
・空気の熱伝導率：0.024 W/(m K)，建材用ガラス繊維断熱材：約 0.045 W/(m K)
・冷蔵庫用真空パネル：約 0.002 W/((m K)

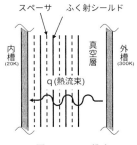

図4 MLIの構成

基準が適用される．タンクには液の充填，排出用の配管，ベントガス用の配管および計装類が取りつく．

断熱材には用途別に各種あるが，その有効熱伝導率(W/m K)を表2に示す．

使用雰囲気が大気圧から高真空になるほど，ガス伝導入熱が小さくなるので有効熱伝導率は低減する．

断熱材の選定には，要求される断熱性能以外に施工性，経済性等を考慮する必要がある．LNGタンクには常圧の固体断熱構造を適用するが，LH_2 タンクでは，外部入熱をLNGの約1/10以下に低減するために，小・中型タンク(例：容量 20 m^3 〜 300 m^3)向けに高真空断熱(真空度 10^{-2} Pa 以下)，大型タンク向けに低真空断熱(例：真空度 1 Pa 以下)が採用するケースが多い．その外部入熱(熱流束)は約 1 W/m^2 である．断熱材の取り付けは内槽タンクの運用，昇温時の熱収縮と膨張

を考慮する．

次に高真空で使用されるMLI(multi-layer insulation，積層断熱材)の断熱メカニズムについて述べる．図4にMLIの構成例を示す．真空層の輻射入熱を低減するため，図のように輻射シールド(例：アルミ蒸着フィルム)を重ね，シールド間に熱接触を防ぐスペーサ(例：ポリエステルネット)を挿入する．

MLIを通過する熱流束 q は，①輻射入熱，②スペーサの熱伝導入熱，③各シールド空間の自由分子熱伝導の和である．高真空になると残留ガスの分子間どうしの衝突がなくなる分子流領域となり分子の伝熱となる．①が支配的とし，300 K と 20 K 間の熱流束 q の計算結果と算定式を図5に示す．

熱流束は，輻射率と枚数に依存し，輻射率が低減しシールド枚数が増加すると低減する．実際のMLIの熱流束は約 1 W/m^2 で，計算結果との差は大きい．これは②と③による増加で，増加度はMLIの種類と取付施工で変化する．実機の適用ではMLI断熱試験による確認が必要となる．

3) 定置式液化水素タンクの実例

図6にJAXA(航空宇宙研究開発機構)種子島宇宙センター向けの国内最大 LH_2 タンク(幾何容積 600 m^3)の外観を示す．本タンクはパーライト真空断熱を採用した二重殻式球形タンク形式で，蒸発率は 0.18 ％／日以下である．米国NASAの世界最大 LH_2 タン

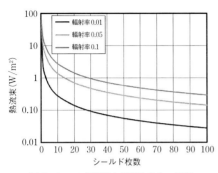

図5 シールド枚数と輻射入熱との関係

図6 国内最大の液化水素タンク

$$q = \frac{\sigma \cdot (T_h^4 - T_c^4)}{\dfrac{1}{\varepsilon_h} + \dfrac{1}{\varepsilon_c} - 1 + \left(\dfrac{2}{\varepsilon_s} - 1\right)n}$$

q：入熱（熱流束）(W/m^2)，T_h：外槽温度 (K)，
T_c：内槽温度 (K)，ε_h：外槽輻射率 (0.2)，
ε_c：内槽輻射率 (0.2)，ε_s：シールド板輻射率 (0.01〜0.1)，
σ：ステファンボルツマン定数 ($5.6705 \times 10^{-8} W/m^2K$)，
n：シールド枚数

図7 液化水素運搬船[61]

ク（幾何容積約 3,800 m^3，充填容積約 3,200 m^3）も同断熱方法を採用した二重殻式球形タンクで，体積に対する表面積が小さくなり，蒸発量は 0.025%/日以下である[59]。将来は，さらに大型化し5万 m^3 クラスのタンクが必要となろう。

4) LH_2 の輸送

LH_2 の輸送は陸上輸送と海上輸送に分類され，陸上輸送ではローリ，コンテナで輸送するのが一般的である。輸送用の LH_2 タンク構造は，容積効率を最大限に上げるため内外槽間の断熱層を薄くし，かつ外部荷重に耐え外部入熱を低減する支持構造が必要となる。

将来，水素利用系が水素発電等に拡大すると大容量水素の需要が見込まれる。「水素・燃料電池戦略ロードマップ」[60]によると 2030 年頃から，海外からカーボンフリー水素で製造した LH_2 を海上輸入する構想が検討されている。LH_2 運搬船の規模は LNG 運搬船に匹敵し，そのイメージ図を図7に示す。LH_2 船は，真空パネル方式モス型球形タンク（容量4万 m^3）を4基搭載し，LH_2 の蒸発ガスは推進燃料として使用する。両タンクとも蒸発率が 0.2%/日以下で，その断熱性能は LNG 船の入熱量の約 1/10 以下である。

LH_2 船は LNG 船に適用される IMO（国際海事機関）が制定する IGC コード「液化ガスのばら積み輸送のための船舶の構造および設備に関する国際規制」がベースとなるが，IGC コードには LH_2 船が規定されていなかった。そのため 2015 年から IMO 貨物小委員会で安全要件が検討され，2017 年 IMO 海事安全委員会で安全要件の暫定勧告が正式に承認された。安全要件は日本海事協会ガイドライン[62]に記述されている。

現在，2020 年完成を目指して LH_2 運搬船の実証船として小型 LH_2 運搬船（1,250 m^3 タンク搭載）の建造が進んでいる[63]。

5.3

水素の貯蔵
c. 水素吸蔵合金

西宮伸幸

水素分子が原子状に解離して表面に化学吸着した後,金属や合金の内部に侵入して特定の格子間空隙を占有することを,「金属や合金が水素を吸蔵する」といい表す.スポンジが水を吸収しても水は水分子のままであり,スポンジ内の空洞に存在する水は何分子も寄り集まった形をとっているのに対して,金属や合金に吸蔵された水素は1個1個の原子が特定のサイトを占有し,寄り集まることはない.図1に面心立方金属の場合の格子間空隙を示す.四面体位置は四面体サイトとも呼ばれ,図の立方体の頂点の付近に1個ずつ存在する.図の立方体に含まれる金属Mの原子が4個($8 \times 1/8 + 6 \times 1/2$)であるのに対して水素サイトは合計8か所となるため,M_4H_8,つまりMH_2の組成の水素化物ができる.LaH_2がその典型例である.八面体位置または八面体サイトは各辺の中点および体心の位置がそれにあたり,合計4か所であるため,組成はMHとなる.PdHがその典型である.なお,Laが四面体サイトに続いて八面体サイトにも水素原子を受け入れると,LaH_3の組成となる.合金の場合,図の金属原子の位置を種類の異なる元素の金属原子が占めるため,格子間空隙のサイズやそこに広がる金属軌道等が多様となり,そのサイトを占有する水素原子の安定性は一様ではなくなる.

水素吸蔵合金は,単体でも水素を吸蔵する金属と単体では水素を吸蔵しない金属との組合せで成り立つことがほとんどである.このことを,Mg_2Ni,TiFe等の開発者の名前をとって,「ライリー(Reilly)の法則」と呼ぶことがある.MgおよびTiが単体でも水素を吸蔵する金属であり,NiおよびFeが単体では水素を吸蔵しない金属である.金属や合金が水素を吸蔵する時の反応は,

$$M(S) + \frac{x}{2}H_2(G) = MH_x(S) \quad (1)$$

のように書くことができ,この平衡反応に対する平衡水素圧力Pは,

$$\ln P = \frac{\Delta H^\circ}{RT} - \frac{\Delta S^\circ}{R} \quad (2)$$

に従って変化する.なお,これらの式において,Sは固相,Gは気相を表し,ΔH°およびΔS°は吸蔵反応のエンタルピー変化およびエントロピー変化である.合金化すると水素吸蔵金属単体の時のΔH°を変えることができ,平衡水素圧力Pを制御できる.ΔS°は気相の水素が固相に固定されることによる変化が支配的であるため,金属でも合金でも大差なく,ほぼ$-130 \text{ J K}^{-1}\text{mol}^{-1}$である.

ここで,周期表に従って水素吸蔵金属を総覧しておく.まず,すべてのアルカリ金属およびCaからBaまでのアルカリ土類金属は水素吸蔵金属であり,塩型水素化物を作る.水素アニオンH^-が格子を形成し,金属のカチオンが隙間に収まる構造である.図1の水素吸蔵とは様子が異なっており,この場合は水素化物生成といういい方をする.もっとも,Caが塩型水素化物を作るのに対してCaNi$_5$合金は図1のような水素吸蔵を行う.

反応式(1)の化学量論は,アルカリ金属では$X = 1$,アルカリ土類金属では$X = 2$である.マグネシウムも同じ化学量論でMgH_2

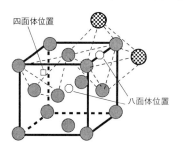

図1 面心立方構造の中の空隙
●は図の立方体に属する金属原子を表し,
◉は図の立方体の外に位置する同種の金属原子を表す.

表1 金属の原子容とその金属の水素化物の分子容の比較

金属／原子容 (cm³mol⁻¹)		水素化物／分子容 (cm³mol⁻¹)		分子容／原子容の比
Li	12.9	LiH	10.2	0.79
Na	23.7	NaH	17.7	0.75
K	45.5	KH	28.0	0.62
Rb	56.1	RbH	33.3	0.59
Cs	69.8	CsH	39.2	0.56
Mg	14.0	MgH$_2$	18.5	1.32
Ca	26.1	CaH$_2$	22.1	0.85
Sr	34.0	SrH$_2$	27.4	0.81
Ba	38.3	BaH$_2$	33.5	0.87
Sc	14.5	ScH$_2$	16.4	1.13
Y	16.1	YH$_2$	21.2	1.32
La	22.5	LaH$_2$	27.4	1.22
Ce	20.7	CeH$_2$	26.2	1.27
Pr	20.8	PrH$_2$	25.3	1.22
Ti	10.6	TiH$_2$	13.1	1.24
Zr	14.0	ZrH$_2$	16.8	1.20
V	8.3	VH$_2$	11.7	1.41

を生成するが,塩型水素化物ではなく,後述の共有結合性水素化物と塩型水素化物の中間の遷移的状態と考えられている.実際,表1に示す分子容は,アルカリ金属およびアルカリ土類金属のすべてが水素化物生成で小さくなっているのに対して,MgH$_2$だけが大きくなっている.Mgが水素吸蔵によって膨張する現象は遷移金属と同様である.

遷移金属の定比水素化物としては,ScH$_2$,TiH$_2$,VH,VH$_2$,CrH,CrH$_2$,NiH,YH$_2$,YH$_3$,ZrH$_2$,NbH,NbH$_2$,PdH,HfH$_2$,TaHおよび希土類金属の二水素化物ならびに三水素化物が知られている.これらの水素化物は,その電気伝導性から,金属性水素化物と総称される場合がある.ただし,CrおよびNiの水素化物の生成は,穏和な条件の固気反応では起こらず,電気化学的手法を必要とする.

ほかに,共有結合的な水素化物として,CuH,ZnH$_2$,BeH$_2$,AlH$_3$,GaH$_3$,InH$_3$,TlH$_3$等が知られており,ジボラン(B$_2$H$_6$)類似の多中心結合ポリマーと見なされている.CuH以下TlH$_3$までの水素化物は,穏和な温度および1 MPaまでの水素圧のもとでは固気反応によって合成することはできない.

水素貯蔵材料としての実用を考えると,水素の質量密度および体積密度は重要な関心事項である.水素1 molを吸蔵ないし含有するのに必要な金属の質量を縦軸,水素1 mol相当の水素化物の体積を横軸にとり,金属元素を分布させると図2が得られる.比較のため,液化水素1 molが占める体積を＊印で示している.多くの金属元素の水素化物が液化水素よりも小さい体積の中に同量の水素を含有していることが注目される.図中の記号をアルカリ金属,アルカリ土類金属および遷移金属ごとにつないでいくと,単調な依存関係がそれぞれに見られる.遷移金属およびアルカリ土類金属の単調な直線が横軸を切る値は,それぞれ10および15 cm³/mol H$_2$くらいであり,金属量ゼロの時の水素の体積がこの程度であるということになる.標準状態の気体の

5.3 水素の貯蔵

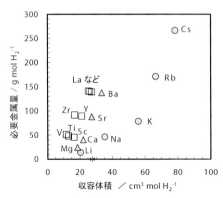

図2 水素1 mol を含む金属水素化物の体積とそのときの金属の質量の分散関係
＊印は液化水素に対応する．

水素と比較すると 1/2000 前後である．金属中の水素の最近接距離（中心間の距離）として知られている 2.1 Å の半分を水素原子の占有空間半径と考え，半径 1.05 Å の球が空間充填率 74％ で最密充填した時の体積を試みに計算すると，7.9 cm³/mol H_2 となる．また，半径を，アルカリ土類金属水素化物における H^- の平均半径 1.34 Å として計算すると，16 cm³/mol H_2 となる．いずれも上述の横軸の切片の値と似通った値である．

遷移金属が金属的な水素化物を生成した時の体積膨張は，表1のような分子容/原子容の比で示すと金属ごとに異なっており，図2のような分散関係も直線というにはバラツキが大きいが，こうしたマクロな解析ではなくミクロな解析を詳細に行うと，水素原子1個が格子内に吸蔵された時に引き起こされる格子の体積膨張は，希土類金属を除くすべての金属で (2.6 ± 0.5) Å³ 程度であることがわかっている．希土類金属ではこの値より5割ほど大きい膨張が起こる．また，水素原子が収容されるための最小の空隙半径は 0.4 Å であることが実験的に解明されている．

水素は，分子の形で存在する方が原子の形で存在するよりも安定であるが，金属格子間の空隙に入った水素原子は大きく安定化されるため，水素吸蔵が起こる．格子間水素原子の 1s 状態と金属の d 状態等が混成した水素誘起状態が形成され，電子がそこに収容されることで安定化される．このことは，軟X線光電子分光スペクトルとバンド構造計算との一致によって確かめられている．

水素吸蔵合金は，これまで，273〜373 K の温度で 100〜1,000 kPa の水素を吸蔵・放出できることを条件に，代表的なものが開発されてきた．燃料電池用の水素を貯蔵し供給する目的に限らず，この温度−圧力条件が実用的なためである．また，水素貯蔵という目的には，単位体積あたりおよび単位質量あたりの水素量が大きいほうが好都合であり，図2のように眺めた時，原点に近い位置にある金属を基材として合金開発しようとするのが自然である．実際，水素吸蔵合金として著名なものは，Mg_2Ni，TiFe，$TiMn_{1.5}$，$TiCr_{1.8}$，$LaNi_5$，$CaNi_5$，$ZrMn_2$，$Ti_{0.3}Cr_{0.3}V_{0.4}$ 等であり，La 以外は図2の原点に比較的近い．原点に近い Li および Na は，$LiBH_4$，$LiAlH_4$，$NaBH_4$，$NaAlH_4$ 等の錯体系水素化物として研究開発が進められている．Sc は資源的な制約により合金開発の動機に乏しい．

歴史的には，Mg_2Ni が最も早く開発されており，最初の論文は 1968 年にさかのぼる．Mg_2NiH_4 の水素含有率は 3.6 mass％ であり，他の遷移金属の水素化物と比較すると水素含有率が高い．Mg 単体の水素化物 MgH_2 の水素含有率 7.6 mass％ と比べると水素含有率が半減するため，Mg_2Ni として用いるのではなく，Mg に 10 mass％ ほどの Mg_2Ni を添加して用いることが多い．Mg 単体と比べて活性化が容易になる利点がある．MgH_2 の平衡水素圧力は，560 K でようやく 0.1 MPa になるため，この温度の高さが実用化の足を引っ張ってきた．Mg_2NiH_4 のように合金化を行っても，560 K が 530 K に下がる程度にしか改善されない．近年，Mg やその合金を多孔質材料の中に閉じ込める研究が多くなさ

れている．ナノメートルサイズの微小空間に水素化物を閉じ込めると不安定化が起り，水素放出温度が数十度下げられる，というものである．用いられる多孔質材料の代表はメソ細孔カーボンやメソ細孔シリカである．

TiFe 合金が最初に発表されたのは 1974 年のことであり，日本ではサンシャイン計画が始まった年でもあった．その前年が石油ショックの年である．開発者のライリーらは，この合金を用いて，水素の形で余剰電力を蓄え，需給逼迫時に燃料電池発電で給電を行うデモンストレーションを行っている．その後，水素中の不純物である水蒸気や酸素によってTiFe が劣化することがわかり，特に，300 ppm 程度の CO の存在下では数回の水素の吸蔵・放出サイクルによって水素貯蔵容量がほとんどゼロになることが示されたため，大規模に実用化されるまでには長い歳月を要した．現在は，大規模なボールミリングで大量生産されるようになり，初期活性化の困難や耐久性の不足等は克服されている．

Ti 単体の水素化物 TiH_2 から水素を取り出すには 1,000 K ほどの温度を必要とするが，$TiFeH_2$ なら加熱は不要である．立方晶の TiFe の中で水素が占める Fe_2Ti_4 八面体空隙の体積は 8.786 $Å^3$ であり，六方晶の Ti 単体の八面体空隙の 12 $Å^3$ よりはるかに狭い．Ti の d 軌道と水素の 1s 軌道の重なりが水素の安定性を支配するのはもちろんであるが，近似的には，空隙体積が小さくなることによって水素化物の安定性が下がり，水素を放出し易い方向へ平衡がシフトしている，といえそうである．

続いて 1976 年に論文発表されたのが $LaNi_5$ である．水素吸蔵して $LaNi_5H_{6.7}$ となる．この合金は，AB_5 型合金の磁石を開発する過程で偶然発見された．水素中に酸素や水蒸気等の酸化性不純物が含まれていても $LaNi_5$ の水素吸蔵性能が落ちにくいという特徴があるため，キャニスターに収容して実験室用の水素供給源とする応用が盛んに行われている．また，$LaNi_5$ の修飾合金がニッケル水素電池の負極として実用化され，1990 年頃から大量に製造されるようになっている．2002 年に出版された論文によると，$LaNi_5$ 類縁系ともいうべき La-Mg-Ni 合金が開発され，$LaNi_5$ の理論容量の 372 mAh g^{-1} を超えて，400 mAh g^{-1} 以上の高容量が実現された．

$ZrMn_2$ の最初の論文は 1977 年に出版されている．この合金に室温で水素を吸蔵させた時の等温線および同時に行われた熱量測定の結果を図 3 に示す．気相の圧力を徐々に高めながら吸蔵平衡を 1 点 1 点測定する手法を用いており，実験の変数が圧力，その関数が固相の組成であるが，等温線は横軸を組成，縦軸を圧力として表示するのが習慣となっている．状態図あるいは相図の描き方にならったものであろう．$H/ZrMn_2$ がゼロに近いところ，および 3.2 付近を超えたところでは，圧力の変化が激しい．それぞれ，合金に水素が固溶した相および水素化物相のただ 1 相のみが存在する領域である．中間の組成領域では圧力がなだらかに変化しているが，前述の Mg_2Ni，TiFe および $LaNi_5$ では水平な実験結果が報告されている．理想的には圧力が一定となる領域であり，その圧力 P が式 (2) に従う．この組成領域では，固溶相と水素化物

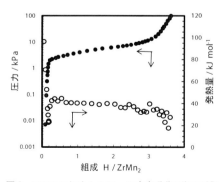

図 3 298 K における $ZrMn_2$ の水素吸蔵の際の平衡圧と発熱量

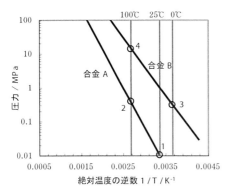

図 4 水素コンプレッサーおよび冷熱供給システムを考察するための仮想合金 A および B のファントホフ図

相が共存し，相律によると自由度が 1 となるため，温度を決めると圧力が決まってくる．発熱量は，初めの固溶領域で大きな変動を示した後，ほぼ一定値が続き，$H/ZrMn_2$ が 3.2 付近を超えたあたりから顕著に減少する．始めの谷状の部分は金属格子の転移による吸熱に相当し，40 kJ/mol 付近の値は水素化物の生成熱に対応する．実際，温度を変化させて得られた五つの等温線から (2) を求めると，例えば $H/ZrMn_2 = 1.5$ のところでは 38.4 kJ/mol となり，よく一致する．この $ZrMn_2$ 合金は，Zr の一部を Ti に置き換えたり Mn の一部を Fe や Ni に置き換えたりすると格子体積が変わり，格子体積の増・減と水素圧力の低下・上昇がよく対応する．

ほかに，1998 年に論文発表された代表的な bcc 合金が $Ti_{0.6-x}Cr_xV_{0.4}$ ($x = 0.3 \sim 0.35$) である．水素貯蔵量が 3 mass% に迫っている点が特筆される．ただし，バナジウム量を減らした変種では繰り返し水素吸蔵放出耐久性が低いという問題がある．

水素吸蔵合金を水素コンプレッサーや冷熱発生材料として用いることを考察するには，図 4 のようなファントホフ図が便利である．373 K の熱源が存在すれば，合金 A に室温で水素を吸蔵させた後，これを加熱することにより，1 → 2 の昇圧ができる．もし 273 K の冷熱も使用できるのなら，2 の圧力の水素を合金 B に受け渡し，その後で加熱すれば 3 → 4 の昇圧ができる．1 の圧力が 1,000 倍になる．また，合金 B の 3 の状態の圧力の水素を合金 A の 1 の状態に吸蔵させると，合金 B が吸熱反応で冷えるため 273 K 以下の低温が得られる．後で合金 A を温めて 2 → 3 の水素移動を起こしてやれば，元の状態に戻る．これはあくまでも例示である．水素吸蔵合金の応用範囲は広い．

> コラム

発電機の冷却材

石原顕光

　タービン発電機は，蒸気タービンまたはガスタービンの運動エネルギーを電気エネルギーに変えるエネルギー変換装置である．発電機は，鉄芯，固定子巻線，回転子巻線等で構成されている．発電機を大容量化するほど，電流による巻線の発熱と交流磁界による鉄芯の発熱が増大する．そのような内部で発生する熱量の増加に応じて，冷却方式も発達してきた．

　タービン発電機の冷却方式は，冷媒として空気，水素，水の3種類と，固定子と回転子のそれぞれに対して間接冷却と直接冷却の2種類の方法がある．直接冷却は，電流が流れる巻線に，直接，冷媒を接触させて冷却する方式であり，間接冷却は巻線で発生した熱が周りの絶縁物や鉄芯等に伝達されるので，その鉄芯等に冷媒を接触させて冷却する方式である．直接冷却は構造が複雑になるが，冷却能力は大幅に向上する．

　水素冷却は空気冷却に比べて，次のような長所がある．

①水素の密度は空気の約7％であり，風損が空気冷却の場合の約12％に減少するため，高速機の効率を高められる．

②熱伝導率が空気より約7倍も大きく冷却効果が大きいため，冷却器を小さくでき，固定子枠内に自蔵できる．

③水素は，空気より不活性であるため，絶縁物の劣化が少ない．

④全閉形とするため，異物の侵入がなくなり，騒音が著しく減少する．

　一方，現在，固定子に対して最も冷却能力が高いのは，固定子巻線の導体の中に水を流せるようにして直接冷却する水直接冷却方式であるが，構造が複雑になる．水素間接冷却方式は，付帯設備として水直接冷却方式に必要な固定子冷却水装置やその配管系統が不要であり，運転性や保守性が向上するメリットがある．さらに，固定子巻線を水で冷却する中空銅線が不要となり，導体の断面積が増加できる分，損失が減るため効率が向上する[64]．一方，回転子の水での直接冷却は可能であるが，固定子に比べて構造がはるかに複雑なため用いられていないようである．これらのことから，水素冷却の適用範囲を拡げる工夫により水素冷却に回帰する傾向もある．

　水素は空気が混ざると爆発する可能性があるため取り扱いに注意が必要である．そのため空気が内部に入り込まないような構造とするように工夫されている．その副次的な効果として，発電機の鉄芯，巻線，絶縁体等の空気による酸化劣化が抑制される．また，空気の侵入の防止と冷却性能の向上のために水素の圧力を高くすることも行われているが，大気圧の空気よりもコロナ放電の発生が抑制される副次的な効果もある．ただし，同じ圧力では水素は空気よりも劣る．

　日本で最初に水素冷却が採用されたのは，出力55 MW，11,000 V，50 Hz，3,000回転／分の1953年に建設された日立製作所製の東京電力の潮田発電所3号機であった．

5.3
水素の貯蔵
d. 有機ケミカルハイドライド法

岡田佳巳

有機ケミカルハイドライド(Organic Chemical Hydride：OCH)法は，水素をトルエン(TOL)等の芳香族との水素化反応によって分子中に水素原子を取り込んだメチルシクロヘキサン(MCH)等の飽和環状化合物として，常温・常圧の液体化学品の形態で大規模に貯蔵輸送する方法である．利用場所で脱水素反応を行って必要量の水素を発生させて利用するとともに，生成したトルエンは水素製造場所に戻して再利用する．式(1)，(2)に水素化および脱水素の反応式を示す．また，図1に本法の全体工程を示す．

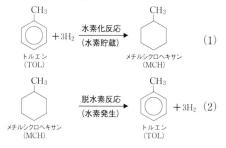

TOL/MCH系が利用される理由は，−95～＋110℃の広い温度範囲の常圧下で液体状態のため，地球上のあらゆる環境下で液体を維持するための溶媒が不要であることと，トルエンはガソリンに多く含まれているため世界生産量が多く，大量調達が比較的容易であり，価格の相場に大きな影響を与えないこと等による．

1）特　長

水素は爆発限界範囲が4.1～71.5%と広いため，そのまま大規模に貯蔵輸送する場合は，災害等の想定外の要因による潜在的なリスクが大きな物質である．本法で利用するTOLとMCHは，ガソリンと同じ危険物第4類第1石油類に分類される常温・常圧下で液体の化学品であることから，水素を大規模に貯蔵輸送する際の潜在的なリスクを従来のガソリン等の石油製品を扱う際のリスクにまで低減できる原理的な特長を有している．

また，本法では水素ガスを1/500以下の体積の液体MCHとして貯蔵できる．水素ガスの体積を物理的に1/500にするには500気圧の圧力が必要となるが，本法は化学反応を利用することで同様の体積減容を常温・常圧条件で実現でき，貯蔵タンクやタンカー等の貯蔵容器は従来の石油製品を大規模貯蔵する常圧用の貯蔵設備でよく，従来の石油製品のインフラを転用することが可能である．

TOLやMCHは工業的には溶剤として利用されている汎用化学品である．TOLはラッカーであり，MCHは修正ペン等のインクの溶ペンキ，ワニス等を薄めるシンナーの成分剤であるので，双方とも家庭でも利用されている汎用化学品である．腐食性がなく貯蔵タンク等の金属材料に特殊な材料を使用する必要がない．

2017年に発表された水素基本戦略では，

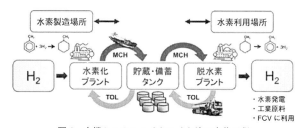

図1　有機ケミカルハイドライド法の全体工程

(a) 反応セクション　　　　　　　　(b) 貯蔵セクション

図 2　実証プラント

大規模水素の用途を火力発電燃料としている[65]．将来に水素が発電燃料として大規模に利用されるようになった場合，現在の石油備蓄のように水素燃料の備蓄が必要になると考えられる．TOL や MCH は長期間大規模に貯蔵しても化学的に変化することはなく，長期貯蔵に際して特段のエネルギー消費や水素のロスを伴わないことから，長期間の大規模貯蔵にも対応できる方法である．

2）技術開発

千代田化工建設は，パイロットプラントによる実証デモンストレーション運転を通じて[66]，技術を確立した旨を 2014 年に発表しており，そのシステムを"SPERA 水素"システムと命名して実用化を進めている．図 2 にパイロットプラントの写真を示す．

本法は 1980 年代のユーロケベック計画（3 章参照）当時から提案されていたが，水素発生反応となる MCH の脱水素反応を工業的に長期間実施できる触媒がなかったために確立されていなかった．同社は，従来最も高活性な組合せとして知られていた白金とアルミナ担体を用いて，白金の粒子サイズを約 1 nm にまで分散させたナノ白金触媒を開発している．

既存の白金触媒で平衡に規制される MCH の脱水素反応をほぼ 100% 進めるためには，400〜500℃の反応温度が必要であり，MCH 等が分解した炭素質が白金の表面に析出する劣化反応（炭素析出反応）が顕著であった．開発触媒は平衡転化率が常圧下でほぼ 100% になる 320℃で，平衡転化率 100% に近い転化率まで脱水素反応を進行できる高い活性により，炭素析出反応を抑制することで連続 1 年以上の触媒寿命を有している．

3）国際間水素サプライチェーン実証

現在，新エネルギー・産業技術総合開発機構（NEDO）によって設立された次世代水素エネルギーチェーン技術研究組合（Advanced Hydrogen Energy Chain Association for Technology Development：AHEAD，千代田化工建設，三菱商事，三井物産，日本郵船 4 社が参画）により，2020 年に東南アジアのブルネイ・ダルサラーム国で天然ガスから製造した最大 210 トンの水素を日本の川崎市へ貯蔵輸送して発電燃料の一部として利用する世界に先駆けた国際水素サプライチェーン実証事業が進められている[67]．

5.3

水素の貯蔵
e. 無機ハイドライド

西宮伸幸

ハイドライド(hydride)とは水素化物という意味であり，多くの場合，金属の水素化物，つまり金属水素化物をさす用語であった．メチルシクロヘキサン(MCH)を水素キャリアとみなすようになってから，MCHを有機ハイドライドと呼びならわすようになり，これに呼応する形で，無機錯体系水素化物，無機共有結合性水素化物等を無機ハイドライドと総称するようになってきた．時には，アルカリ金属水素化物のような塩型水素化物をも無機ハイドライドに含めることがある．

無機共有結合性水素化物の代表例は，ジボラン(B_2H_6)，アンモニア(NH_3)，ヒドラジン(N_2H_4)，アンモニアボラン(NH_3BH_3)，アラン(AlH_3)等であり，アランを水素化アルミニウムと呼ぶことがある他は，これらのものを水素化物あるいはハイドライドと呼称することはほとんどない．水素キャリアとしての研究開発が近年盛り上がりを見せているが，そもそも水素の出し入れを可逆的に効率よく行えるのかどうかが問われており，まだまだ未知数の部分が残されている．

水素キャリアとしてのMCHは，最近，LOHCと略称されることが多くなってきた．Liquid Organic Hydrogen Carrier の略で，有機液体水素キャリアとでも訳すべきものである．無機ハイドライドは用語上の対抗相手を失うことになり，錯体系水素化物という名称に収斂していきそうである．

錯体系水素化物の代表例は，$LiBH_4$，$NaBH_4$，$Mg(BH_4)_2$，$LiAlH_4$，$NaAlH_4$，$LiNH_2$，$NaNH_2$ 等である．金属の陽イオンのまわりを$[BH_4]^-$，$[AlH_4]^-$，$[NH_2]^-$ 等の配位子が取り囲んでいるとみなして錯体と呼んでいるが，HBH_4，$HAlH_4$，HNH_2 等という仮想的な水素酸の金属塩とみなすこともできる．結晶においては，$[BH_4]^-$，$[AlH_4]^-$，$[NH_2]^-$ 等のイオンが骨格を作っていて，その骨格の隙間に金属陽イオンが収容されている．LiH，NaH等の塩型水素化物では，H^-の作る格子の隙間にLi^+，Na^+等が収容されているが，$LiBH_4$や$NaBH_4$の場合は，H^-の作る格子の隙間にLi^+，Na^+，B^{3+}が収容されているのではない．Li^+およびNa^+とB^{3+}とは平等ではなく，B^{3+}が優先的に水素と結びついた$[BH_4]^-$が結晶の骨格を作る．これは，複合酸化物と酸素酸塩の違いに類似している．チタン酸バリウム$BaTiO_3$と炭酸バリウム$BaCO_3$の例では，前者はO^{2-}の作る格子の隙間にBa^{2+}とTi^{4+}が規則的に収容されてペロブスカイト結晶となるが，後者では$[CO_3]^{2-}$が骨格を作って隙間にBa^{2+}が入る．後者は炭酸(H_2CO_3)の塩であるが，前者はチタン酸(H_2TiO_3)の塩ではない．本来は呼称を変えなければならない．

もう一つ，金属錯体にはヒドリド錯体(hydrido-complex)というものがある．遷移金属と水素原子の間に共有結合を持つ遷移金属錯体のことで，歴史的には$FeH_2(CO)_4$が最初の報告例である．ヒドリド錯体は，Pt，Rh等の貴金属を配位の中心に持つものが多く，水素の含有率も限定的であるため，水素エネルギーの文脈に登場することはほとんどない．

注目されている錯体系水素化物の材料としての水素密度を表1に示す．また，これらの値をシステムとしての水素密度の目標値および代表的な達成値とともにプロットしたものを図1に示す．システムとしての目標値とは，水素貯蔵材料を収容する容器や熱交換系，バルブ類等の関連機材をすべて考慮した値であり，原点に近い位置にあるものは2015年の目標値，その右上のものは究極の目標値とされている．軽元素から構成されている6種の錯体系水素化物が究極の目標値の右上にあ

表1 錯体系水素化物の水素密度

	mass%	kgH$_2$/m^3
LiNH$_2$	8.8	103
NaNH$_2$	5.2	71
KNH$_2$	3.7	61
MgN$_2$H$_4$	7.2	99
LiBH$_4$	18.5	122
NaBH$_4$	10.6	115
KBH$_4$	7.4	87
Mg(BH$_4$)$_2$	14.9	221
LiAlH$_4$	10.6	97
NaAlH$_4$	7.4	94
KAlH$_4$	5.8	72
Mg(AlH$_4$)$_2$	9.3	102
Mg$_3$MnH$_7$	5.2	119
Mg$_2$FeH$_6$	5.5	150
Mg$_2$CoH$_5$	4.5	126
Mg$_6$Co$_2$H$_{11}$	4	97
Mg$_2$NiH$_4$	3.6	98
LaMg$_2$NiH$_7$	2.8	109.5
BaReH$_9$	2.7	134

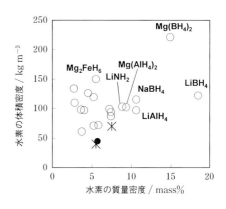

図1 錯体系水素化物の水素密度とシステムとしての水素密度との比較
＊印は米国エネルギー省のシステムとしての目標値，●は2014年の暮に日本国内で発売された燃料電池自動車での達成値．

り，可能性を秘めている．なお，図の●は燃料電池自動車MIRAIにおいて，70 MPaの高圧水素システムにより達成された．錯体系水素化物が水素キャリアとみなされるようになったきっかけは，NaAlH$_4$にチタン触媒を加えた系が固気反応によって水素を放出し逆反応によって水素を吸収するという発見である．水素放出反応は次式

$$NaAlH_4 = 1/3Na_3AlH_6 + H_2$$
$$= NaH + Al + 3/2H_2$$

のように2段階で起こる．最初の反応は160℃でも進行するが，2段目のNaHを生成する反応には数百℃の高温を要する．水素放出に高温を必要とするという問題は，図1の目標値の右上にある錯体系水素化物にとって共通の要解決課題である．

LiBH$_4$，NaBH$_4$等はボロハイドライドまたはホウ水素化物と呼ばれ，有機化学やめっきの分野で還元剤として常用されてきた．水素キャリアとして注目されるようになってから，Zr(BH$_4$)$_4$，MSc(BH$_4$)$_4$，MZn$_2$(BH$_4$)$_5$等の遷移金属ボロハイドライドも多数知られるようになってきた．Mには多種多様な金属元素が該当する．また，ボロハイドライドはアンモニアやアミドと付加化合物を作るため，ホウ素および窒素をベースとする広汎な水素化物群の基幹材料となりつつある．図2は，ボロハイドライド単体（□）およびアンモニア付加化合物（■）の分解温度と金属の電気陰性度との相関を示している．ここで，分解温度は，水素圧力0.1〜0.5MPaのもとで水素放出が最大になる温度であり，図中の点線はアンモニア付加化合物に対して引かれた最適直線である．電気陰性度1.58付近を境として，値が低い領域ではアンモニア付加によって分解温度が下がり，値が高い領域ではアンモニア付加が分解温度を上げている．例えば，単体のAl(BH$_4$)$_3$は44℃で揮発するため実用は難しかったが，アンモニア付加でAl(BH$_4$)$_3$・6NH$_3$としてやると170℃付近まで安定化されるため，応用の可能性が出

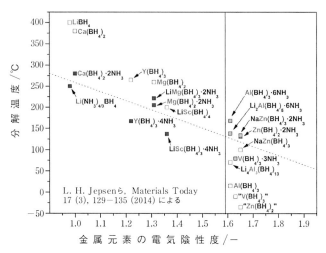

図2 ボロハイドライドおよびそのアンモニア付加化合物の分解温度の電気陰性度依存性

てきた.ただし,水素にアンモニアが混じってこない工夫が必要なほか,ボロハイドライドそのものの危険性を減らすことや,可逆的な水素貯蔵を確実にすること等,多くの課題が残されている.

最も研究が進んでいる $Mg(BH_4)_2$ では,不均化反応による水素放出反応を部分的に行わせて $Mg(B_3H_8)_2$ という組成で止めれば,再水素化反応が容易になる.完全に水素放出させた時の再水素化条件が 400〜500℃ で 800〜950 bar であるのに対して,250℃,120 bar にまで緩和される.また,$Mg(BH_4)_2$ の幾つかの多形のうち,γ-$Mg(BH_4)_2$ はナノ細孔構造を有するという点で際立っており,-143℃,105 bar で水素吸着させると γ-$Mg(BH_4)_2 \cdot 0.8H_2$ という組成に達する.

錯体系水素化物の実用化を目指した研究は数多く行われているが,まだ世の中に現れるには至っていない.

> コラム

水素エンジン自動車

石原顕光

　水素エンジン自動車は，現在のガソリンエンジンやディーゼルエンジンを改良して，化石燃料の代わりに水素を燃料として走行する自動車である．水素エンジンに関しては古くは1920年代に実験が開始されており，それ以来，多くの知見が得られてきた．水素の燃焼特性は，炭化水素系燃料と大きく異なるため，燃料供給と燃焼開始の方法に制約がある．しかし，基本的には従来のエンジン技術の延長線上で燃焼を制御でき，安定な運転を行うことができる．
　水素と炭化水素系燃料の燃焼特性の違いを表1にまとめた．
　水素は可燃範囲が広いため，希薄燃焼が可能となり，低負荷での熱効率が向上し，さらに窒素酸化物の排出量を大幅に低減できる．また，軽油と比較すると，自着火温度は高く，純粋な圧縮着火は困難であるが，最小着火エネルギーが小さく燃焼速度は速いため，火花点火式では燃焼変動が抑制され，燃焼時間が短縮されることからさらなる熱効率向上が期待される．しかし，一般的な予混合気吸気火花点火式では，燃焼温度が高いこともあり，高負荷で過早着火および逆火（バックファイヤ）等の異常燃焼が発生しやすく，出力および運転条件が制約される．さらに，単位容積あたりの混合気の発熱量が小さいため，同体積のエンジンで得られる出力は炭化水素系燃料と比べて小さい．
　これらの問題点を解決するために，ドイツのBMWは，最近，混合気の水素と空気の比率や点火系の工夫等により逆火を克服し，液体水素を燃料とする水素エンジン車を開発した．さらにガソリン燃料も使用できるデュアルフューエル車となっている．その航続距離は700 km以上とされている．
　予混合気吸気火花点火式を使用するレシプロエンジンの場合，燃料の占める体積が大きいために吸入できる空気の量が減り，ガソリンエンジンと比較して出力が6割程度まで低くなる欠点がある．この問題を解決するため，日本のマツダは燃料を燃焼室に直接噴射するタイプの水素ロータリーエンジン車を開発した．もともとロータリーエンジンは構造的に吸排気バルブを持たず，低温の吸気室と高温の燃焼室が分かれているため，良好な燃焼が実現可能であり，逆火の回避が容易であった．また，高出力化のために，吸気の流動が激しく噴射された燃料が混合しやすい点を生かして燃料直接噴射を用い，さらに予混合方式も併用し，水素燃焼を最適状態に保つように設計されている．また東京都市大学と日野自動車は，既存のハイブリッドディーゼルトラックをベースに，水素燃料エンジンを搭載した水素ハイブリッドトラックの開発に成功している．水素ハイブリッドトラックでは，過給機を用いて混合気を高圧で燃焼室に押し込むことにより，ガソリンエンジンの約9割の出力を確保している．過給を行うと逆火が発生しやすくなるが，燃焼室各部の形状や点火系の工夫によりこれを克服している[69]．

表1　水素と炭化水素燃料の燃焼特性[68]

		水素 H_2	メタン CH_4	ガソリン $C_{7.5}H_{13.5}$	軽油 $C_{16}H_{30}$
自着火温度[℃]		530～580	630～650	480～550	350～400
最小点火エネルギー[mJ]		0.02	0.28	0.25	—
可燃範囲	[vol%]	4～75	5～15	1.4～7.6	0.6～5.5
	当量比	0.1～7.2	0.50～1.69	0.73～4.3	0.67～6.5
最大燃焼速度[cm/s]		270～290	37～38	40～46	—
量論混合比[vol%]		29.6	9.5	1.9	0.89
理論空気量[kg/kg]		34.32	17.16	14.43	14.54
低位発熱量（燃料）	[kcal/g]	28.8	12.0	10.8	10.3
	[kJ/mol]	241.2	806.0	4,680	9,574
低位発熱量[kJ/mol]（量論混合気）		71.4	76.6	88.9	85.2
燃焼によるモル数変化率		0.823	1	1.045	1,058

5.3

水素の貯蔵
f. 高比表面積材料

西宮伸幸

市販で kg 単位での入手が可能なカーボンブラックであるケッチェンブラック®は，比表面積が 1,500 m² g⁻¹ 程度であり，これと同等以上の比表面積を有する材料を高比表面積材料と呼びならわしている．高温で水蒸気等によって賦活された活性炭や，カーボンナノチューブ，グラフェン等もここに分類される．水素吸着が最もよく研究されている活性炭はAX-21®である．カーボン以外では，BN，C_3N_4，BCN 等の層状物質やゼオライト，MOF (Metal Organic Framework) 等の多孔質材料が挙げられる．水素はこれらの物質の表面に吸着したり，細孔内に凝縮したりして貯蔵される．

図 1 は炭素六員環が連なった平面上に窒素や水素が吸着した時の模式図である．グラフェンの表面，グラファイトの最表面等で吸着が起こったときの様子を表していると見なすことができる．比表面積の測定には，通常，－196℃での窒素吸着が利用される．図 1(a) のように窒素 1 分子が炭素六員環を 3 個占有して二次元空間を埋め尽くすことになるため，六員環 1 個の表面積 5.25 Å² の 3 倍の 15.75 Å² に窒素の単層 (monolayer) 吸着量を掛け合せると吸着媒体の表面積が求められる．窒素の三重結合の共有結合半径は 0.54 Å であるから，窒素分子の直径は 1.08 Å ということになるが，実際の吸着は動的分子径 (kinetic diameter) の 4.08 Å に支配されている．中心間距離 4.26 Å の二つの炭素六員環の真上に吸着した窒素分子は，互いに接触する直前のように配列している．

水素分子は，共有結合半径が 0.37 Å，分子の直径が 0.74 Å であるが，動的分子径はその割に大きく，3.74 Å である．図 1(b) のように下地と整合的に吸着 (commensurate adsorption) した時は，全体の組成は C_6H_2 となる．図で「1」の位置にある水素分子は，「1」の六員環の他に「2」および「3」の六員環にも載っている，と割り付け，他の位置の水素分子にも同様な割り付けを行っていくと，二次元空間のすべてが埋め尽くされていく．水素 1 分子が炭素六員環を 3 個占有して組成が C_6H_2 というのは一見不思議なようであるが，「2」および「3」の六員環の炭素原子は水素分子の直下にある六員環の炭素原子として既にカウント済みなので，数の追加要因とはならない．組成が C_6H_2 の時，水素の質量％は 2.7％ である．グラフェンシートが積層せずにばらばらに存在していて，その両面が図のような整合的吸着を起こせば，組成は C_6H_4，質量％は 5.3％ となる．グラファイト上に水素が二次元凝縮した時の中性子線回折の実験によれば，整合的な吸着層は密度が 1.126 倍のドメイン相 (stripped domain phase) へ転移する．これが物理吸着の上限であり，組成は $C_6H_{4.50}$，質量％は 5.9％ となる．

図 1(c) は水素が原子状で吸着する時の様子を示している．組成は C_6H_6，水素の質量

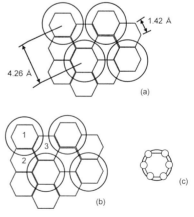

図 1　グラフェン上での吸着の模式図
(a) 窒素分子の吸着，(b) 水素分子の吸着，(c) 水素原子の吸着．

％は7.7％となる．炭素材料を水素貯蔵材料として利用しようとするのならば，水素を原子状に解離させるのが有利である．ただし，水素が炭素材料の上で自然に解離することはない．PtやNi等の金属で表面を修飾し，その金属上で水素を解離させ，これを炭素材料上へ拡散させてポテンシャルの凹部に落とし込んで吸着させることを，スピルオーバーと呼ぶ．炭素六員環の場合は，炭素原子の真上がポテンシャルの凹部となるが，凹部はそこだけに限定されるわけではない．

カーボンナノチューブやカーボンナノファイバーが -196℃で異常なほど多量の水素を吸着するという報告例が 1997 年以降相次いだが，現在は，金属修飾されていない材料では比表面積 $1,000 \text{ m}^2\text{g}^{-1}$ あたり 2.34 mass％程度という認識が共有されている．また，吸着熱は，実験結果から $6 \sim 8$ kJ/mol と見積もられている．物理吸着として典型的な値である．前述の，水素 1 分子あたりの専有面積 15.75Å^2 を用いると，比表面積 $1,000 \text{ m}^2/\text{g}$ の炭素材料 1 g は 6.35×10^{21} 個の水素分子を吸着する計算となり，水素の質量密度は 2.08％となるが，前述の 1.126 倍の補正を行うと 2.34％となる．炭素六員環が平面ではなく湾曲しているため特異な物理吸着能力を示す，とする理論計算も存在するが，実験的には実証されていない．なお，多くの研究が -196℃で行われているのは，入手の容易な液体窒素を用いて試料を冷却すると -196℃になるためである．高比表面積材料がどの程度の低温で使用可能なのか，例えば液化天然ガスの温度（-162℃）ではどうなのか，それが今後の実用化の成否を左右する可能性が大きい．

米国エネルギー省のプロジェクトを中心に応用研究が進められている MOF は，有機金属化合物が規則正しい三次元骨格を作った多孔質材料であり，有機ゼオライトとでもいうべきものである．BASF 社等が kg 単位で多量に生産している．金属と配位子の組合せはほとんど無限にあり，細孔直径や比表面積等を意図的に変えることができる．Al，Ni，Cu，Zn 等の中心金属が水素に対して隠れた位置にあっても，水素吸着が可能な位置（open metal site）にあっても，水素吸着量は有意には変わらない．このことは，MOF ではスピルオーバーが起こらないという言説にとっては有利である．実際，水素の吸着熱は 7 kJ/mol 前後であり，物理吸着に典型的な値である．最大水素吸着量に到達する水素圧は吸着熱が大きいほど低いが，吸着熱が最大水素吸着量を支配することはない．

フラーレン，カーボンナノチューブ，活性炭等の高比表面積材料や，水素キャリアとして使用可能な化合物を，MOF の細孔に閉じ込め（nano-confinement），特異な吸着挙動や水素吸蔵・放出挙動を発現させる試みも多くなされている．例えば，MOF-74 と呼ばれる骨格体が有する円相当直径 12 Å の一次元チャンネルにアンモニアボラン（NH_3BH_3）を充填した複合体では，真空への水素放出温度が 110℃ から 80℃ へ低下する他，水素にアンモニア，ボラジン，ジボラン等が混じらず，水素の純度が上がるという．

金属修飾によって原子状水素の寄与を取り込もうとする研究例は枚挙にいとまがない．ただ，実験と理論の両面から最もよく研究されている単層カーボンナノチューブの場合，その水素吸着量は高比表面積の活性炭と比べると多いとはいえないのが実情である．ここでも，局所的な曲率が原子状水素と表面炭素の反応に有利に働くという主張がある一方，グラフェン表面上では原子状の水素による水素化がほとんど起こらない，とする主張もある．また，曲率のあるナノチューブでも平坦な HOPG（highly oriented pyrolitic graphite）でも，C-H 結合生成反応はほとんど 100 原子％まで同様に起こる，とする理論もある．水素原子の寄与を明確にしてこそ水素貯蔵材料としての実用化の道が拓かれるという認識が底流にある．

5.4

水素の輸送
a. 長距離海上輸送

水野有智

1) 水素の長距離海上輸送の意義

水素は，利用時に二酸化炭素排出のない燃料であり，その一次エネルギー源は将来的に再生可能エネルギーに求められるものと考えられる．水素は，ローカルな再生可能エネルギーを貯蔵する媒体として使えるだけでなく，世界的に偏在する再生可能エネルギーの国際的な融通の媒体ともなりうる．

太陽光，風力といった電力の形で得られる再生可能エネルギーを輸送する手段の第一は電力系統であるが，その整備は再生可能エネルギーの産地と消費地を線で結ぶ，あるいは面で覆うことと同義である．他方，船舶輸送はいわば産地と消費地の点と点を結ぶ輸送方式といえ，特に大陸をまたぐような長距離輸送や日本のような島嶼国への再生可能エネルギー輸送を目的とする場合に実施可能性が出てくるものと考えられる．

2) 水素の長距離海上輸送の方法

海上輸送に用いられる船舶の容積は有限であり，水素の効率的な輸送のためには体積エネルギー密度を高めることが不可欠となる．そのため，水素の長距離海上輸送とは，5.3節で取り上げられている水素エネルギーキャリアの長距離海上輸送であるといって差し支えない．

2.4節で挙げられている水素エネルギーキャリアの中から船舶輸送の検討が行われているもの，その可能性があるものを取り上げる．物質としては船舶輸送が既に行われているものもあるが，エネルギー資源輸送としては大型化や高効率化等に課題が残されている．なお，以降は断りない限り本書出版時の状況をさす．

①液化水素：川崎重工が豪州褐炭由来水素の日本への船舶輸送の実用化を目指し，研究開発・実証に取り組んでいる[70]．

②無機ハイドライド：SIP（戦略的イノベーションプログラム）エネルギーキャリアプロジェクトにて，日揮を中心とする研究グループが，アンモニアの長距離海上輸送の検討を行っている[71]．

③有機ハイドライド：有機ハイドライドの一種であるトルエン-メチルシクロヘキサン（Tol-MCH）について，千代田化工を中心とする技術研究組合がブルネイから日本に向けた水素船舶輸送の実証に取り組んでいる[72]．

④炭化水素：利用時に CO_2 排出があるが，既存のLNGや液体炭化水素の輸送インフラを活用できる分，導入障壁が低いと考えられる．

3) 水素の長距離海上輸送システムの構成例

ここでは，2017年に筆者らの発表した研究論文[73]を元に，水素の長距離海上輸送システムの構成例について紹介する．なお，当該論文では，本稿にて紹介する設備構成を想定したモデルシステムによる輸入水素のコスト評価を行っているため，より詳しい内容については論文を参考にされたい．

筆者らがコスト評価の際に検討したモデルシステムの構成を図1に示す．ここでは液化水素，アンモニア，Tol-MCHを使った水素の長距離船舶輸送の検討を行っている．いずれも，水素をキャリアの形に変換して船に積み，海上輸送をした上で荷揚げし，水素を取り出し，不純物を除去した上で需要地まで送り出すという点を同じくするが，細部はキャリアにより異なる．

①水素製造からキャリア製造まで：水素の海上輸送を考える場合，一次エネルギー源と水素製造地，キャリア製造地，出荷基地との関係を検討する必要がある．モデルシステム内では，水素製造地からキャリア製造地まではパイプラインで輸送するとしている．

②液化水素を使った海上輸送：液化水素の海上輸送では，まず製造地から送られてきた水素を液化機にて液化し，その上で一時貯蔵

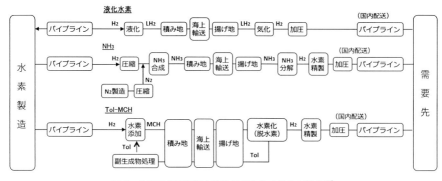

図1 水素の長距離海上輸送モデルシステムの構成[73]

を行う．5.3.c項にて言及されているが，液化水素の貯蔵には高度な断熱が施されたタンクが必要となる．液化水素は断熱タンクを有する液化水素タンカーにて海上輸送され，積地同様に揚地にて一時貯蔵された後，気化，加圧されてパイプラインで送り出される．液化水素の場合液化の過程で不純物が除去されるため，精製は不要である．

③アンモニアを使った海上輸送：アンモニアを使った海上輸送では，最初に水素と空気を分離して作った窒素をアンモニア合成装置に導入する．アンモニア合成プロセスにはハーバー・ボッシュ法を用いるのが2017年現在では一般的であろう．気体のアンモニアは圧縮冷却により液化され，液化アンモニアタンクにて一時貯蔵された後にアンモニアタンカーにて海上輸送される．陸揚げされ一時的に貯蔵された後，モデルシステムでは触媒反応にてアンモニアを分解して水素を取り出し，精製の後需要家に送出するとしている．

アンモニアの場合，劇物であることから揚地近傍から外に出さず，分解プロセスを省いて火力発電用の燃料として直接燃焼させる方式が検討されている[73]．この場合には分解・精製プロセスは不要となる．

④Tol-MCHを使った海上輸送：トルエンに水素添加し，メチルシクロヘキサンを水素キャリアとして海上輸送する場合，水素は水素添加プラントに導入されトルエンと化合される．メチルシクロヘキサンは一時貯蔵の後，ケミカルタンカーにて海上輸送される．水揚げの後一時貯蔵され，脱水素プラントにてトルエンと水素に分解され，水素は需要家に合わせて精製され，送り出される．脱水素されたトルエンはメチルシクロヘキサンを運んできた船舶にて水素製造地に送り返され，不純物を除去した後に再び用いられる．トルエン返送プロセスを持つことがこの輸送方式の特徴である．また，設備の適切な運用のためには，トルエンの初期装荷が必要となる．Tol-MCHを使った海上輸送では，液体炭化水素を取り扱う設備を使えることがメリットとなる．

5.4
水素の輸送
b. 陸上輸送

辻上博司

水素の輸送は,水素の製造方法,利用方法,供給地と需要地との距離により,いろいろな方法が選択される.高圧や液化による輸送は既に普及しているが,近年では有機ハイドライド等の水素キャリア(水素を輸送貯蔵するための担体)を用いた輸送も検討されている.

高圧での輸送は昔から普及している技術である.少量使用の場合は鋼製の容器(シリンダー)やシリンダーを束ねたカードルにて輸送するが,大量使用の場合は,長尺の容器を20本程度搭載した水素トレーラーで運ぶ方法がある(図1).19.6 MPaの圧力で充填されることが一般的である.近年,水素ステーション向けにFRP複合容器を用いた45MPa型水素トレーラーも運用されている.

液化水素で輸送する場合は,液化水素工場から専用のローリーにて輸送する(図2).国内に主な液化水素工場は三つあり,この3拠点から全国に輸送している(図3).液化にはエネルギー投入が必要であるため,工場にて大量生産しないと経済的ではない.液化水素は$-253℃$の極低温であり,熱の侵入による蒸発を防ぐために,断熱二重構造,いわゆる魔法瓶のような構造の容器にて輸送する.熱の侵入は多少あるものの,通常の運用では走行中にボイルオフガスを放出する必要があるほど容器内圧力は上昇しない.液化水素による輸送は,高圧水素トレーラーと比べて約10倍の量を1回で運ぶことができる.そのため,輸送効率がよく,大量に使用する場合には液化水素が使われることが多い.

都市ガスのようにパイプラインによる水素輸送は,欧米では古くから行われている.長距離パイプライン網が構築されており,その長さは数千kmにも及ぶ(図4).日本ではコンビナート内の近隣の工場間で行われている程度である.街中での水素パイプライン供給は,北九州市や山口県周南市での実証試験の実績があるが,本格普及には至っていない.パイプライン輸送の詳細については,次のc項を参照頂きたい.

水素吸蔵合金は体積水素密度が液化水素並みに優れており,低圧で大量に貯蔵することができる.しかしながら,現状の水素吸蔵合金の重量水素密度は1～2 wt%程度で,重量が非常に重くなるため,輸送には不適である.水素輸送方法として活用するには,軽量な材料開発が必要である.

メチルシクロヘキサンといった有機ハイド

(a)

(b)

図1 高圧水素輸送方法[74]
(a)カードル,(b)高圧水素トレーラー.

図2 液化水素工場と液化水素ローリー[74]

図4 欧州の水素パイプラインの例[75]

図3 全国の液化水素工場

ライドは，常温状態での輸送が可能であるため，ガソリン等の石油類と同等のインフラを使用することが可能である．また，高圧容器や断熱容器も不要である．ただし，使用場所にて脱水素化（水素を製造）するための設備が必要となり，かつ残留物も発生する．近年，脱水素化技術の向上や水素供給システムとしての検討が進んでおり，将来の大量水素輸送方法の一つとしても期待されている．

その他，アンモニアやギ酸による輸送も検討されている．どちらも常温での輸送が可能だが，毒性ガスや危険物に指定されており，またごく少量でも燃料電池セルに悪影響を及ぼすので，取り扱いには注意が必要である．またこれらは水素キャリアとしてこれまで想定されてきておらず，関係法規の対応も必要である．

水素輸送方法にはどれも一長一短がある．大量に使用する，高純度が必要である等，用途に合わせて選択することになる．また，水素は可燃物であるため，海底トンネルや長距離トンネル等の輸送車の通行には制限がかかっている．今後水素の需要が増えていくことが想定されるため，より効率的で低コストである輸送方法が求められるとともに，通行に関しての規制緩和も合わせて必要となる．

5.4

水素の輸送
c. パイプライン輸送

石原顕光

大量の水素を陸上で輸送する場合には，パイプラインを用いることもできる．欧米ではすでに大規模・長距離の水素パイプランや高圧の水素パイプラインが敷設されている．世界における水素パイプラインの総延長は約5,300 km で，パイプの口径100 〜 300 mm 程度，一般に7 MPa 以下で操業されている．ただし，大部分が原料として工場間の輸送のための設計である．わが国においても，工場敷地内では低圧の水素パイプラインが敷設されているが，工場敷地内を除くと実績に乏しい．多数の需要先に水素を配給するネットワークの構築は今後の課題である．2014 年6月に資源エネルギー庁より発表された水素・燃料電池戦略ロードマップでは，2030 年頃から純水素型燃料電池が普及し，そこへ供給するための水素パイプラインが地域限定であるが出現すると記載された．現在，国内数か所で実証事業が行われている．

パイプラインによるガス供給は，ガス灯の供給が始まりだったとされる．その後，ガスが家庭用の熱需要に使われはじめてから本格的に普及した．安定供給やクリーンさ，利便性に加えて，熱量あたりの輸送コストが安く，都市ガスパイプラインは成長していった．パイプラインの埋設には初期投資が必要であるが，一定の需要密度を超えると輸送コストは他のエネルギーに比べて安くなる．それがパイプラインの利点である．パイプラインの長所と短所を以下に記す．

1）長　所
①エネルギーロスが少ない（圧縮水素の0.86 に対して，水素パイプラインは0.91 という試算あり）
②精製が不要
③国内の工場敷地内では多数の実績あり
④安定な供給が可能

2）短　所
①工場敷地内を除くと実績に乏しい
②設置・設備にかかる初期コストが大
③遠隔地への輸送が困難

既設の都市ガスのパイプラインで純水素の輸送も可能である．都市ガスのパイプラインは鋼管やポリエチレン管でできているが，常温の1 MPa 未満の中低圧で使用される場合には，水素脆性はほとんど起こらない．またポリエチレン管もその厚さはミリ単位であり，水素透過の恐れはほとんどない．さらにバルブ・継手等も水素気密性への影響がないことがわかっている．これらは平成17 年度〜平成19 年度に実施された「水素供給システム安全性技術調査事業」で実証された．

また，水素は単位体積基準の高位発熱量がメタンの約1/3 であるため，パイプラインの熱量輸送可能流量の低下が危惧されるが，水素は軽いため管壁との摩擦による圧力損失が少なく，天然ガスとほぼ同等の輸送が可能となる．天然ガスの主成分であるメタンと水素の主な物性を表1 に示した．

表1　メタンと水素の主な物性評価[76]

項目	単位	水素	メタン
分子量	—	2.0158	16.043
密度（常圧，20℃）	kg/m^3	0.0838	0.651
粘度（常圧，20℃）	μPa·s	8.8	10.8
拡散係数（常圧,20℃,空気中）	m^2/s	0.61×10^{-4}	0.16×10^{-4}
高位発熱量	MJ/Nm^3	12.8	40.0
低位発熱量	MJ/Nm^3	10.8	35.9
燃焼範囲	vol%	4 〜 75	5 〜 15
最小着火エネルギー	mJ	0.02	0.28
燃焼速度	m/s	2.65	0.40
断熱火炎温度	℃	2105	1942

水素は燃焼範囲が広く，最小着火エネルギーも小さく取り扱いには注意を要するが，パイプラインでは気体で輸送するために，単位体積基準のエネルギー密度が小さく，パイプラインの中に存在している程度の水素ではエネルギー量は非常に小さいため本質的に安全である．

5.5

水素の利用
a. 化学工業原料（石油精製）

壱岐　英

石油精製では，燃料製品等の製造において大量の水素を製造・利用している．

石油精製において，水素化精製はほぼすべての燃料製品の製造に関わる重要なプロセスである（図1）．

水素化脱硫は，次式のように石油留分中に含まれる有機硫黄化合物を，脱硫触媒と接触させて炭化水素と硫化水素に転換して硫黄を除去するプロセスである．

$$R\text{-}S\text{-}R' + 2H_2 \rightarrow R\text{-}H + R'\text{-}H + H_2S$$

硫化水素は気液分離によって気相側に回収され，液相側は燃料基材となる．原料留分が重質であるほど硫黄化合物の分子量や構造は複雑になるため分子骨格の変換・分解も必要になり，脱硫条件はより過酷（高温・高圧・長接触時間）になる．このため，重質留分ほど水素消費量が多い傾向にあり，灯軽油留分脱硫での水素消費量が $10 \sim 60\ Nm^3/kL$ に対し，重油脱硫では $100 \sim 250\ Nm^3/kL$ に達する．

水素化分解は，減圧軽油等の重質留分を水素化分解触媒に接触させて，水素を消費しながら分解することで灯軽油あるいはナフサ留分に転換するプロセスである．分解生成油は，熱分解油に比べて不飽和分や硫黄分が少ない高品質な軽質留分となる．また残さ油も水素化や分子構造の変換が進んでいるため，潤滑油基油にも用いられる．

水素源には，目的生産物として水素を製造する水素製造装置と，燃料製造に伴い水素を副生する接触改質装置の2種類がある．水素製造装置ではLPGやナフサから水蒸気改質法によって必要な量の水素を製造する．一方，接触改質装置では重質ナフサから高オクタン価ガソリンを製造する際に副生する水素を取り出す．石油精製では接触改質装置からの副生水素を優先して利用し，不足分に対応する形で水素製造装置を稼働する．

表1 製油所における水素発生量および水素消費量（2010年）（億 Nm^3）[77]

装　置	水素発生量	
水素製造	100（実績57）	合計 185
接触改質	85	
装　置	水素消費量	
ナフサ・灯軽油脱硫	52	
水素化分解	19	合計 142
重油脱硫（間接脱硫）	33	
重油脱硫（直接脱硫）	38	
水素製造余力	43	

国内製油所における水素バランスを**表1**に示す．水素製造能力は185億 Nm^3/h であるのに対して，消費量は142億 Nm^3/h となっている．水素製造装置の能力100億 Nm^3/h に対して稼働実績は57億 Nm^3/h と見積もられ，残りの43億 Nm^3/h が水素供給余力といえる．この量はFCV590万台分の水素使用量1年分に相当すると見込まれており，石油産業が有する水素供給ポテンシャルの高さを示していると考えられる．

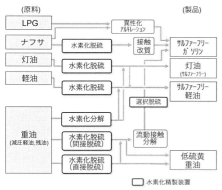

図1　水蒸気改質プロセスフロー

5.5 水素の利用
b. 化学工業原料（アンモニア合成）

栗山常吉

アンモニアの合成反応式は，次式である．
$$N_2 + 3H_2 \rightleftarrows 2NH_3$$

アンモニアの製造では，水蒸気改質法が主流となっている．原料の窒素は，空気中から取り込むが，窒素の量が水素に対して1/3になるように調整している．一方，水素は天然ガス，ナフサ，石炭，石油コークス，使用済みプラスチック等，これらの炭化水素を原料として部分酸化するか水蒸気改質法を用いて水素を製造している．

1）炭化水素を原料とする水素の製造方法

水蒸気改質法では，脱硫して天然ガスからナフサ程度の軽質炭化水素をニッケル触媒の存在下で水蒸気と高温で反応させて，水素と一酸化炭素を主成分とするガスに改質する．これを一次改質工程という．一次改質炉の出口温度は，700〜750℃程度になっている．一次改質触媒は，多数の反応管に充填されていて，改質反応の吸熱をバーナーであぶって改質反応を促進させている．この一次改質したガス中にはまだ原料炭化水素が残存しているので，空気を供給して炭化水素の一部を燃焼させ，この燃焼熱を利用してさらに水蒸気改質を進行させる．この工程を二次改質工程という．二次改質炉の触媒層出口温度は，1,000℃を超え，熱回収して高圧蒸気を得ることになる．

2）原料ガスの精製

水蒸気改質や部分酸化して製造した原料ガスには主成分である水素の他に，一酸化炭素，二酸化炭素等が含まれる．一酸化炭素は，水蒸気と反応させて水素と二酸化炭素に転化し，後段の工程で二酸化炭素は系外に取り出される．

①一酸化炭素の転化：一酸化炭素は，触媒の存在下200〜500℃で水蒸気と反応させて，水素と二酸化炭素に転化させる．この反応をCO転化反応という．
$$CO + H_2O \rightleftarrows CO_2 + H_2$$

②二酸化炭素の除去：二酸化炭素はアンモニア合成に必要がないため，脱炭酸工程で除去される．二酸化炭素を除去する方法は，熱炭酸カリ溶液，エタノールアミン溶液等を用いる化学吸収法とメタノール等を用いる物理吸収法がある．
$$K_2CO_3 + CO_2 + H_2O \rightleftarrows 2KHCO_3$$

この工程では，二酸化炭素を高圧，低温で吸収する吸収塔と高温，低圧で二酸化炭素を放散させる放散塔とからなる．放散には蒸気を使用して加熱する．また，PSAやTSAによる水素精製は概ね水素精製量 5,000 m³/h 程度までであり，30,000 m³/h を超える水素精製量が必要なアンモニアプラントでは，化学吸収法が用いられる．

③最終精製工程：脱炭酸工程で精製されたガス中には，微量の一酸化炭素，二酸化炭素が残存している．これらはアンモニア合成上有害な物質となるため，無害化させる必要がある．触媒の存在下，主成分である水素と反応させてメタンにして無害化させる方法がとられる．この反応をメタネーションと呼んでいる．
$$CO + 3H_2 \rightarrow CH_4 + H_2O$$
$$CO_2 + 4H_2 \rightarrow CH_4 + 2H_2O$$

3）アンモニアの合成（図1）

このようにして得られた水素と窒素（組成3:1）の混合ガスは，合成圧まで圧縮機で昇圧されて合成塔に供給される．合成触媒は，鉄系を主成分としている．圧力は，80〜300気圧，温度は，400〜500℃で反応させられる．得られたアンモニアは，冷却されて液化され，合成装置から液化アンモニアとして抜き出される．

図1　アンモニアの合成過程

5.5 水素の利用
c. 定置用燃料電池

伊東健太郎

地球温暖化対策，大気中のCO_2削減が課題となって久しく，水素社会への移行はその切り札として期待されている．燃料電池は水素との相性が良く，水素の持つエネルギーを効率よく電気エネルギーに変換でき，水素社会のキーデバイスとして，水素社会移行のフロントランナーに位置づけられる．

燃料電池は，1830年代に英国グローブ卿が実験に成功し，1960年代から宇宙用に，1990年代には定置用に実用化され，また，1990年代からは自動車用や家庭用にて開発が本格化し，用途を拡大・発展しつつ今日に至っている．本項では，定置用燃料電池の開発と普及状況について紹介する．

1) 燃料電池の概要

①**燃料電池の原理**：燃料電池は，電解質を燃料極と空気極で挟んだセルで構成され，電解質を自由に動くイオンを介して燃料と空気が反応することによって電流が得られる仕組みとなっている．図1に水素を燃料とし，プロトンを媒体イオンとした時の反応フローを示す．発電容量を稼ぐため，セルの枚数を多層に積み増すことからセルスタックと呼ばれる．従来の発電機であるエンジンやタービンは，燃料の持つ化学エネルギーを，燃焼により熱エネルギーに変え，タービン等の回転による機械エネルギーを経て電気エネルギーに変えるといった多段のエネルギー変換をしており，各エネルギー変換におけるロスが発生するのに対し，燃料電池は水素等を燃料とし，化学エネルギーから直接電気エネルギーに変換でき，本質的に効率が高い仕組みとなっている．水素を燃料として，高い発電効率が実現できることから，水素社会における発電装置として大きく期待されている．

②**燃料電池の種類**：燃料電池は電解質材料に複数の種類があり，それぞれ燃料，動作温度が異なり，特徴，ターゲットとなる用途が変わる(表1)．中でも固体高分子形燃料電池(PEFC型)は，作動温度が低いため，断熱材料の使用量が少なくなり，小型化，低コスト化が期待され，自動車とともに家庭用の開発が加速し，実用化されている．また，固体酸化物形燃料電池(SOFC型)は，作動温度の低温化が進み，高効率を維持しつつ，小型化，低コスト化が可能となり，近年の家庭用や業務用の開発・実用化につながっている．

③**燃料電池の政策動向**：東日本大震災に端を発したエネルギー情勢変化の中で，燃料電池は省エネルギーの推進やエネルギーセキュリティ確保の役割が期待され，2014年4月に閣議決定されたエネルギー基本計画において，燃料電池の普及が言及された．家庭用燃料電池においては，普及台数目標が2030年に530万台と掲げられた．530万台は国内全世帯数の約1割に相当する．このような普及

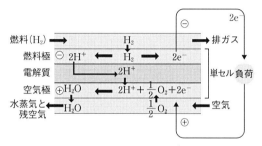

図1 燃料電池の原理[78]

表1　燃料電池の種類[79]

燃料電池種類	固体高分子形 PEFC	固体酸化物形 SOFC	リン酸形 PAFC	溶融炭酸形 MCFC
電解質	陽イオン交換膜 （フッ素樹脂系）	セラミック	リン酸	リチウム＋カリウム炭酸塩 リチウム＋ナトリウム炭酸塩
媒体イオン	H^+	O^{2-}	H^+	CO_3^{2-}
作動温度	80〜120℃	600〜1000℃	190〜200℃	600〜700℃
反応式 燃料極	$H_2 \rightarrow 2H^+ + 2e^-$	$O^{2-} + H_2 \rightarrow H_2O + 2e^-$	$H_2 \rightarrow 2H^+ + 2e^-$	$CO_3^{2-} + H_2 \rightarrow H_2O + CO_2 + 2e^-$
反応式 空気極	$1/2 O_2 + 2H^+ + 2e^- \rightarrow H_2O$	$1/2 O_2 + 2e^- \rightarrow O^{2-}$	$1/2 O_2 + 2H^+ + 2e^- \rightarrow H_2O$	$1/2 O_2 + CO_2 + 2e^- \rightarrow CO_3^{2-}$
反応式 全体	$H_2 + 1/2 O_2 \rightarrow H_2O$			
主な用途	・家庭用 ・車載用 ・非常用	・家庭用 ・業務用 ・産業用	・業務用 ・産業用 ・非常電源用	・産業用 ・非常電源用
発電効率 %LHV	33〜44	45〜60	40〜48	44〜66

目標に向けて，水素・燃料電池戦略協議会において2016年3月に水素・燃料電池戦略ロードマップが改訂され，設置工事費を含むエンドユーザー負担額を，2019年にPEFC型80万円，2020年にSOFC型100万円とすることが目標となった．これは，エンドユーザーが7〜8年で投資回収できる費用に相当する．これらの経済的自立達成までの間，PEFC型は2018年度まで，SOFCは2020年度まで，国が導入補助を行うこととされている．

また，業務・産業用については，同ロードマップにおいて，2017年にSOFC型を市場導入することが目標に設定された．

2) 家庭用燃料電池（エネファーム）

発電とともに発生する熱を給湯で利用する家庭用燃料電池コージェネレーションシステムは，普及に向けて全国統一名称を「エネファーム」として2009年から世界に先駆けて市販が開始されている．PEFC型から市販が開始され，2011年からはSOFC型も加わっている．

①**燃料電池の構成**：PEFC型エネファームの構成を図2に示し，動作原理を説明する．発電ユニット，貯湯ユニット，バックアップ熱源機から構成され，発電ユニットは，燃料処理装置，セルスタック，インバータ，熱回収装置からなる．

家庭に供給される燃料は，都市ガス（主成分メタン）やLPG（主成分プロパン）であり，これら炭化水素燃料を燃料処理装置にて水素に変換する．図3に示すように，燃料処理装置は，改質触媒，シフト触媒，選択酸化触媒から構成され，効率よく水素に変換するとともに，PEFC型セルスタックにおいて反応を阻害する一酸化炭素を所定の数値以下に抑える．

改質反応（約650℃）（メタンの例）

$$CH_4 + 2H_2O \rightarrow 4H_2 + CO_2 \qquad (1)$$
$$CH_4 + H_2O \rightarrow 3H_2 + CO \qquad (2)$$

シフト反応（約250℃）

$$CO + H_2O \rightarrow CO_2 + H_2 \qquad (3)$$

選択酸化反応（約150℃）

$$CO + 1/2 O_2 \rightarrow CO_2 \qquad (4)$$

燃料処理装置で生成される改質ガス（水素リッチガス）は，上記反応で示されるように

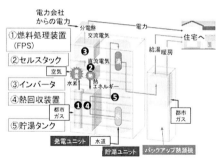

図2 エネファームの構成（PEFC型）

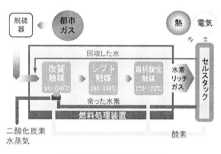

図3 燃料処理装置の構成

二酸化炭素を含む水素であり，また(4)の反応に用いるのは空気であることから窒素も含まれる．組成例を以下に示す．

$H_2：70\%$, $CO_2：20\%$, $CH_4：3\%$, $N_2：7\%$, $CO：$ 数ppm （ドライベース）

メタン，二酸化炭素，窒素はPEFC型セルスタックにおいて反応に関与せず，これ以上の水素精製工程は必要としない．

改質反応(1)，(2)に必要な水は，発電時の化学反応やその後の燃焼反応によって生じる水をシステム内部で循環して用いており（水自立という），水自立はシステム設計において重要な要素となる．また，これら触媒の劣化を防ぐため，燃料に含まれる硫黄成分（不純物や燃料に添加する付臭剤）を取り除く脱硫器を燃料処理装置の上流に設ける（図3）．

得られた水素リッチガスはセルスタックに供給され，空気と反応して電気を得る．

燃料極：$H_2 \rightarrow 2H^+ + 2e^-$ (5)
空気極：$2H^+ + 1/2O_2 + 2e^- \rightarrow H_2O$ (6)

セルスタックでは供給された水素の全量は使われず，発電の安定化やセルの耐久性保持のため燃料利用率を70～80%程度としている．セルスタックから排出される燃料排ガス（アノード排ガス）は燃料処理装置に戻され，未反応の水素やメタンは，燃料処理装置内にて燃焼され，燃焼熱は吸熱反応である改質反応の温度保持に使われる．燃料処理装置から排出される最終的な排ガスは，二酸化炭素と水蒸気となる．

一方，SOFC型の場合，水素に加えて一酸化炭素も燃料となる．

燃料極：$O^{2-} + H_2 \rightarrow H_2O + 2e^-$ (7)
　　　　$O^{2-} + CO \rightarrow CO_2 + 2e^-$ (8)
空気極：$1/2O_2 + 2e^- \rightarrow O^{2-}$ (9)

PEFC型におけるシフト反応(3)，選択酸化反応(4)が不要となり燃料処理は簡略化され，またセルスタックの稼働温度が約700℃と改質反応(1)，(2)と近いことから，燃料処理とセルスタックが一体化される（ホットモジュール，または，ホットボックスという）（図4）．

得られた電気は直流であり，インバータにて家庭で使われる交流（200 V，50 Hz/60 Hz）に変換され，家庭内の配線網に接続され（系統連系という），従来の電気と同様に使われる．一連の反応に伴い発生した熱は，熱回収装置にて水道水を加熱することで回収され，貯湯タンクに蓄熱される．

②機器仕様：PEFC型とSOFC型の機器仕様例を表2に示す．PEFC型は総合効率が高く，熱利用を優先する熱主電従の運転とし，貯湯タンク容量140 Lの蓄熱により発電停止する．概ね1日1回の起動停止を行う．一方，SOFC型は発電効率が高く，発電を優先する電主熱従の運転とし，貯湯タンク容量

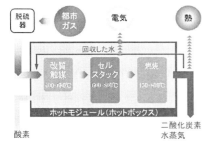

図4　SOFCホットモジュールの構成

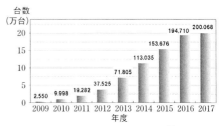

図5　エネファーム普及台数[80]

2017年度は5月9日時点．民生用燃料電池導入支援補助金交付決定ベース（燃料電池普及促進協会集計）．

表2　エネファームの仕様

種　　類	PEFC型	SOFC型
発電出力（AC）	700 W	700 W
定格発電効率	38～39%（LHV）	52%（LHV）
定格総合効率	95%（LHV）	87%（LHV）
発電ユニット寸法	W400 D400 H1750 mm	W780 D330 H1195 mm
発電ユニット質量	65 kg	106 kg
ガス種	都市ガス13A, LPG	都市ガス13A, LPG
貯湯タンク容量	140L（貯湯ユニット内）	28L（発電ユニット内）

28Lの蓄熱後はラジエータで放熱し，連続運転が基本となる．

　エネファームは家庭のすべての電力をまかなうものではなく，従来の系統に連系して電気を供給するものであり，今までと同様に家庭内に設置されているコンセントを経由して電気を使える．また発電出力は家庭の負荷変動に追従し，逆潮流しない設計としている（定格一定運転とし逆潮流させるモデルもある）．給湯利用では，貯湯タンクに蓄えられたお湯が，家庭の需要に応じて従来通りに台所や浴室で使われる．バックアップ熱源機と組合わせることで湯切れの心配もない．このように，エネファームを導入することによって，今までの生活と同じように電気とお湯を利用することができる．

　③導入実績：エネファームの市販開始以降の累計販売台数は，2017年5月に全国で20万台に到達した（図5）．2016年度の出荷内訳[81]を見ると，種類別ではPEFCが6割強，SOFCが4割弱，燃料種別では都市ガスが97％，LPGが3％となっている．

　④普及拡大に向けた取組み：本格普及に向けて，設置性の向上，経済性の向上，付加価値の充実化が課題として挙げられる．

　現在のところエネファームは戸建てを中心に販売されているが，新築住宅着工件数のうち戸建てと集合住宅の比を見ると，全国では55％，東京都では78％が集合住宅となっており（2016年度，住宅着工統計），集合住宅へ訴求していくことが普及への課題となる．集合住宅は戸建てと比べて1戸あたりの外周部が少なく，設置場所の制約が厳しく，また集合住宅に設置するには，耐震性，耐風性を高め，複数の排気方法の用意が必要となる．従来給湯器でも設置されている配管スペース（パイプシャフト）内に設置可能な集合住宅向けエネファームの販売を開始しており，今後さらに設置スペースを小さくすることで集合住宅へ訴求していくことが望まれる．また，戸建て住宅においても，従来の給湯設備やエアコン室外機と同様の設置性が求められる．特に首都圏等の都市部では建物と敷地境界のスペースには制約があり，メンテナンススペースも含めた設置スペースの狭小化や，窓や汚水・雨水枡といった建物周辺設備を容易

に回避できる設置柔軟性の改善が求められる．

経済性の向上では，機器本体のコストダウンに加えて，設置工事費のコストダウンを推進しユーザーのトータルコスト負担を低減することが重要となる．輸送・運搬，基礎工事，配管やドレン処理に伴う土木工事，配線工事の簡素化がこれにあたる．なお，SOFC型では，既存の給湯器に発電ユニット本体のみを後付けすることや，一部余剰電力の買い取りサービスが開始される等，イニシャルコスト低減やランニングメリット向上の取り組みが始まっている．

付加価値では，ネットワーク接続サービスとレジリエンス機能の取り組みを紹介する．ネットワーク接続では，スマートフォンアプリの利用により，外出先からエネルギー消費状況の把握や風呂・床暖房・発電の遠隔操作のサービスが提供される．また施工・メンテ会社には遠隔での機器チェック機能が提供され，IoT化によってユーザー満足度向上とともに作業費等のコスト低減が可能となる．また，レジリエンス機能としては，停電時発電継続機能をオプションで搭載し，停電発生時に専用コンセントを経由して，電気が供給される．エネファームが停止中に停電した場合でも，市販の蓄電池や発電機等のAC100V電源でエネファームが起動できる．これらの機能を今後も充実させ，普及拡大が進められる．

家庭用燃料電池エネファームは，2009年の販売開始以来，世界でも類を見ない普及台数を実現しており，今後の本格普及に向けさらなる進化が期待され，顧客満足度を向上させつつ環境性向上に貢献する．

3）業務・産業用燃料電池

定置用燃料電池では1990年代までは業務・産業用燃料電池の開発が主流であり，PAFC型，MCFC型，SOFC型の開発が進められ，1990年代後半にPAFC型100kWが商用化に至っている．近年では，家庭用に開発した

表3　業務用小型燃料電池仕様

発電出力 (AC)	3 kW	4.2 kW
定格発電効率	52%(LHV)	48%(LHV)
定格総合効率	90%(LHV)	90%(LHV)
寸法	W1150 D675 H1690 mm	W1880 D810 H1780 mm
質量	375 kg	780 kg
ガス種	都市ガス 13A	都市ガス 13A

セルスタックを用途展開するもの，火力発電所と同等以上の高発電効率を大規模出力で目指すもの等，SOFC型において，多様なアプローチで業務・産業用の開発が進められている．

ガスエンジン，ガスタービンと比べ，特にSOFC型は小出力領域（数十kW以下）における発電効率が高く，環境性・経済性が優位となる．一方，高出力領域（数十kW以上）では，ガスエンジンやガスタービンの効率が燃料電池に近づくが，燃料電池をタービン等と複合化させることによりさらに発電効率が高くなり，優位性を持たせられる．

①業務用小型燃料電池：水素・燃料電池戦略ロードマップにおいて市場投入時期とされた2017年より業務用小型燃料電池の販売・受注開始が発表されている．表3にシステムの仕様例を示す．実サイトにおける実証評価を重ね，運転実績を積み上げながら，実利用

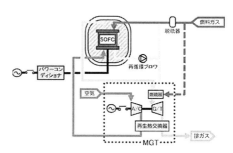

図6　ハイブリッドシステム系統図

表4　250 kW ハイブリッドシステム目標仕様

項　目	商品化時目標
AC 発電出力	250 kW
AC 発電効率	55％（LHV）
総合効率（排熱は温水利用）	73％（LHV）

図7　九州大学における 250 kW_SOFC 実証機外観

における導入効果を確認している．先行する家庭用のセルスタックを積み増ししてシステム化しているモデルもある．基本的な構成・原理は家庭用と同様である．

②**業務用大型燃料電池**[82]：大型燃料電池では高発電効率化を狙って，ガスタービンと組合わせた「ハイブリッドシステム」の開発が進められている．

「ハイブリッドシステム」とは，SOFC とマイクロガスタービン（MGT）の2段階発電システムであり，**図6**にその系統図を示す．燃料である都市ガスを，脱硫器を介してSOFC モジュールに導入し，未反応の燃料を含む排ガスは一部アノードリサイクルに回し，残りを MGT にて燃焼させる．空気はMGT にて昇圧・昇温した後，SOFC モジュールに導入し，未反応分は MGT にて燃焼に用いる．SOFC モジュールにて未反応の燃料をMGT で発電に用いることにより発電効率LHV55％と高効率な設計となっている．その他目標仕様を**表4**に示す．

本システムは 2012 年度から NEDO 実証事業の助成を受け，発電実証ならびに商品化に向けた課題抽出が行われた．同クラスでは世界初となる 4,100 時間の長期耐久試験により性能劣化のないことが確認され，また，停電等によるシステム異常を想定したインターロックが検証された．本検証データは SOFCの規制緩和に活用され，合計出力 300 kW 未満，圧力 1 MPa 未満の SOFC は常時監視の対象から外れることとなった．

その後さらに省スペース化・高性能化を目指して，セルの小口径化による充填密度の向上を図り，設置面積を削減した新型機の開発が進められ，2015 年度より九州大学の伊都キャンパスにて稼働している（**図7**）．

これらの知見を活かした商品機が，2017年8月より受注開始となっている．

おわりに

水素社会のフロントランナーと位置づけられる定置用燃料電池は，化石燃料である炭化水素を水素に変換し，高効率な発電を実現し，環境性向上に貢献しつつある．今後は定置用燃料電池を太陽光発電等の他の分散型エネルギーリソースと連携したエネルギーの有効活用や，純水素を燃料とした高効率発電等の展開を通し，再生可能エネルギーの普及とともに燃料電池も普及拡大が促進されていくことが期待される．

5.5 水素の利用
d. 燃料電池自動車

大仲英巳

燃料電池とは燃料の化学エネルギーを直接電気エネルギーに変換することができる発電装置である．この燃料電池で発電された電気で走る電気自動車が燃料電池自動車(Fuel Cell Vehicle：FCV)である．燃料電池には使用する燃料や電解質等によって多くの種類があるが，FCVには固体高分子形燃料電池(Polymer Electrolyte Fuel Cell：PEFC)が主に採用されている．これは，自動車には氷点下のような低温でも素早く起動，走行することが求められるため，固体高分子形が低温での素早い起動・走行性に優れるという特徴がその要求に適しているのが最大の理由である．また，燃料については，純水素が使用されている．高圧のタンクに貯蔵された水素が燃料電池に供給され，空気ポンプで供給された空気中の酸素と電気化学反応し，電気が発生する．その電気でモータを回転し，モータと連結されたタイヤを駆動してFCVの走行となる．水素と酸素の反応であり生成するのは水だけで，一切の有害ガスを出さないと同時に地球温暖化の元凶といわれる二酸化炭素(CO_2)も排出しないことから，究極のゼロエミッション車として期待されているのである．ただ，走行中のCO_2は排出しないが，水素の製造方法によってはその過程でCO_2を発生するのでCO_2を排出しない水素の製造や供給に関する研究開発もFCVの本格普及に向けた動きとともに並行して進められるようになってきている．また，新たな燃料の水素をFCVに充填する水素ステーションの整備も大きな課題であり，徐々に進められている．以下，FCVの特徴やシステム概要，本格的な普及に向けた今後の課題について解説する．

1) 燃料電池システムの概要

図1はFCVの燃料電池システムの代表的な構成例を示している．燃料電池に水素を供給する水素系，空気を供給する空気系，この空気中の酸素と水素と電気化学反応をして電気を発生する燃料電池部，発電反応時に発生する熱を冷却する冷却系からなっている．もちろん，従来の自動車と同様，走る(発生した電気でモータを駆動してタイヤを回転させる駆動部)，曲がる(ハンドルに代表される操安部分)，止まる(ブレーキに代表される制動部分)等のシステムが装備されているが，ここでは燃料電池システム部分だけに限定して説明する．燃料となる水素は水素ステーションで高圧タンク(満充塡で70MPa)に充塡され貯蔵されている．この水素が減圧弁等で減圧され2気圧程度で燃料電池に供給される．水素の供給は使用された分が圧力調整器で圧力を一定にするように自動的に供給する方式や水素インジェクターで噴射量を制御して供給する方式等がある．空気の供給はエアコンプレッサで水素の圧力よりはやや高めの圧力で燃料電池に送り込まれる．エアコンプレッサにはターボ式やスクロール式，ヘリカルルーツ等いろいろなタイプが各社で採用・検討されている．

燃料電池は，発電時には熱を発生するために冷却が必要である．この冷却系はエンジン車と基本的に同じ構成で，冷却水が燃料電池を循環して熱を奪い，その熱がラジエータで

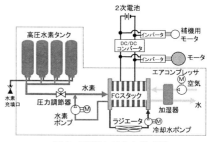

図1 FCVシステム構成例

放熱される．燃料電池はエンジンに比べて効率が高いので放散すべき熱量は少ないが，排気でも熱を放散しているエンジンと違い，冷却水でしか熱を放散できないので，一般的にエンジン車に比べてラジエータサイズが大きくなっている．

2）FCV の特徴

FCV は優れた環境性能と，従来のエンジン車と同等の使い勝手を両立しているのが大きな特徴である．以下に，主な特徴を示す．

①二酸化炭素等環境に影響する排出物を一切排出しない（水素の製造過程での排出を抑える必要あり）

②電気自動車特有の優れたレスポンスと低速からの力強い走りを有する

③従来車並みの使用性を持つ

④1 充塡あたりの航続距離が約 700 km 以上

⑤水素の充塡時間が 3 分程度

⑥氷点下での起動・走行性に優れる

⑦外部への電気の供給能力が大きく，災害時等に数日間は家庭等へ電気の供給が可能

環境性能に優れた車両であっても，地球規模での環境改善に貢献するには大量に普及することが必須の条件となるので，従来車並みの使い勝手は非常に重要な要素である．一方で，燃料となる水素を充塡する水素ステーションの整備も従来車並みの使い勝手を確保するために，重要な条件の一つである．現時点ではまだ整備が進められている初期段階であり，今後の全国的な整備の促進が期待される．本格的な FCV の普及に向けては，その他にもいろいろな課題があり後述する．

3）FCV 開発の経緯

世界の自動車各社では，1990 年頃から FCV の開発が始められた．初期は自動車としての成立可能性の検討であり，水素吸蔵合金による水素の貯蔵や改質器を搭載した方式等多様な方式の検討が進められていた．日本国内でも 1990 年頃からトヨタ自動車，本田技研，日産自動車の 3 社が FCV の開発を進め，2000 年頃から公道での走行実証試験等が実施されている．経済産業省主管での水素・燃料電池の実証プロジェクトの JHFC （JAPAN Hydrogen &Fuel Cell）プロジェクトもこの時期から開始され，各社の FCV の走行実証試験，水素ステーションの実証試験等が行われ，FCV の水素ステーションの技術開発が促進された．同時に，FCV や水素を広く一般の人に知ってもらうための社会啓発活動もこのプロジェクトの中で展開された．自動車を公道で走行させるには，国土交通省の認可が必要であるが，この時点では FCV の認可に必要な各種の基準も未整備であり，国土交通省大臣認定という特別な認可での運用であった．2002 年からトヨタ，ホンダがリース車両として，日米で官庁や自治体，エネルギー会社等を中心に限定的に FCV の提供を始めている．この時点では，氷点下になるような場所には駐車しない等の制約やある程度故障が起こるかもしれない等の事前了承の下での運用であった模様である．また，当時の車両の水素貯蔵方式は既に高圧タンクが主流にはなっていたが，圧力は 35 MPa のため水素の 1 充塡あたりの航続距離は 300 km 程度と不十分なものであった．その後，2005 年に国土交通省において，FCV の各種の基準が整備されたことにより，従来の車両と同じく型式認証の取得が可能となり，車検を取って何年も乗り続けることができるいわゆる普通の車と同じ扱いとなった．しかしながら，実際の車両では技術的にまだまだそこまでは達していなかったのである．この FCV の日本の基準整備は世界に先駆けて行われた結果，その後の世界的な基準の統一化は日本のこの基準が元に策定されることになり，日本が基準作りでも世界をリードする大きな要因ともなっている．2008 年になって，FCV は性能的に飛躍的な進歩を遂げた．水しか排出しないが，その水は零度以下で容易に凍結してしまうという開発当初からの最大の課題とされた氷点下起動・走行

性の課題が解決された．また，1充填あたりの航続距離も水素の貯蔵圧力が70MPaに高圧化され，システム効率の改良も進められた結果，従来車に近いレベルが達成された．その後の開発の進展もあり，2011年には自動車3社とエネルギー会社合わせて10社が2015年に4大都市圏を中心にFCVの量産車としての市場導入を開始し，合わせて水素ステーションの整備も進めるとの共同声明を発するに至った．その後，世界に先駆けて，2014年12月トヨタ自動車から「ミライ」，2016年3月にホンダ技研工業から「クラリティ」の市販が開始された．

4）トヨタ「ミライ」

主要システムの搭載を図2に示す．特徴としては，燃料電池セルの触媒合金の採用や電解質膜の薄膜化等による大幅な性能向上により，体格あたりの出力3.1 kW/Lを達成，また，空気系の加湿器の廃止も実現している．小型軽量化の結果として，燃料電池アッセンブリー（FCスタック）の床下搭載を可能にしている．また，昇圧コンバータの採用により，セル枚数の削減による信頼性の向上とモータ等の量産高電圧部品の流用によるコストダウンを図っている．

5）ホンダ「クラリティ」の紹介

主要システム搭載を図3に示す．従来車のエンジン搭載位置であるフロントフード内に燃料電池スタックを搭載している．燃料電池2セルを1系統で冷却する構造等で，小型軽量化を図り「ミライ」と同じく出力密度3.1 kW/Lを達成している．

6）主要な技術課題の解決事例

FCV市販に至るまでには多くの課題が解決されてきたが，特に重点であった氷点下起動・走行性と耐久信頼性の確保の事例について紹介する．

①**氷点下起動・走行性の解決**：燃料電池が発電時生成する水が氷点下で凍結し発電の継続が難しいという課題は，開発初期から本質的なものとして取り組まれていた．燃料電池の中の電解質膜に含まれる水は単純な水の形ではなく，膜に取り込まれているため，凍結しない．発電して生成した水が氷点下の場合に凍結し，空気や水素の通路を閉塞させたりすることによって発電が継続できなくなる現象である．そのため，次のような対策を組合わせて問題の解決が図られている．

・FCVが停止する時に，エアポンプを駆動して電解質膜中に残る水の量の低減や通路等の水を吹き飛ばす掃気操作

・発電時に早く燃料電池セルが凍結しない0℃以上の温度に上昇しやすくするように，セルの金属化や薄箔化等での構成材料の熱容量の低減

・発電量に対して燃料電池セルの温度上昇

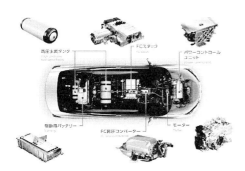

図2 トヨタ「ミライ」主要システム搭載[83]

図3 ホンダ「クラリティ」主要システム搭載[84]

度を早くする水素や空気量の精密な制御
・水の溜まりにくい通路設計や膜中に包含できる水量を増加させる電解質膜の改良等

②**耐久信頼性の確保**：FCV の燃料電池の耐久信頼性は主に電解質膜と触媒がキーである．

a）**電解質膜**：電解質膜の耐久信頼性は膜自身の機械的強度や組付けに起因する破れやピンホール，化学的劣化による薄膜化等が挙げられる．膜自身に補強を入れたり，副反応物質の生成を抑制する物質の配合等で耐久信頼性の確保が図られている．

b）**触媒**：触媒については劣化に伴う出力性能の低下が大きな問題となる．それを引き起こす原因は様々であり，例えば，FCV の停止や再起動時に，長時間放置により水素通路側への空気が電解質膜を通して侵入し，異常電位を発生することによる触媒を担持している土台のカーボンが腐食して減少する現象や長時間使用よる触媒の白金の凝集による反応表面積の減少，加減速運転等による白金そのものの膜中への流出等が主な原因として挙げられる．これらに対し，触媒材料そのものの合金化や構造の改良に加えて，その原因をできるだけ排除するシステム構成や運転制御等も含めて総合的な対策が図られた結果，燃料電池は使用途中無交換の寿命を確保している．

7）**FCV の普及拡大への課題と展望**

FCV の市販化が始まったとはいえ，普及拡大に向けてはまだまだ多くの課題が残っている．以下，主要な課題と解決に向けた動向等を紹介する．

①**燃料電池の技術革新によるコストダウン**：FCV の価格は 700 万円以上とかなり高額であり，従来のエンジン車と商品競合力のある価格へのコストダウンが普及への大きな課題である．そのためには，燃料電池の性能を左右する電解質膜や触媒等の画期的な技術革新が必要である．これらの実現によって，乗用車だけでなくトラック，バス等の商用車やその他のアプリケーションにも拡大していくことで良い循環が期待される．これに対しては，自動車会社だけでなく大学，研究機関を含めた産学官の研究開発が進められているが，まだ新分野であり研究のすそ野の拡大も必要である．

②**水素ステーションの整備**：FCV は新たな水素ステーションというインフラの整備が必須である．2017 年現在，4 大都市圏中心に 100 か所程度というステーション数であり，今後の設置数の増加と地方を含めた全国規模への整備も大きな課題である．ステーション設置の主体のエネルギー業界だけでなく，自動車業界も一緒になって新会社を設立して整備を進める計画が進行中である．

③**CO_2 フリー水素の供給**：新たな二次エネルギーである水素の供給，特に CO_2 を出さない水素の製造と供給体制の構築は FCV 普及の大前提である．再生可能エネルギーからの水素の製造技術や運搬時の水素キャリア，また，海外からの CO_2 フリーでの水素の確保等の研究や実証が進められており，その進展が期待される．

5.5 水素の利用

e. その他の移動体
(1) 船舶

神谷祥二

将来の水素船は，水素を運ぶ運搬船と水素を燃料とするガス燃料船に分類される．これは，LNG 運搬船と天然ガス燃料船に相当する．天然ガス燃料船は環境規制が厳しい欧州（主にノルウェー）を中心に進んでおり，外航船に向け徐々に大型化している．

水素船は，天然ガス燃料船の次世代の船として期待され，水素を燃料とした燃料電池で推進される．内燃機関の推進船より低振動，低騒音，高い運動性から環境性と快適性が優れている．

水素船の実証試験は 2000 年代初頭から欧州中心で行われるようになった[85]．以下にドイツと日本での実験船例，および大型化に向けた米国の FS 結果を述べる．

ドイツでは，100 人乗りの水素船，ゼロエミッション号[86]が，2008 年頃からエルベ川で運行された．本船の船体は全長約 25 m，幅約 5 m で，船の運航速度は 15 km/h である．船には燃料電池 100 kW と 350 気圧水素ボンベ（貯蔵量 50 kg）が搭載された．水素ガスは，川岸に建設された水素供給設備から供給された．

日本では，2017 年 10 月から東京海洋大学の水素実験船「らいちょう N」が試験航行されている[87]．船は全長約 12.6 m，幅 3.5 m で燃料電池 7 kW と二次電池 145 kWh が搭載されている．

米国では，サンディア国立研究所が，米国沿岸警備隊，米国船級協会等の機関と協力してサンフランシスコ湾内を航海する 150 人乗りの燃料電池高速フェリー船の FS を実施した[88]．図 1 に船のイメージ図を示す．水素燃料はデッキ上に設置されたタンク（貯蔵量 1200 kg）に液体水素として貯蔵され，圧縮ガス貯蔵より大容量化している．燃料電池は，容量 120 kW が 41 基（内 1 基予備）搭載される．出力が 4.8 MW の時，最高航行速度約 65 km/h に到達する．燃料電池のエネルギー効率は，広い負荷範囲で内燃機関より高く，船の機動性も良くなる．図 2 に燃料電池とディーゼル機関について負荷割合（定格に対する割合，%）と効率（低位発熱量 LHV に対する動力割合，%）の関係を示す．燃料電池は，部分負荷 25% で最大効率 53% を示す．

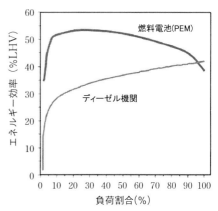

図 2　燃料電池とディーゼル機関の負荷と効率との関係[88]

今後，環境規制の強化から水素船の実用化の加速が予想されるが，水素燃料（圧縮水素ガス，液体水素）を船に供給する設備の整備も近々の課題となろう．

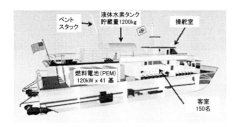

図 1　燃料電池高速フェリーの概念図[83]

5.5

水素の利用

e. その他の移動体

(2) フォークリフト

鈴木宏紀

フォークリフトは，ガソリン等の内燃機関によるエンジン車と，電気とモーターで動く電動車に大別される．最近の世界の新車市場においては，電動車の占める割合が約6割にまで達しており，乗用車に比べて電動化が大きく進んでいることが特徴である．

電動車は稼働中に CO_2 を排出せず，エンジン車と比べて環境性能に優れ，低騒音・低振動という特長がある反面，動力源である鉛バッテリーの充電に約6〜8時間要し，長時間連続稼働の際には，スペアバッテリーとの交換作業等による稼働停止時間が発生する．

電動車の環境性能とエンジン車の作業効率を併せ持つのがFCフォークリフトである．既存の電動車をベース車両とし，鉛バッテリーに代わる動力源として着脱可能なパッケージ型の「FCユニット」(図1)を搭載している．燃料の高圧水素ガスの圧力は35 MPaであり，FCVやFCバス(70 MPa)とは異なる．

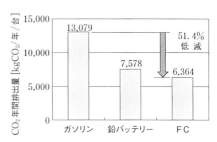

図2 Well-to-Wheel CO_2 排出量比較(環境省 CO_2 排出削減対策強化誘導型技術開発・実証事業データ)

ガソリン車対比で Well-to-Wheel (燃料採掘段階〜稼動時) CO_2 排出量は約半減(図2)，再エネ由来のグリーン水素等を使用することによって一層の低減が可能である．

1か所で多数の車両が長時間稼動している工場，物流倉庫，市場，空港等においては，FCフォークリフト導入による大きな環境負荷低減，作業効率改善の効果を得ることができる．北米においては，大規模な物流拠点を中心に2008年頃より導入が開始され，累計2万台以上に達している．一方，国内においては2016年11月より販売が開始され，2018年10月時点で約100台が稼働中である．

図1 フォークリフト用FCユニット(提供：豊田自動織機)

5.5 水素の利用

e. その他の移動体
(3) 燃料電池(FC)バス

権藤憲治・沼田耕一

① **FCバスの意義**：公共交通機関として多く利用されているバスへの燃料電池システムの適用と水素利用は，広く住民が体感し利用できる対象である．よって，多くの人に水素社会の意義を理解頂く上でも重要な役割を担う．

② **FCバスの開発概要**：バスには，路線バス・コミューター(小型)バス，観光バス等があり，それぞれの使われ方は大きく異なる．その中で，路線バスは都市や郊外の定まったエリアで利用され，1日あたりの走行距離は概ね200 km以下である．よって，限定された数の水素ステーションを拠点として，多くのバスを運行することができる．また，走行条件によるが，FCバス1台で乗用車45台分程度の水素を安定的に消費するので，水素ステーションの自立化にも有効で，地域の水素インフラ基盤整備にも貢献する．ただし，FCバスへの水素充填には，大容量の水素圧縮ポンプ等の設備や専用の充填プログラムが必要であり，乗用車用水素ステーションの転用でなく，FCバスにも適用できるステーションの計画的な導入が必要である．

一方，欧州の都市部等で大気環境の悪化が問題となり，その対策として都市交通機関の電動化が推進されている．電動化バスには，急速充電バス，夜間充電バス，TRAM(路面電車)，FCバスがあるが，急速充電やTRAMは電源の設置された路線以外の運航は困難であり，夜間充電バスは稼働時間の制約があり運航効率が低いという問題がある．その点，FCバスは，短時間で水素充填が可能であり，路線の柔軟性や運航効率が高く有利である．

トヨタでは，2003年8月からの東京都営

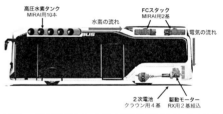

図1　トヨタFCバスの概要と構造

車両	車名	SORA
	全長/全幅/全高	10,525/2,490/3,350 mm
	定員(座席+立席+乗務員)	79 (22 + 56 + 1)人
FCスタック	名称(種類)	トヨタFCスタック(固体高分子形)
	最高出力	114 kW × 2(155PS × 2)
高圧水素タンク	本数(公称使用圧力)	10本 (70 MPa)
	タンク内容積	600 L
外部電源供給システム	最高出力/供給電力量	9 kW/235 kWh

バスへのFCバス導入をはじめとして，長期に渡り実証実験を継続しFCバスの開発を進めて来た．そして2018年3月量販型燃料電池バス「SORA」を発売した(図1)．

このFCバスはFCV「ミライ」のTFCS (Toyota Fuel Cell System) 2機をトランスアクスル部で合流させたシステムを搭載する．バス専用システムを開発するより，量産効果が大きい自動車用システムを流用すると，よりコストを下げることができる．ただし，まだ自動車用燃料電池システムは高コストであり，低コスト化に向けた技術開発を推進中である．

FCバスは，テールパイプからのCO_2, CO, NO_x, PM等の排出はゼロであり，車外騒音は規制値より10dB近く低く，聞こえる音の大きさは半分程度に感じる．このクリーン・低騒音という特性を生かし，屋内に発着場を作り利便性を高める，ドランジットモールを作る等，新たな価値が期待されている．

なお，電動車は災害時の緊急電源としての利用も検討されているが，電池よりエネルギー密度が高い水素をより多く搭載するFCバスは，大容量の外部給電機能を有し，水素がほぼ満タンならば，体育館等の避難所に，約50 kWh/日消費するとして4.5日分の電

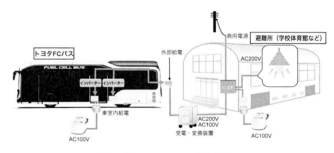

図2 トヨタFCバスの外部給電

図3 BRTのイメージ（制作：いすゞ自動車・日野自動車）
東京都は2019年度，名古屋市は2027年に向け次世代BRTとしてFCバスの導入を検討している．

力が供給できる（図2）．

③**FCバスの展望**：このように多くを期待されているFCバスだが，日本では，国土交通省は都市部での次世代環境対応者車のラインアップの一部として位置づけており，次世代自動車戦略[89)]をベースに2030年時点ではFCバスは普及台数1,227台（バス全体の2.08%），年間販売数182台（バス全体の3.00%）との試算を行っている[90)]．なお，トヨタFCバスは2016年度地域交通グリーン化事業に認定され，同省支援のもと営業用として市場導入される．

環境省は次世代自動車モデル数・販売台数，エネルギー効率推計を基に2030年までのCO_2排出削減効果を予測し，貨物車・バスにおける2030年までの次世代車種類別の保有台数・販売台数目標を検討中である．また，同省は燃料電池バス導入に向け長年に渡り実証実験を支援しており，導入目標の具現化とともに導入に向け自治体支援を準備中である[90)]．

FCバスは大気汚染に悩む欧州・中国で，積極的な導入が進められているが，その動向は8章で取り上げる．

④**将来地域モビリティとFCバス**：自動運転バスを幹線道路で運行することで，路面電車等（Light Rail Transit）と同等の輸送効率が得られる上，そのまま支線に乗り入れ乗換なしに最終目的地に行くことができる．さらに，クリーンで静かなFCバスを組合わせることにより，環境に優しく，インフラコストもLRTに比べ小さい次世代BRT（Bus Rapid Transit）の構築が可能である（図3）．

上述の通り明るい未来の実現にはFCバスは重要だが，低コスト化・耐久性向上等課題がある．もっと良いFCバスを目指し，鋭意開発が進められている．

5.5 水素の利用
e. その他の移動体
(4) 列車

米山　崇

鉄道は，自動車や航空機等の他の輸送手段に比べてCO_2排出が少なく，省エネルギーで効率の良い移動・輸送システムであるが，さらなるCO_2排出量削減，省エネルギー化，エネルギー源の多様化を目指し，燃料電池鉄道車両の開発が行われている．日本国内では，鉄道総研が2006年に試験車両を所内試験線で走行させている．海外では，アメリカの路面電車メーカのTIG/m社が小出力の燃料電池をレンジエクステンダーのシステムとして搭載した路面電車をアルバとドバイで走行させているほか，アルストムの燃料電池車両や，中国中車の路面電車が試験走行を実施し，2018年頃の営業運転を目指している．

燃料電池鉄道車両は，多くの場合，水素を燃料とする発電装置である燃料電池と，制動時の回生電力や燃料電池が発電した電力を蓄えたバッテリーとの電力によって駆動するハイブリッド車である．以下に，一例として，鉄道総研が開発した燃料電池鉄道試験車両を紹介する．

図1は燃料電池試験車両の外観であり，システム構成の概要を図2に示す．燃料電池には常温で起動可能な固体高分子形の燃料電池を使用しており(図3)，バッテリーにはリチウムイオンバッテリーを使用している．燃料電池とバッテリーにそれぞれDC/DCコンバータが接続されており，燃料電池に接続されたDC/DCコンバータは燃料電池の出力電力を制御し，バッテリーに接続されたDC/DCコンバータはバッテリーへの充放電電力の制御を行う．この他に，燃料である水素を貯蔵するために水素タンクを搭載しており，アルミのタンクをカーボンファイバーで補強した複合容器(Type3)を採用し，最高圧力35 MPaで水素ガスを貯蔵している(図4)．

なお，本車両開発の一部は国土交通省の鉄道技術開発費補助金を受けて実施した．

図1　燃料電池試験車両

図3　固体高分子形燃料電池の外観

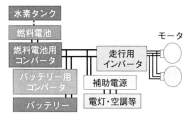

図2　燃料電池鉄道車両のシステム構成概要

図4　水素タンクの外観(Type3)

5.5 水素の利用
f. 航空・宇宙への利用

曽根理嗣

航空宇宙分野においては，水素は燃料，電力貯蔵，二酸化炭素の還元除去等，様々な用途で利用されてきた．ここでは，水素を取り巻く航空機やロケット等における利用，人工衛星や探査機の電力リソースとしての活用，さらには有人宇宙探査において果たす役割について紹介する．

1) 輸送技術への水素利用

航空分野での水素の歴史は古い．飛行船では低密度の水素の特性を生かした浮力により高度をとる手段が採られていたし，ブラジルでは高高度気球に水素を使用してきた．1937年には初期のジェットエンジンとして燃料に水素を使用していた例があり，その後も液体水素を燃料として使用する航空機の研究は行われてきた[91,92]．

近年では環境問題への配慮から，航空機においても二酸化炭素排出量に対する規制が議論されており，水素を燃料とした航空機の検討が各国で進められつつある．国際航空運送協会（International Air Transport Association：IATA）は，航空機から排出される二酸化炭素低減に向けたロードマップを策定しており[93]，2050年までに航空機から排出される二酸化炭素量を半減させることを提唱している．しかし現在，航空機は加速度的に利活用が進んでおり，今のままでは達成は不可能であり，航空機産業を抱える国々では，様々な試みが進められている．

一例として，ドイツ航空宇宙センター（DLR）では炭酸ガス由来の炭化水素化合物から合成燃料を作り，航空機燃料として使用することが検討されている．IATAの策定したロードマップの中では，炭酸ガス由来の合成燃料を使用して航空機を飛ばす場合には，原料として使用された炭酸ガス相当の排出量を削減したと見なされることから，このような試みにつながっていると思われる．また，日本では，ガスタービンと燃料電池を併用してハイブリッド発電を行いつつ，航空機を電力飛行させる検討も進められている[94]．

宇宙へ探査機や人工衛星等を移送する手段としてロケットが用いられる．ロケットにはアルミニウムの粉末を過塩素酸系の酸化剤で燃焼させる固体ロケットと，液体推進薬を使用する液体ロケットがある．液体水素と液体酸素を推進薬として使用する例として米国スペース・シャトルや日本のH-IIAロケット，H-IIBロケット等が挙げられる[95,96]．**表1**に宇宙航空研究開発機構（JAXA）のH-IIAロケットとH-IIBロケットの概要を，**図1**に打ち上げの様子を示した．

固体燃料を使用したロケットでは，いったん着火した後に，燃焼の停止／再起動を繰り返すことは困難である．一方，液体推進剤を使用したロケットでは，燃料と酸化剤の供給をコントロールすることにより，燃焼の停止や再始動ができる．また，固体ロケットに比べて，液体推進剤を使用した場合には打ち上げ時の衝撃や振動が小さく抑えられる．その一方で，液体水素を燃料とする場合には，ロ

表1 H-IIAロケットとH-IIBロケットの比較

型式		H-IIAロケット 標準型	H-IIBロケット
外観 （カットアウトモデル）		©JAXA	©JAXA
全長		53 m	57 m
質量 （ペイロード質量を含まず）		289トン	531トン
SRB-A 取り付け数		2	4
打ち上げ能力	GTO軌道	3.7トン	約8トン
	HTV軌道	—	16.5トン

表2 宇宙用燃料電池システムの基本仕様

搭載宇宙機	ジェミニ宇宙船	アポロ宇宙船	スペース・シャトル
形式	固体高分子形	アルカリ形	アルカリ形
搭載台数	2台	3台	3台
出力(1台あたり)	1 kW級, 23.3 − 26.5 V ~ 37 mA/cm² @ 1 kW	0.6 − 1.4 kW, 27 − 31 V ~ 97 mA cm² @ 0.9 kW	2 − 12 kW, 27.5 − 32.5 V ~ 162 mA cm² @ 7 kW
構成(1台あたり)	32セル直列, 3並列 (分離可能)	31セル直列	32セル直列, 3並列
質量(1台あたり)	約31 kg	約110 kg	約127 kg
概略の寸法	長66 cm, 直径33 cm	高112 cm, 直径57 cm	長114 cm, 幅38 cm, 高36 cm
作動温度・圧力	24 ~ 50℃, 1 ~ 2 atm	250℃, 3 ~ 4 atm	80 ~ 100℃, ~ 4 atm
(燃料・酸化剤) 貯蔵系の構成 水素・酸素1セット	超臨界圧・極低温 (1セット構成) 200 kWh相当 水素タンク:23 kg・74 cm径 充填:10 kg 計:33 kg 酸素タンク:27 kg・58 cm径 充填:82 kg 計:109 kg 総計:142 kg	同左 (初期は2セット搭載) 290 kWh相当 水素タンク:36 kg・81 cm径 充填:14 kg 計:50 kg 酸素タンク:41 kg・67 cm径 充填:153 kg(環境用込み) 計:194 kg 総計:244 kg	同左 (2 ~ 5セット搭載可能) 840 kWh相当 水素タンク:102 kg・130 cm径 充填:42 kg 計:144 kg 酸素タンク:98 kg・100 cm径 充填:354 kg(環境用込み) 計:452 kg 総計:596 kg(765 kg) ( )内は配管・取付部材込み

図1 H-IIAロケット打ち上げの様子(JAXAホームページより)

ケットの打ち上げが延期された場合に,燃料をいったん排出して,打ち上げ日に合わせて再度の注入を行う必要があることは,運用上の特徴となる.

2) 電力技術としての水素の利用

宇宙開発が活発になりはじめた1960年代において,宇宙開発の主たる目的は人類の宇宙進出であった.米国では特に,月に人類を送るための技術習得を目指して,ジェミニ宇宙船による有人宇宙飛行が試みられた.その中で開発された技術が燃料電池であった.表2には宇宙での使用実績のある燃料電池の基本仕様を示した[97-103].その後,ジェミニ宇宙船では固体高分子形燃料電池が,アポロ宇宙船においては溶融塩を電解質に用いたアルカリ形燃料電池(AFC)が[102],さらにその後のスペース・シャトルでは比較的低温域で使用可能なAFCが開発され,運用に供された[103].図2には,ジェミニおよびアポロ宇宙船用に開発された燃料電池を示した.

今日,航空宇宙ミッションが多様化する中,民生用に開発が進むPEFCを適用する試みが進んでおり,さらにはPEFCを水電解セルと組合わせた再生型燃料電池(RFC)の研究が進められている.日本の宇宙航空研究開発機構(JAXA)においても,高高度での飛行船フライトを模擬した環境試験等に使用された1 kW級再生型燃料電池(RFC)の試作や,PEFCの高高度気球による成層圏フラ

図2　JEMINI（左）およびAPOLLO（右）宇宙船に搭載されたものと同型の燃料電池
US Space & Rocket Center (Huntsville, Alabama) にて筆者撮影.

イト試験も実施され，高高度環境下での実証データが取得されている．今後，月探査が本格化した場合には，PEFCやRFCを使用した電源設計が必要になると考えられる[100]．

燃料電池は，水電解技術と組合わせた蓄電技術としての応用も研究されているが，多くの場合には発電装置としての用途が多い．実際に宇宙機に適用された例としては，ジェミニ宇宙船，アポロ宇宙船およびスペースシャトルは，数日から2週間程度のミッションであった．一方で，多くの人工衛星は，さらに長期の宇宙滞在を実現するために二次電池を必要とする．

宇宙開発の黎明期には，蓄電池としては酸化銀−亜鉛電池[97]が使用されていた．今日のリチウムイオン二次電池と同程度まで軽くできるメリットがあったが，充放電可能な回数が10回程度であり，長期間宇宙に滞在するミッションには不向きであった．その後，充放電可能な回数が酸化銀−亜鉛電池に比べると格段に多い密閉式ニッケルカドミウム（Ni-Cd）電池が普及した（図3）．このNi-Cd電池より軽量化を図るため，高圧の水素ガスを負極活物質に使用する高圧ガス型ニッケル水素（Ni-H$_2$）電池が開発された[104]．

図4にNi-H$_2$電池の例を示した．正極にはニッケルメッシュに水酸化ニッケルを電気化学的に含浸させたものが使用された．負極にはフッ素系樹脂により結着された白金系触媒が配された．日本では技術試験衛星「きく6号（ETS-VI）」に実験用に搭載された後に，通信技術試験衛星に代表される静止衛星を中心に使われ，米国ではハッブル宇宙望遠鏡や国際宇宙ステーション等でも使用された．

また，よりコンパクトなバッテリー構築のために，水素吸蔵合金を使用した宇宙用のニッケル水素（Ni-MH）電池も開発された[105]．Ni-H$_2$電池は電池容器が圧力容器を兼ねるため比較的大きな体積を占める．一方，水素吸蔵合金を使用した電池では体積が小さくなり搭載性が向上する．特に日本のミッションを中心として適用が進み，日本初の火星探査ミッションであったのぞみ（PLANET-B）や，赤外天文衛星あかり（ASTRO-F），光衛星間通信試験衛星きらり（OICETS）等に使用された．今日の宇宙開発や宇宙探査ではリチウムイオン二次電池が主流となっているが，これらの蓄電池が支えた宇宙ミッション

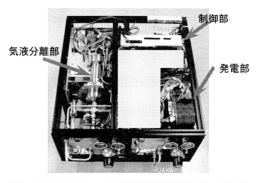

図3 JAXAによる100 W級閉鎖環境用燃料電池の試作機

図4 人工衛星用35Ah高圧ガス型ニッケル水素電池

は，枚挙に暇がない．

3) 宇宙探査への水素利用の広がり

宇宙開発や探査の中で，水素は輸送手段から電力貯蔵まで，多様な用途で活用されてきた．さらなる人類の宇宙進出が進む今日，生命維持や宇宙船内での環境維持のために水素が果たす役割が広がりを見せている[106]．有人宇宙活動において，酸素と水の確保は必須である．過去には酸素をタンクに詰めて地球から運んでいたが，今日では水の電気分解により宇宙での酸素製造が行われている．

水を電気分解すると，酸素と水素が生成される．また，人は酸素を吸って二酸化炭素を排出する．生命維持のためには二酸化炭素を適切に除去することが必要であり，今日ではゼオライトに吸着させ，適宜廃棄する手法が採られるようになっている．

この生命活動上の廃棄物である二酸化炭素と，酸素生成時の副生成物である水素を原料にしてルテニウム等の触媒存在下で発熱反応を起こすと，水とメタンを生成することができる．これはサバチエ反応（式(1)）と呼ばれ，一般には300℃以上の温度環境のもとで進む．

$$CO_2 + 4H_2 \rightarrow CH_4 + 2H_2O$$
$$\Delta H = 253 \text{ kJ/mol} \qquad (1)$$

NASAでは，国際宇宙ステーション（ISS）を用いた酸素製造，炭酸ガス除去と，サバチエ反応を組合わせた技術実証が進んでいるが，課題は高温環境を必要とすることである．NASAの実証試験ではサバチエ反応槽は600℃近い温度を維持する設計となっている

が，副反応である炭素の生成を抑止するためであろう[106]．

　このサバチエ反応は発熱反応であるため，高温に曝されると炭酸ガスの転化率が低下する．熱力学的には低温でサバチエ反応を行う方が効率的であるが，低温で活性を有する触媒が存在せず，実現が困難であった．そこでJAXA では，富山大学と共同しこのサバチエ反応を低温環境で実現する触媒の研究開発を進めている．サバチエ反応では常に水素を必要とする．水素製造から炭酸ガスの還元までを一貫して行うことは熱力学的に有利な点が多く，水電解とサバチエ反応を融合させた一体化モデルの試作試験が進められている．

　太陽系への人類進出を考えた場合に，有人探査が行われる可能性が高い星として火星が挙げられる．火星は誕生して10億年以内に現在のような赤い星になったと考えられている．その経緯としては，磁場を失った火星表面に対して紫外線や放射線が注がれ，水が分解され，水素は宇宙に散逸し，残った酸素が鉄とアルミニウムを酸化した結果であると考えられているようである．火星は，大気圧が地球の1/10程度であるが，大気の主成分として二酸化炭素を有する星として知られている．特に極域にはドライアイスを主成分とする氷がある．我々が今日進めている炭酸ガスの水素還元技術は，この二酸化炭素を資源として活用する将来の火星開発の布石であると考えている[107]．

　翻って，今日の地球環境問題に対して水素利用社会の構築が期待されている．火星が水素を散逸させることで今日の姿に変貌した経緯を考えるに，水素の散逸防止は惑星規模での資源の枯渇を考えた場合には大きな課題となる．有人探査のために必要となり開発が進められてきたサバチエ反応技術ではあったが，水素社会構築という地球環境における命題と関連して，より高度かつ確実性の高い実利用を目指した技術として，早期の技術習熟が必要となってきている．

　地球環境保全と惑星有人探査の相関の中で，人類社会に貢献する技術として，水素利用の果たす役割は多様であり，きわめて重いと考える．

第6章

水素と安全・社会受容性

欧州プロジェクト「HyRESPONSE」における消防トレーニングの様子

6.1

水素と安全
a. 基本的な考え方

高木英行

　水素は，身近な燃料であるガソリン，メタン（都市ガスの主成分）およびプロパンと同様に可燃性のガスである．これらのガスの特性を表1に示す．水素には，安全性の観点からは，主に次の三つの特性がある．

　①燃焼範囲が広く燃えやすい（4～75 vol%）．
　②非常に軽く，拡散も早いため（拡散係数），その場にとどまりにくく，外部に漏れた場合はすぐに燃焼範囲以下になりやすい．
　③高圧下においては，金属材料の脆化現象を引き起こす．

　水素も，他の燃料と同様に，特性を理解したうえで正しい使い方をすれば，安全に使うことができる．水素は，非常に軽いため，万が一漏れた場合でも，燃焼下限以下になるのが早く，引火の危険性は低い．また，周囲や地面付近に溜まりにくいため，仮に着火しても燃え広がらずに燃え尽きる．一般的に，燃料・空気・火種の三つが揃うと燃焼・爆発の危険性があるといわれているが，水素が燃焼・爆発するのは，密閉された空間で大量に漏れ，そこに火種があった場合となる．

　以上のようなことから，水素を使用するうえでの安全対策の基本的な考え方としては，次の4点となる．

　①水素を漏らさない．
　②漏れたら早期に検知し，拡大を防ぐ．
　③水素が漏れても溜めない．
　④漏れた水素に着火させない．

これらの点を踏まえて，安全対策や関連する技術開発が進められている．

表1　ガスの特性[1]

	水素	メタン	プロパン	ガソリン
拡散係数（空気中） [cm²/s]（1 atm, 20℃）	0.61	0.16	0.12	0.05 （ガス状）
最小着火 エネルギー（mJ）	0.02	0.29	0.26	0.24
燃焼範囲 （下限～上限）[vol%]	4～75	5～15	2～10	1～8
最大燃焼速度 [cm/s]	346	43	47	42
金属材料を脆化	あり	なし	なし	なし

コラム
水素による事故例

天尾　豊

【ヒンデンブルク号事故】

1937年5月6日にアメリカ合衆国ニュージャージー州レイクハースト海軍飛行場でヒンデンブルク号は爆発・炎上事故を起こし，乗員・乗客35人と地上の作業員1名が死亡した．着陸寸前で爆発し僅か40秒で全焼したとされている．事故発生当時は水素ガス引火による爆発事故であったことから，浮揚ガスに水素ガスを用いるのは危険であるとされていた．しかしながら水素物性から考えると，水素ガスが酸素ガスと急速に混合されない限りあるいは急激な加熱や静電気等の火災の原因となるものがない限りは水素爆発は起こらないはずである．ここで問題となるのがヒンデンブルク号を構成している構造材であり，船体外皮にドープを塗った木綿ではなく酸化鉄とアルミニウムを混合したテルミット塗料と呼ばれるものである．テルミット反応が起これば急激な温度上昇が起こることはいうまでもない．この外皮の摩擦により火花が生じ，水素に引火したと判明した．

【福島第一原子力発電所内での水素爆発】

2011年3月11日に三陸沖の海底を中心にマグニチュード9.0の東日本大震災が発生し，それに伴う大津波の影響で福島第一原子力発電所に大きな被害が出た．福島第一原子力発電所の事故では，放射性物質の漏洩等大きな事故につながった．放射性物質の漏洩と並んで，原子力発電所において水素爆発が起こったことも大きな事故につながった．原子炉内での水素発生に至った原因は，核燃料棒とそれを構成する成分，高温状態，および水蒸気が挙げられる．まず，冷却水が原子炉に送り込めず原子炉格納容器内の温度が上昇し，水位が低下することによって燃料が露出し，次に融解した核燃料は，それ自身が発する熱によって金属の融点よりも高温となった．燃料を保護している被覆管の材料はジルコニウムの合金ジルカロイ（数％のスズ等が含まれている）である．高温状態でジルコニウムが高い還元性を示すことはよく知られている．冷却水や水蒸気が高温（700℃以上）のジルカロイに接触すると，水とジルコニウムとが反応し水素が発生する．当然のことながら高温になるほど水素発生速度は加速される．

$$Zr + 2H_2O \rightarrow ZrO_2 + 2H_2$$

発生した水素は，外部から冷却のために注入された水から発生した酸素，あるいは，原子炉内の圧力低下に伴うき裂等から流入した酸素等と混合，さらには原子炉格納容器内の蒸気圧が高くなり，密閉材の耐圧限界を超えて格納容器から水蒸気等とともに建屋に漏れ出ることにより，空気と混合されることで爆発を起こす．今回の福島原子力発電所での一連の水素による爆発事故は，冷却できなくなった原子炉内での温度上昇，高温の水蒸気発生，燃料被覆管を構成するジルコニウムという水素が発生する条件が揃ってしまったことである．さらには，容器内全体の温度上昇により，容易に酸素混合して曝気ガスになり得る条件になったことが大きな要因である．

6.1 水素と安全
b. 法規制等

高木英行

　水素に適用される法律等の規制の中では，「高圧ガス保安法」が中心的な役割を果たす．高圧ガス保安法は，高圧ガスによる災害を防止するため，高圧ガスの製造，貯蔵，販売，移動その他の取扱および消費並びに容器の製造および取扱を規制するとともに，民間事業者および高圧ガス保安協会による高圧ガスの保安に関する自主的な活動を促進することを通じて，公共の安全を確保することを目的としている．

　この法律において，高圧ガスの定義は表1のようになっており，現在の水素の利用においては，高圧水素は圧縮ガスとして，また液体水素は液化ガスとして取り扱われることから，適用を受ける場合が多くなっている．高圧ガス保安法では，高圧ガスを製造，貯蔵，消費，移動する者が，取り扱う高圧ガスの種類，供給する設備の製造能力，高圧ガスの貯蔵量等に応じて安全上講じるべき措置が定められている．また，業務の実施にあたっては，その内容によって事業所ごとに都道府県知事からの許可が必要となっている．表2に，高圧ガスを取り扱う事業者の種類と許可・届出の要否について示す．水素は，第一種ガスには該当しないため，製造者においては，100 m^3/日以上の場合は許可が，100 m^3/日未満の場合は届出が必要となる．貯蔵所においては，1,000 m^{3}以上の場合は許可，300 m^{3}以上1,000 m^{3}未満の場合は届出が必要となる．また，圧縮水素を，300 m^{3}以上の貯蔵能力で消費する者は届出が必要となる．

　高圧ガス保安法では，製造，貯蔵，販売，消費，廃棄それぞれにおいて，安全上の規制として，省令等によって定められた技術上の基準への適合，災害発生防止や保安活動に係る規定の整備，従業者への保安教育，保安検査の実施，保安に関わる責任者統括者等の選任等が定められている．

　水素の安全に関しては，高圧ガス保安法以外にも，表3の通り，消防法，建築基準法，都市計画法，石油コンビナート等災害防止法，道路法および労働安全衛生法等の関連する法律がある．

表1　高圧ガスの定義[2, 3]

ガスの状態	圧　　　力
圧縮ガス	常用の温度において1MPa以上となるガスであって現に1MPa以上であるもの 35℃において圧力1MPa以上となるもの
圧縮アセチレンガス	常用の温度において0.2MPa以上となるガスであって現に0.2MPa以上であるもの 15℃において圧力0.2MPa以上となるもの
液化ガス	常用の温度で0.2MPa以上となるガスであって現に0.2MPa以上であるもの 圧力0.2MPaとなる場合の温度が35℃以下となるもの
その他	35℃において圧力0Paを超える液化ガスで次のもの 液化シアン化水素，液化ブロムメチル，液化酸化エチレン

表2　高圧ガスを取扱う事業者の種類と許可・届出の要否[1]

事業者の種類	条　件	許可/届出
第一種製造者	以下の高圧ガス製造者 第一種ガスの製造 $\geq 300\ m^3/$日 第一種ガス以外の製造 $\geq 100\ m^3/$日 第一種ガスおよびそれ以外のガスの製造（略）	許可
第二種製造者	高圧ガスの製造の事業を行う者 （第一種製造者以外）	届出
第一種貯蔵所	以下の量の高圧ガスを貯蔵する事業所 第一種ガスの貯蔵量 $\geq 3{,}000\ m^3$ 第一種ガス以外の貯蔵量 $\geq 1{,}000\ m^3$ 第一種ガスおよびそれ以外のガスの合計（略）	許可
第二種貯蔵所	合計貯蔵量 $\geq 300\ m^3$	届出
その他貯蔵所	$0.15\ m^3 \leq$ 合計貯蔵量 $< 300\ m^3$	不要
特定高圧ガス消費者	次の高圧ガスを下記の貯蔵能力で消費する者 圧縮水素 $\geq 300\ m^3$ 圧縮天然ガス $\geq 300\ m^3$ 液化酸素 $\geq 3{,}000\ kg$ 液化石油ガス $\geq 3{,}000\ kg$ その他（略）	届出
その他消費者	可燃性・毒性ガスおよび酸素の高圧ガスの消費者	不要

表3　高圧ガス保安法以外の水素の安全に関係する主な法律

法律	内容
消防法	・水素製造施設（$30\ Nm^3/$日 $\leq$），水素貯蔵所（$300\ m^3 \leq$）と危険物施設との保安距離の設定
建築基準法	・用途地域による建築物の規制 ・用途地域毎の最大貯蔵量の制限
都市計画法	・市街化調整区域への設置基準
石油コンビナート等災害防止法	・水素の大量消費の場合，処理量により第1種・第2種に区分 ・災害防止基準の規定
道路法 道路運送車両法 道路交通法	・車両の通行制限 ・車両の総重量等の規制 ・可燃性ガス輸送に関する保安基準
船舶安全法 港則法	・船舶による海上輸送に関する規制（高圧ガスに指定） ・港での荷役作業等に関する規制（その他危険物・高圧ガスに指定）
労働安全衛生法	・作業主任者の選定 ・第1種圧力容器，第2種圧力容器としての規制

6.2 基盤技術・安全技術
a. 材料と水素脆性

高木英行

水素に関連する設備等を構築する際には，様々な技術や材料が必要となる．ここではこのうち，材料，水素検出技術および計量技術について示す．

水素に関連する設備等に用いる材料については，水素が，分子量が小さく，拡散速度も速いことを考慮しながら，漏洩しないような設備を構築する必要がある．この中で，多く使われることとなる金属材料について，水素脆性（水素脆化）は重要となってくる．水素脆性とは，水素ガス環境下の金属材料が，降伏応力や引張強さなどの強度特性，または破断伸びや絞りなどの延性が低下する現象である．現在までのところ，水素脆性の発現のメカニズムは完全には解明されていないが，様々な金属材料の水素適合性は，以下の三つに大きく分類できることが明らかになっている[3]．

①弾性域で破断するなど，水素脆化が大きな材料

②水素脆化の影響により伸び，絞りなどの延性が低下するものの，ある一定条件の下では使用の可能性を有する材料

③限定された使用条件範囲では水素脆化の影響が少ない材料

燃料電池自動車や水素ステーションなどに使用される材料の選択肢を増やし，低コスト化を進めるためには，水素脆化の影響を正確に評価可能な高圧水素ガス中での材料試験方法の確立と，それを用いた材料試験データの蓄積，および材料試験データを基にした基準・規格の国際的な調和が求められている．

材料試験について，例えば図1のような装置では，水素高圧下（140MPaまで），広い温度範囲（−80〜90℃）の条件で，低歪み速度引張試験，疲労寿命試験，疲労き裂進展試験，破壊靭性試験などを行うことが可能である．日本が基準・規格の国際調和に積極的に関わることは，燃料電池自動車や水素ステーションの普及を促進し，自動車関連産業やインフラ関連産業の国際競争力強化に繋がると期待されている．

図1　水素適合性試験法作成用材料試験装置の例

6.2 基盤技術・安全技術
b. 水素検出技術

高木英行

1) センサー

水素を扱う様々な設置機器に対する漏洩水素の検知技術として、空気中の水素ガスを精度良く計測できる水素センサーは重要な役割を担う．市販されている水素ガスセンサーには、動作原理から、半導体式、接触燃焼式、気体熱伝導式の3種がある(**表1**)．

半導体式は、金属酸化物半導体表面での可燃性ガスの吸着による電気伝導度の変化を信号とするものである．接触燃焼式は、可燃性ガス検知に最も用いられているガスセンサーである．触媒燃焼の原理から、ガス濃度と出力信号が線形的であり、寿命および安定性に優れていることから、広く利用されている．しかしながら、検知素子の温度変化を用いることから、低濃度での感度は高くなく、主に1,000 ppm から数％の検知濃度範囲で利用される．気体熱伝導式は、対象とするガスと標準ガスとの熱伝導度の差を利用するセンサーであり、1％程度から、100％の高濃度の水素を検知することができる．その他には、固体電解質を用いる電気化学式のセンサーや Pd を用いるセンサー、熱電式のセンサー等の開発、利用も進んでいる．

2) 可視化

都市ガス等の炭化水素ガスの燃焼では、成分中の炭素が燃えて可視光線を発するため、その火炎を肉眼で見ることができる．一方、水素火炎はほとんど可視光線を発しないことから、太陽光線下では、肉眼にはほぼ透明にしか見えない．このため、安全装置としては、水素火炎が発する紫外線や赤外線を検知して警報を発報させる炎検知器が設置され、警報発報時には、現地パトロールによる作業、すなわち、箒等の可燃物をかざして火炎を確認する方法や、塩水を噴霧して炎色反応によるナトリウムの発光を観測する方法が採られている．しかしながら、これらの方法は、火炎に近づいて作業を行う必要があることから、遠隔からの火炎可視化が求められている．

水素火炎の発光スペクトルに見られる 305～320 nm の紫外線によるピークは、水素が燃焼することによる OH 基からの発光であり、火炎の中心部から強く放射されることから、この紫外線を映像で捉えることで可視化が可能である．また、水素ガスの燃焼によって生じる高温の水蒸気は、火炎周辺の空気に触れて結露して、その温度に応じた輻射熱を発することから、紫外線と、この熱線とを検知することで可視化する装置が開発されている．

また、ラマン散乱光による水素ガス可視化装置も開発されている．

表1 水素センサーの種類[4]

タイプ	作動原理	検出濃度(誤差)	特徴	問題点
半導体式	金属酸化物半導体の抵抗変化	1～5,000 ppm (100 ppm)	表面処理でガス選択性を付与可能	ガス選択性が低い．高濃度で飽和し出力の直線性が悪い．回復が遅い
接触燃焼式	触媒発熱からの発熱体の抵抗変化	0.1～4% (0.2%)	周囲の温度や湿度の影響をほとんど受けず、警報精度が高い	低濃度検知に不向き
気体熱伝導式	気体種による熱伝導率の違い	1～100% (1%)	基本的にすべてのガスに対して検知可能	誤差が大きく、零点調整等に注意が必要

6.2

基盤技術・安全技術
c. 計量技術

森岡敏博

　水素の計量技術は，水素ステーションや水素導管等のインフラやシステムの社会導入においては，不可欠となる技術である．水素ステーションにおいてはすでに商取引が行われ，将来的な水素タウン構想等の実現に伴う水素の利活用の拡大により，適正な水素計量が重要となってくる．

　有効な水素の計量技術の一つとして，流量計を用いた方法がある．測定方式や測定原理に基づいて，多種多様な流量計が開発・実用化されている中で，代表的な水素用流量計の測定原理と特徴を表1に示す．

　渦式流量計は，流れの中に物体が置かれた時，物体の後方には渦（カルマン渦）が生じ，この渦の発生周波数が流速に比例することを利用した流量計である（カルマン渦式）．長所は，渦放出の規則性・再現性が保たれる流量範囲においては流体の種類に依存せず，低温状態，蒸気，液体等にも利用することができる．短所は，安定的な渦を発生させるために整流部が必要である．低流速では渦発生が不安定になる，機械的振動や流れに脈動がある場合，混相流体には適さない等の制約がある．

　超音波式流量計は，流れの上流側と下流側に取り付けられた超音波センサから超音波を交互に送受信し，流れ方向と流れに逆らう方向の超音波の伝搬時間差が超音波経路上の平均流速に比例することを利用した流量計である（伝搬時間差法）．長所は，機械的な可動部がない，応答性が良い，圧力損失が小さい，レンジアビリティが広い等である．短所は，極低温流体や流れに脈動がある場合，水素のような低密度流体の場合に感度が悪いことである．

　コリオリ式流量計は，配管を軸に直交する方向に振動させ，流体が配管内部を流れるとその質量流量に応じたコリオリ力が作用することにより，配管の上流側と下流側で振動の位相差が生じる．この位相差を検出することによって質量流量を測定する流量計である．

表1　代表的な水素用流量計の測定原理と特徴

測定方式	測定原理	長所	短所
渦式	渦発生周波数が流速に比例	様々な流体に利用できる	流れ場の影響を受けやすい 混相流体には適さない
超音波式	超音波伝搬時間差が流速に比例	応答性が良い レンジアビリティが広い	極低温流体や脈動流に適さない 低密度流体で感度が悪い
コリオリ式	コリオリ力による位相差から質量流量を測定	質量流量を直接測定できる	振動の影響を受け易い 慣性力が小さく感度が悪い ゼロ点ドリフト
熱式	加熱配管の温度分布から質量流量を測定	圧力変化の影響を受けない レンジアビリティが広い 低コスト	脈動流に適さない 流体の熱物性に依存する
容積式	回転子の回転数に比例	上流の影響を受けにくい 再現性が良い	非定常流れの測定が難しい 圧力損失が大きい 可動部漏洩の恐れ
臨界ノズル式	スロート部の臨界状態を利用	臨界状態であれば上流の流れ条件のみで質量流量が決定できる 高精度である	圧力損失が大きい レンジアビリティが狭い

長所は，質量流量を直接測定することができるため流体の種類を選ばないということである．短所は，外部からの振動の影響を受けやすい，小さい質量流量や低密度流体の場合に慣性力が小さいために不向きである，ゼロ点ドリフト等である．

熱式流量計は，加熱された配管の温度分布を温度センサで検出し，その温度差から管内を流れる質量流量を測定するものである．長所は，圧力変化の影響を受けない，小さい流量の測定に向いている，レンジアビリティが広い，低コスト等である．短所は，流れに脈動がある場合に制限がある，流量特性が流体の定圧比熱と熱伝導率に依存するため流体の種類に依存する等である．

容積式流量計は，一定容積を有する回転子の単位時間あたりの回転数を測定することにより体積流量を求めるものである．長所は，流量計の上流側流れ場の影響を受けにくい，再現性が良い等である．短所は，非定常流れの測定が難しい，圧力損失が大きい，機械的な可動部（回転子）があり漏洩の恐れがあること等である．

臨界ノズル式流量計は，差圧式流量計の一種で，スロート部の流速が音速になる状態，すなわち，臨界状態で利用することによって高精度の流量計測が可能である．長所は，臨界状態であればスロート部下流の流れ条件にかかわらず，上流側の流れ条件だけで質量流量が決定されることである．短所は，臨界状態を確保するため圧力損失が大きくなる，レンジアビリティが狭い等である．

上述したように，それぞれの流量計で一長一短はあるものの，計量する水素の状態，流量範囲，圧力，温度等，状況に応じた水素用流量計が使用されている．

水素ステーションでは，水素ディスペンサにより，燃料電池自動車に高圧水素を充填する．水素ディスペンサは，燃料タンク内の温度上昇を防ぐためにプレクールにより－40℃まで冷却された高圧水素を，約3分で充填できる性能となっており，計量器は高圧水素対応のコリオリ式流量計が組み込まれている．水素ステーションにおいて，82 MPaまでの水素充填が可能となるなか，水素ディスペンサには，充填機としての性能だけではなく，取引計量器としての計量精度や信頼性も強く求められるようになっている．

このような背景から，水素ディスペンサの計量性能評価技術に関する研究が行われてきており，これまでに重量法計量精度検査装置（図1）およびマスターメータ法計量精度検査装置（図2）が開発されてきた．これらの検査装置を用いた水素ディスペンサの計量性能評

図1　重量法計量精度検査装置（タツノ開発）

6.2　基盤技術・安全技術

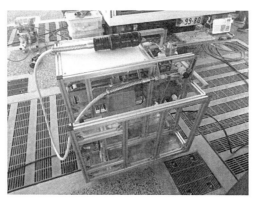

図2 マスターメータ法計量精度検査装置(岩谷産業・産業技術総合研究所共同開発)

価精度は，現時点において，世界でもトップクラスの高い精度であり，評価実績も群を抜いている．

水素ディスペンサの計量性能評価技術については，規格化・標準化も重要である．上述の重量法計量精度検査装置による水素ディスペンサの計量性能試験は，商用水素ステーションの開所および燃料電池自動車の一般販売に先立って，2014年12月に燃料電池実用化推進協議会により，業界ガイドライン「燃料電池自動車用水素の計量管理ガイドライン」として発行され，最新動向を踏まえて改正されてきている．また，2016年5月には，水素ステーションの技術・研究開発のさらなる加速と，水素燃料取引における適正計量の確保との両立を目的として，上記ガイドラインや類似国内外の規格を参考に，日本工業規格「JIS B8576：水素燃料計量システム－自動車充塡用」が制定された．この規格に基づき，わが国提案により国際法定計量機関の国際勧告文書「OIML R139：Compressed gaseous fuel measuring systems for vehicles」が2018年10月に改正された．

液化水素の計量技術については，現在，トラックスケール(台貫計量)，すなわち，液化水素を運搬するローリーの重量を直接測定する以外の方法がない．大量の水素を輸送するためのサプライチェーンの構築を目的とした液化水素の供給および利用拡大に向けては，将来的な商取引の観点からも，液化水素の計量技術の早急な確立は必須となる．最も大きな課題としては，実績のある流量計がないことである．液化天然ガスの計量では，コリオリ式流量計が使用されているが，液化天然ガスの温度が－162℃に対して，液化水素はさらに約90℃低い－253℃の極低温状態で計量をしなければならない．密度も液化天然ガスに比べると約1/6と低い．すでに液化水素用コリオリ流量計の開発も行われているが，その性能評価や精度検証を行うための技術開発や試験設備が整っていないのが現状である．

また，液化水素の計量技術の開発とともに国際規格として制定していくことが求められるが，現在，水素関連の規格開発を担当しているISO/TC197においても，作業部会を有していない．液化水素利用について，世界を先導する立場にある日本において，制定に向けた活動が求められている．

6.3 安全利用

a. 水素ステーション

高木英行

水素ステーションを設置する場合には，関連法規である高圧ガス保安法，消防法および建築基準法の遵守が不可欠であり，この法令において設置・運用に関する安全性が担保されている．図1に，水素ステーションにおける安全対策を示す．安全に対する基本方針としては，以下の四つが挙げられる[5]．

①漏洩防止．ガス漏洩検知器により，水素漏れを検知するとともに検知した場合には設備を自動停止

②滞留防止．建物の換気やキャノピーに傾斜をつけるなど，水素が拡散しやすい構造

③着火防止．静電防止，危険物との法定離隔距離の確保による着火の防止

④周囲への影響防止．高圧ガス設備から敷地境界までの法定離隔距離の確保や障壁の設置による周囲への影響防止

一方で，水素ステーションの自立的な普及に向けては，整備コストを低減することが求められており，安全の確保を前提に，規制の見直しも進められている．

あわせて，水素ステーションの柔軟な整備・運用に関する開発として，例えば，耐久性の高いホースの開発(従来の100回で交換から，650回まで使用可能に)や水素充填用のノズルの軽量化(ノズルの安全係数を緩和することにより重量が約半減)，水素脆化のメカニズム解明および事故・トラブル事例データベースの構築等が進められている[6]．

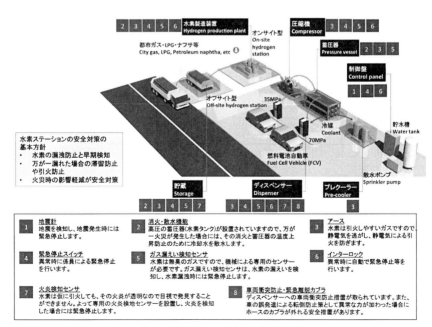

図1 水素ステーションにおける安全対策

6.3 安全利用
b. 燃料電池自動車

高木英行

燃料電池自動車では,以下の項目を,水素安全の基本的な考え方としている[4].

①水素ガスを漏らさない.水素透過および漏れに対し十分信頼性のある容器・配管を使用する.衝突時の漏れ対策として,ガス容器の配置・ガス配管の配置・強度・耐変形設計をする.さらに,高圧ガス容器は十分な信頼性を確保し,かつ主止弁・充填逆止弁を装備し,万一の漏れ発生時に水素放出を防止できる構造にする.

②検知して止める.水素漏れが発生した場合,センサーにより検知し,主止弁を閉じて水素漏れを防ぐ.

③漏れた水素を溜めない.水素系はすべて車室外に配置し,万一水素漏れが発生しても車両外部に拡散するようにする.

④火種を置かない.水素配管などから200nm 以内に着火源を設置しない.

⑤水素を希釈する.水素系の窒素などをパージする際,一緒に排出される水素を排気管などで希釈して外気に排気する.

燃料電池自動車の車両については道路運送車両法によって,また,水素タンクについては高圧ガス保安法によって安全に対する措置が規定されている(図1).このうち,高圧水素システムについて,2005 年には,35 MPa 圧縮水素自動車燃料装置用容器に関わる技術基準(JARI S001,JARI:日本自動車研究所)および圧縮水素自動車燃料装置用付属品の技術基準(JARI S002)が,2013 年には 70 MPa 圧縮水素自動車燃料装置用容器に関わる技術基準(KHK S0128,KHK:日本ガス保安協会)が制定されている.

燃料電池自動車についても規制の見直しが進められており,平成 29 年 5 月に規制改革推進会議から提出された答申では,燃料電池自動車用高圧水素容器に係る特別充填許可の手続きの簡素化や車載用高圧水素容器の開発時の認可の不要化等について検討を開始することが記載されている[7].また,高圧ガス容器を搭載した燃料電池自動車等の車両においては,高圧ガス容器と車両の所管が経済産業省と国土交通省に分かれていることから,事務手続きの在り方について,事業者の負担等の観点から検討を開始することとなっている.

一方,世界統一基準については,2007 年に国連欧州経済委員会自動車基準調和世界フォーラムにおいて,日本,ドイツ,米国を共同議長として「水素燃料電池自動車の安全に関する世界統一基準案(Hydrogen Fuel Cell Vehicle-Global Technical Regulations:HFCV-GRT」の議論を開始することが承認をされ,2013 年

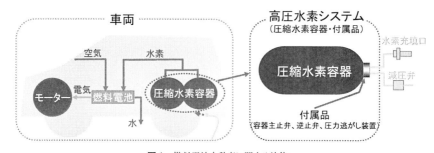

図1　燃料電池自動車に関する法律

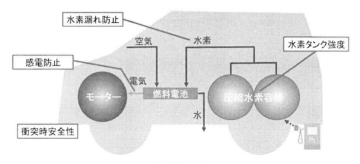

	主な基準内容
水素漏れ防止	排気される気体の水素濃度が4%を超えないこと.
感電防止	高電圧の電気装置に直接接触できないように被覆すること.
衝突時安全性	車両衝突後60分間の水素放出が, 1分当たり118NL※を超えないこと.
水素タンク強度	22,000回の圧力サイクルに耐える耐久性を備えること.

※NL:ノルマルリットル(0度1気圧時の容量)

図2 世界統一基準の概要

に採択されている. 図2に示すように, 主な基準内容としては, 水素漏れ防止, 感電防止, 衝突時安全性, 水素タンク強度等がある. また, ISO (International Organization for Standardization) においては, TC197 (Technical Committee) が,「エネルギー利用を目的とした水素の製造, 貯蔵, 輸送, 測定および利用に関するシステム・装置に関わる標準化を推進する」ことを目的として設立され, 関連する活動が行われている.

6.3 安全利用
c. 家庭用燃料電池（エネファーム）

高木英行

家庭用燃料電池については，2000年以降，技術開発と並行して，規制見直し（規制緩和），認証制度の整備，標準化を主な3本柱とした活動が推進されてきた．

1) 規制見直し

図1に規制見直し前の主な法規則と，見直し後のイメージを示す．規制見直し前には，まず従来の電気事業法では，保安規定の届け出，電気主任技術者の選任や，燃料電池内部の可燃性ガス置換（パージ）を行うための窒素ガスボンベを設置する等の必要性があった．また，消防法には燃料電池についての法規上の位置づけがなされておらず，建物からの保安距離（3m）の確保や設置の届け出等の必要性が発生していた．これに対し，NEDO「定置用固体高分子形燃料電池システム普及基盤整備事業」あるいはNEDO「水素社会構築共通基盤整備事業」等を通して見直しが進められ，その結果，家庭用燃料電池の設置や管理に関わる一般ユーザーの負担が給湯器並みに低減されることとなっている．

2) 認証制度の整備

日本電機工業会（JEMA）が，2004年に家庭用燃料電池本体の材料，構造，安全性評価等の検査基準を定めた「家庭用燃料電池の技術上の基準および検査の方法（認証基準）」を発行し，さらにSOFCの電気事業法関連の規制見直しが実現した2008年に，SOFCの基準を追加した「認証基準」が発行されている．

3) 標準化

まず業界内でPEFCに関する自主安全基準の整備後，2008年に安全要件や性能試験方法等に関する8件のJIS規格が発行されている．また，SOFCについても，2011年に，同様に安全要件や性能試験方法等に関するJIS規格が発行されている．また，製品出荷後の安全確保のため，2009年にJEMAが「小形固体高分子形燃料電池システムの設置・据付および保守・点検ガイドライン」（JEM規格）を発行したほか，2009年に日本ガス機器検査協会が小形燃料電池の設置基準を定めた「ガス機器の設置基準および実務指針」を発行する等，設置・運用面の標準化も行われている．

一方，燃料電池分野の国際標準化については，IEC（国際電気標準会議）の燃料電池技術委員会（IEC/TC105）において進められている．

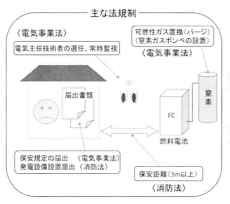

図1　規制見直し前の主な法規則と，見直し後のイメージ[4]

6.4 社会受容性

高木英行

1) 日 本

水素エネルギーを利用した技術が、社会に導入されていくためには、社会受容性（public acceptance），すなわち社会に対し、理解され、受け入れられることが必要である．

表1には，日本において，NEDO事業として，水素供給利用技術協会（HySUT）が，東京モーターショーでの展示ブースや燃料電池バスの試乗車に対して行ったアンケート調査結果を示す．水素エネルギーがクリーンで，様々な資源から作り出せること，燃料電池自動車がエンジン駆動ではないこと等が概ね認識されている．安全面では，正しく取り扱えば問題ないと思う人が70％強となっている一方で，図1に示すように水素ステーションは，ガソリンスタンドより危険であるという認識を持つ人も20％程度いる．したがって，水素の安全性について，技術面での性能向上と合わせて，成果を普及し，社会に対して理解を促していく活動も重要となる．

日本では，水素・燃料電池分野では，FCCJ（燃料電池実用化推進協議会），HySUT，HESS（水素エネルギー協会）およびFCDIC（燃料電池開発情報センター）においても，理解促進に向けて積極的な活動が行われている．また，2004年から開始され，2018年で第14回となるFC EXPO（国際水素・燃料電池展）では，海外からの展示も多く，ビジネスマッチング等において大きな役割を果たしている．

2015年から，水素エネルギーナビが開設され，一般の方の理解促進に向けて，水素エネルギー技術，水素の意義とビジョン，燃料電池自動車，水素ステーションまた自治体の取組み等について，動画も使いながら，説明，紹介を行っている．また，東京都は，水素社会の将来像を，見て触って体験しながら楽しく学べる総合的な学習施設として「東京スイ

表1 社会受容性に関するアンケート結果[1]

項 目	質 問	そう思う 知っている	そう思わない 知らない	わからない 無回答
水素 エネルギー	様々な資源から作り出せる	52.2		47.8
	クリーンなエネルギー	76.8	6.1	17.1
	ガソリンより危険	22.4	44.7	32.9
	正しく取り扱えば問題ない	73.6	4.9	21.5
燃料電池 自動車	知っている	90.7		9.3
	水素エネルギーを用いる電気自動車	69.0		31.0
	長距離の走行時に不安	41.3		58.7
	ガソリン車と同程度の所要時間で充填可（約3～5分）	20.0		80.0
水素 ステーション	知っている	70.4		29.6
	ガソリンスタンドより危険	20.0	39.0	41.0
	様々な安全対策が設けられている	53.4	6.5	40.1
	自宅や職場の近くに建設する事には反対	24.9	44.2	30.9

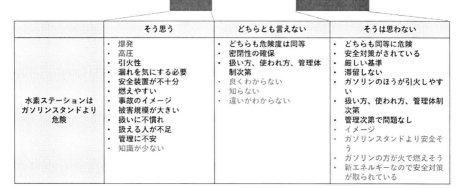

図1 社会受容性調査結果[5]

ソミル」を2016年に開設している．

2) 米国とドイツ[8]

社会受容性に関する調査について，米国のDOEは，2003～2005年に，市民・学生・地方政府職員の水素に関する認識を把握するために，水素ベースライン調査（hydrogen baseline survey）を実施した．その結果から，この時点では，一般市民や学生においては，水素および燃料電池に対する理解，また安全性に対する認識もあまり高くはないことがわかった（表2）．

また，ドイツでは，市民の水素に対する見方に関する全国的な調査「HyTrust」が実施されている．さらに，ドイツ水素燃料電池機構（NOW）は2014年9月～2016年12月に，水素モビリティと水素エネルギーに対する社会受容性向上をさらに推し進めるため，HyTrustの後継であるHyTrust Plusを実施している．

図2には，HyTrust Plusが，2013年1月に1012人規模で実施した調査の結果を示す．水素車両の導入および安全性については，かなり高い割合で賛同が得られている．一方で，今後の導入に向けては，さらなる展開が求められていることも窺うことができる．また，気候変動問題に対し高い関心があるなか，水

表2　DOEの水素ベースライン調査の結果

一般市民：回答数889

- 19％のみが，FCでの反応について正しく回答
- 37％が，水素は有毒と回答
- 41％が，水素は毎日の利用には危険だと回答
- 50％以上が，近隣のガソリンスタンドでの水素販売を不安あるいはよく分からないと回答
- 40％以上が，水素が空気より軽いことを知らない
- 燃料選択においては，安全が最も重要で，次にコストと環境であり，簡便性の重要度は低い

学生：回答数1,000

- 16％のみが，FCでの反応について正しく回答
- 40％が，水素は有毒と回答
- 45％が，水素は毎日の利用には危険だと回答
- 60％以上が，近隣のガソリンスタンドでの水素販売を不安あるいはよく分からないと回答
- 2％は水素・FCについて一定の説明を受けており，9％が燃料電池キットを使っていると回答

連邦政府・地方政府職員：回答数236

- 88％が，近隣のガソリンスタンドでの水素販売を歓迎
- 連邦政府職員の90％が，ワークショップが有益と回答

企業：回答数99

- 9％が，所属する企業で水素・燃料電池を利用中
- 8％が，将来の水素・燃料電池の利用を計画

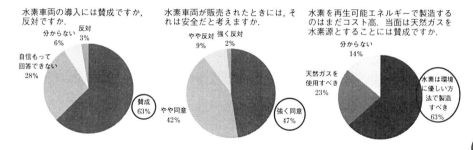
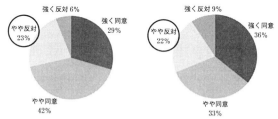

図 2 HyTrust Plus による調査結果(2013 年 1 月調査,$n=1012$)

素を再生可能エネルギーから製造するべきとの意見も多くなっている．

3) 国際的な取組み[8]

国際水素安全会議(International Conference on Hydrogen Safety：ICHS) は，2005 年以来隔年で開催されている．水素安全技術や水素の規制・基準・標準，また水素社会受容性に関する国際会議である．当初は，欧州連合第 6 次フレームワークプログラム(FP6)傘下のプロジェクト「NoE HySafe (Network of Excellence HySafe)」において実施された国際会議であったが，プロジェクト終了後も水素安全の研究交流を継続するために，国際 NPO「International Association HySafe (IA HySafe)」が設立され，隔年で ICHS が開催されている．2015 年 10 月には，初めて ICHS が日本の横浜市で開催された(主催(ホスト)：テクノバ)．会議の前には，中学生向けに水素教育デイ「話題の水素エネルギーを体験しよう！」を開催する等，社会受容性向上に向けた取り組みも実施されている．

また，IPHE (International Partnership for Hydrogen and Fuel Cells in the Economy, 国際水素燃料電池パートナーシップ) は，2003 年に設立された政策面の国際連携組織で，日本を含めた 18 か国・地域が加盟している．IPHE の運営会議は年に 2 回，加盟国の持ち回りで開催されているが，その機会に開催地の大学で教育・アウトリーチイベント「H2igher Educational Round」が実施されている．ここでは，大学生に，主要国の代表が FC・水素に関わる政策や取り組みを説明し，学生と直接交流できる機会となっている．

6.5 教育・トレーニング

高木英行

1) ヨーロッパ

2008年に設立された官民パートナーシップである燃料電池・水素共同実施機構 (Fuel Cells and Hydrogen Joint Undertaking：FCH JU) が，表1に示すようなFC/水素関連の教育，啓蒙，トレーニングプロジェクトを行っている．

このうち，HyRESPONSEは，2013年6月～2016年5月に実施された消防トレーニングプログラムである．消防トレーニング施設 (実技施設) は，フランスのエクサン・プロバンスにあるENSOSPの施設内に設置されている (図1).HyRESPONSEの特徴として，フィールド施設での実技に加え，PC上に複雑な事故状況を再現したバーチャルトレーニングも実施している．

また，KnowHyは，2014年9月から2018年2月まで実施された技術者 (学生) に対するトレーニングプログラムである．KnowHyが開発したオンライン教材 (図2) は，40時間のコアモジュール (基本) と，五つの分野 (FCV・フォークリフト，水素製造，マイクロFC，コージェネ用FC，発電用小型FC) の教材からなっており，7言語 (英語，独語，仏語，

表1　FCH JUによるFC/水素関連の教育，啓蒙，トレーニングプロジェクト

プロジェクト	内容
HyRESPONSE	FCVや水素ステーションシステムに関する消防団員向けトレーニングプログラムの開発
KnowHy	Fc・水素技術の学習プログラムの開発と実施
Hyacinth	デモから市場化に移行する段階での水素に対する社会受容性の分析と向上ツールの開発 (7か国をケーススタディ)
HY4ALL	水素情報の展開戦略の検討と実施，WEB構築

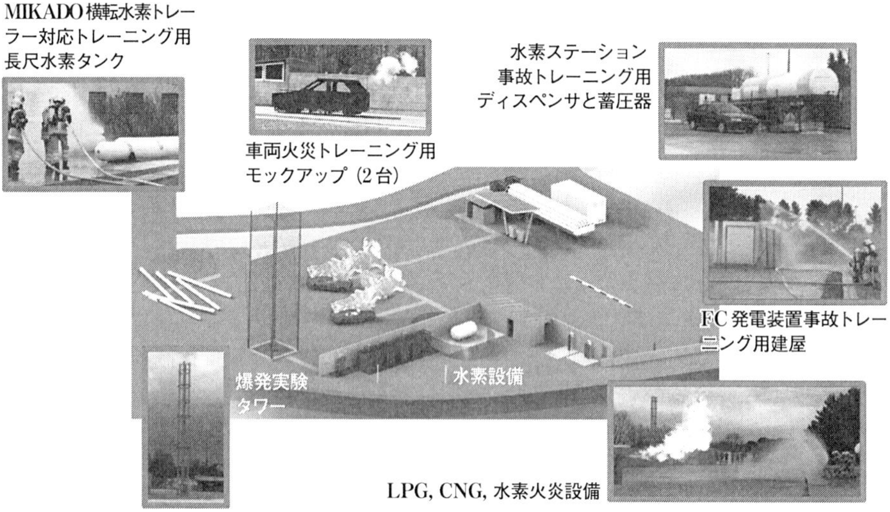

図1　HyRESPONSEの消防トレーニング設備

伊語，オランダ語，スペイン語，ポルトガル語）に対応している．

2) 米　国

エネルギー省(DOE)が，ワシントン州リッチモンドに有している，危険物対応・消防訓練を実施する施設 HAMMER Training Center (Hazardous Materials Management and Emergency Response Federal Training Center) に，2004年に水素消防トレーニング施設を設置した．FCV の火災や高圧水素タンクからの漏洩に関するトレーニングが可能である．DOE は，車両モックアップを開発し，カリフォルニア燃料電池パートナーシップ (California Fuel Cell Partnership：CaFCP)

と連携して，消防トレーニングを各地で実施している．

また DOE は 2007 年に，CaFCP，パシフィック・ノースウェスト国立研究所 (PNNL) と連携して，全米各地でも消防手段を学べるように，オンライン教材「The Introduction to Hydrogen Safety for First Responders」を開発し，改良を加えてきた（図3）．さらに DOE は 2014 年に CaFCP，PNNL に依頼し，プレゼンテーションソフトを用いた講義教材「全米水素・燃料電池緊急対応トレーニング教材 (National Hydrogen and Fuel Cell Emergency Response Training Template)」という教材を開発している（図4）．

図2　KnowHy の HP

図3　DOE の消防局向けトレーニングコース

図4　全米水素・燃料電池緊急対応トレーニング教材

第 7 章

水素エネルギーシステムと社会

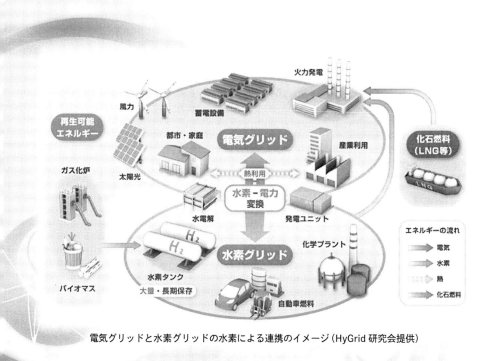

電気グリッドと水素グリッドの水素による連携のイメージ（HyGrid 研究会提供）

7.1 日本の水素導入見通し

石本祐樹

日本の水素の導入は，2014年6月に公開，その後2016年3月に改定版が公開された「水素・燃料電池戦略ロードマップ」[1)]にその絵姿が描かれた[2)]．このロードマップでは，水素社会を「水素を日常生活や産業活動で利用する社会」としており，技術課題の克服や経済性の確保に必要な時間を考慮して，水素社会を実現にむけて三つの段階（フェーズ）を経るとしている．また，2017年12月には水素基本戦略[2)]が公開された．図1に文献1, 2)から読み取れる日本の水素社会の時系列のイメージを示す．

実用化されている燃料電池と運輸部門における水素利用を進める段階[1)]におけるフェーズ1では，家庭用燃料電池は，2020年に140万台，2030年に530万台の普及目標が設定されている．そのために家庭用燃料電池購入者の経済的な負担が省エネルギー等の効果により，2020年に7〜8年で回収できることが掲げられている．これらの効果により，2020年頃に家庭用燃料電池が商業ベースでの普及が進むことが想定されている．また，ビルや工場での利用が想定されている業務・産業用燃料電池は，2017年に固体酸化物形燃料電池の市場投入を目指す目標が設定されている．2017年12月現在，業務用SOFCが市場投入されており，産業用についても開発・実証が行われている．

運輸部門における水素の利用については，2016年中に燃料電池バスおよびフォークリフトを市場投入する目標が設定され，その後トヨタから燃料電池フォークリフト市販が2016年に開始されている．また，自動車以外の水素の用途として，船舶や列車等も含め運輸部門全体における利用にも言及されている．

燃料電池自動車は，2020年までに4万台程度，2025年までに20万台程度，2030年までに80万台程度の普及目標が設定されている．この間の2025年頃に，より多くのユーザーに訴求できるよう，ボリュームゾーン向

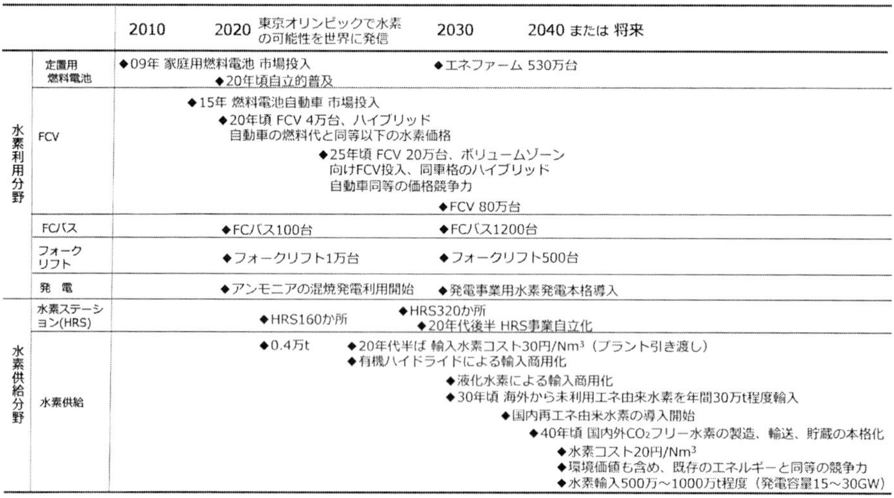

		2010	2020　東京オリンピックで水素の可能性を世界に発信		2030	2040 または 将来
水素利用分野	定置用燃料電池	◆09年 家庭用燃料電池 市場投入	◆20年頃自立的普及		◆エネファーム 530万台	
	FCV		◆15年 燃料電池自動車 市場投入 ◆20年頃 FCV 4万台、ハイブリッド自動車の燃料代と同等以下の水素価格	◆25年頃 FCV 20万台、ボリュームゾーン向けFCV投入、同車格のハイブリッド自動車同等の価格競争力	◆FCV 80万台	
	FCバス		◆FCバス100台		◆FCバス1200台	
	フォークリフト		◆フォークリフト1万台		◆フォークリフト500台	
	発 電		◆アンモニアの混焼発電利用開始		◆発電事業用水素発電本格導入	
水素供給分野	水素ステーション(HRS)		◆HRS160か所	◆HRS320か所 ◆20年代後半 HRS事業自立化		
	水素供給		◆0.7万t	◆20年代半ば 輸入水素コスト30円/Nm³（プラント引き渡し） ◆有機ハイドライドによる輸入商用化 液化水素による輸入商用化 ◆30年頃 海外から未利用エネ由来水素を年間30万t程度輸入 ◆国内再エネ由来水素の導入開始	◆40年頃 国内由来CO₂フリー水素の製造、輸送、貯蔵の本格化 ◆水素コスト20円/Nm³ ◆環境価値も含め、既存のエネルギーと同等の競争力 ◆水素輸入500万〜1000万t程度（発電容量15〜30GW）	

図1　日本の水素社会の時系列イメージ（文献1, 2)より作成）

けの燃料電池自動車の投入，および同車格のハイブリッド車同等の価格競争力を有する車両価格の実現を目指すとしている．

　燃料電池自動車に水素を供給する水素ステーションは，2016 年度内に四大都市圏を中心に 100 か所程度，2020 年度までに 160 か所程度，2025 年度までに 320 か所程度の目標が設定されている．2018 年現在全国で 99 か所の水素ステーションが営業または計画されている．また，経済性については，2020 年代後半までに水素ステーション事業の自立化を目指すとしている．また，再生可能エネルギーを用いた小型の水素ステーションについても言及されており 2020 年度までに 100 か所程度の目標が設定されている．運輸部門向けの水素価格は，現在のハイブリッド車の燃料代と同等以下の設定を維持しながら，水素ステーションの自立化のため，特定地域への集中的な車両の投入と水素ステーション設置の組合せによる稼働率の向上等によってコスト低減を進めるとしている．

　水素発電の導入とそのための大規模な水素供給システムの確立の段階[1])におけるフェーズ 2 では，2020 年頃に自家発電用水素発電，2030 年頃に発電事業用水素発電の導入開始が想定されている．発電事業における水素需要に対応するために，2030 年頃に海外からの未利用エネルギー由来の水素の製造，輸送・貯蔵を伴う水素供給のサプライチェーンの構築が想定されている．事業性の確保の観点から重要な水素コストは，2020 年代後半にプラント引渡しコストで 30 円/Nm^3 程度を目指すとしている．海外からの水素調達については，副生水素，原油随伴ガス，褐炭等の未利用エネルギーと呼ばれる資源が想定されている．事業用に水素を供給する観点から，安価であり安定的に供給できる資源が想定されている．CO_2 フリーについては，フェーズ 3 で実現することになっているため，この段階では，環境性に配慮するものの大規模な水素供給チェーンの確立を優先すると考えられる．水素の輸送・貯蔵については，この段階では，現在研究が進んでいる有機ハイドライドおよび液化水素が水素キャリアとして想定されている．

　製造から利用までのサプライチェーン全体での CO_2 排出を抑制した CO_2 フリー水素供給システムの確立の段階[1])におけるフェーズ 3 では，2040 年頃に想定されている．そのための安価，安定，さらに低環境負荷の水素を製造する技術の確立が想定されている．

　このように，日本の想定する水素社会は，家庭用燃料電池と乗用車を中心とした燃料電池自動車，さらに事業用発電での利用を中心としている．これらの技術の導入が進み，水素利用のすそ野が広がることで，産業用の燃料電池や乗用車以外でのモビリティにおける水素利用も増加していくと考えられる．ただ，普及の道筋については，先に挙げた家庭用燃料電池，乗用車・バスを中心とした燃料電池自動車，事業用発電技術がより具体的な数値目標や導入時期を伴って描かれている．将来的には供給される水素は，再生可能エネルギーや CCS を利用した化石燃料等からの CO_2 フリー水素を国内外から調達する絵姿を想定している．CO_2 フリー水素による気候変動対策，産業振興，エネルギーセキュリティ確保の観点から水素社会が描かれているといえよう．

7.1　日本の水素導入見通し

7.2
米国の水素導入見通し

石本祐樹

現在,水素の導入量を伴った米国の公式の目標は見出せないが,米国における水素・燃料電池の研究開発や実証は,主にエネルギー省の燃料電池技術室が所掌しており,同室がまとめた Fuel Cell Technologies Office Multi-Year Research, Development, and Demonstration Plan[3] という複数年度の研究開発・実証の計画があり,この中に米国における水素利用の絵姿が読み取れる.

水素を導入する効果として,温室効果ガスの削減,石油消費の低減,再生可能エネルギーの推進,利用機器が高効率,多様な一次エネルギー源の利用,大気汚染の改善,高い信頼性と系統安定への貢献,多様な利用用途,静粛性,経済成長等の多様な内容が挙げられている.そのために戦略的に技術,経済,制度的な課題を設定し,克服していく計画である.

水素の利用される絵姿として,短期には,分散電源 (バックアップ電源も含む), フォークリフト, ポータブル電源, 中期には家庭用コジェネレーション, 補助電源, 業務用車両,そして長期には,乗用車での利用が想定されている.文献 1) によると,様々な一次エネルギーから製造された水素や他の燃料が様々な形式の燃料電池に供給され,多様な利用用途に供給される水素エネルギーシステムを想定している.しかし,資源は国産資源に限られており,水素エネルギーシステムは "domestic hydrogen energy system" と表現されている.また,変動する再生可能エネルギーを用いた水電解・貯蔵・再電力化も示されており,水素はエネルギー貯蔵媒体としても想定されている.

図1 に「National Vision of America's Transition to a Hydrogen Economy[4]」の水素社会 (hydrogen economy を水素社会と表現した) への移行の概要を示す. 15 年以上前の文書であり,この間の技術進展や外部環境の変化から現実的でない部分もあると思われるが,長期にわたる水素導入を時間スケールも含めて描いた資料として興味深い.この中で,製造では,2020年頃に石炭ガス化,再生可能エネルギーや原子力の電力を用いた水電解,原子炉の熱を利用した熱化学法による製造が想定されており,2030年およびそれ以降にそれぞれ生物学的光触媒,光触媒が想定されている.2020年にオンサイトの分散した水素製造設備の導入,2030年以降には,

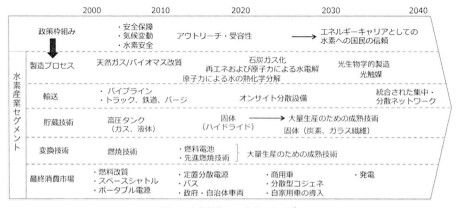

図1　水素社会への移行の概要[4]

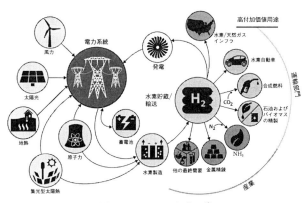

図2　H₂@scale の概念図[6]

大規模と分散した水素の拠点のネットワーク化が想定されている．最近の DOE の年次報告会では，天然ガス，石炭，次に，廃棄物，バイオマス，その次に系統電力を利用した水電解，原子力，太陽光・太陽熱と3段階の展開を設定しており，技術の進捗に応じた変更が行われているようである[5]．輸送では現状技術として，パイプライン，トラック，鉄道，バージ（艀）が挙げられている．利用では，2010年から2020年の間に多様な燃料電池が導入され，以後それらが大量生産によって成熟していく想定である．市場は，現状，製油所やスペースシャトル等であるが，定置型の電源，バスや政府車両に広がり，2020年以降業務用車両，コジェネ，乗用車が導入され，2030年以降，発電等のユーティリティ事業に用いられる想定となっている．

図2に H₂@scale の概念図を示す[6]．H₂@scale は，エネルギー安全保障の向上と革新的技術と国内産業の成長を可能にするための多様な国内資源から製造された水素が与える潜在的な幅広い影響に関する「概念」と説明されている．再生可能エネルギー由来電力の増加に伴い，電力系統における供給と需要のバランスの制御が難しくなってくるといわれている．水電解設備は1秒以下で応答するものもあるため，再生可能エネルギーの出力が過剰になりそうな時には，水電解設備の出力を上げ，逆の場合は出力を下げるディマンドレスポンス的な運用を想定している．このように水電解設備で製造した水素をエネルギー用途や化学産業をはじめとする多様な産業における水素利用とを組合せることで，系統安定や国産のエネルギー資源の利用によるエネルギーセキュリティの向上を見込んでいる．いわゆる余剰電力による水素製造・利用のシステムであり，Power to Gas（または多様な用途を想定する Power to X）と同じ概念であると考えられるが，Power to Gas の電力は再生可能エネルギーの不安定な部分を想定していることが多いのに対して，H₂@scale では，国産資源の安定電源（原子力，地熱等）と水電解の組合せも検討の範囲内となっている．

米国の水素利用は，分散電源（バックアップ電源も含む），フォークリフト，ポータブル電源といったニッチな用途から普及を進め，燃料電池自動車の本格普及は長期に想定しているようにみえる．また，水素製造の資源については，国産のエネルギー資源によるエネルギーセキュリティの向上（狭義には輸入原油の削減）を目的としているため，輸入資源による水素製造や水素そのものの輸入には言及されていないのが特徴といえる．

7.2　米国の水素導入見通し　175

7.3 EUおよびEU諸国の水素導入見通し

石本祐樹

 欧州連合（EU）加盟国，非加盟国を含めて，エネルギー需給の実態は多様であり，ノルウェーのようにエネルギー資源を多く輸出している国もあれば，ドイツのような輸入国もある．ここでは，主にEUの研究開発プログラムフレームワークプログラム6（FP6）で行われたロードマップ研究であるHyWaysおよび現在の研究開発プログラムであるHORIZON 2020の燃料電池・水素の技術開発を行う官民パートナーシップ，FCH 2 JU（Fuel cell Hydrogen 2 Joint Undertaking）の研究開発内容を参照し，想定される水素導入を読み取る．

 まず，HyWaysのシナリオでは水素導入を以下のように描いている（図1）．なお，このシナリオが描かれたのはおよそ10年前であり当時と現在の想定や進捗の時間的な乖離があると考えられるが，水素ステーションと燃料電池自動車の数の関係は，その規模で技術が普及した際の水素利用の規模をとらえるのに有用と思われる．シナリオでは，2015年（シナリオ作成時から10年後）に商業化が開始，2020年に低炭素資源からの水素製造が部分的に始まる．2020年に，燃料電池自動車が250万台導入され，この時の目標水素供給コストは4€/kg，その後，2030年に燃料電池自動車2,500万台導入され，目標水素供給コストは3€/kgである．水素ステーションは，2015年にディスペンサー1台の小規模水素ステーションが需要の中心地に400か所，高速道路上に500か所程度必要となり，その時の燃料電池自動車の普及台数は1万台を想定している．その後2025年までにディスペンサー4台の中規模水素ステーションが13,000〜20,000か所必要で，燃料電池自動車は1,000万台となる．2025年以降に現在の

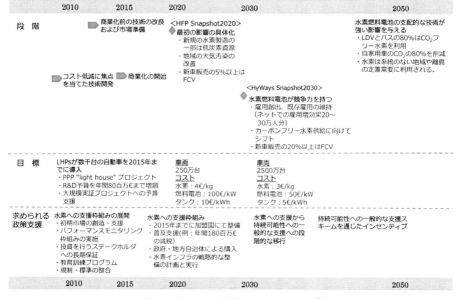

図1　HyWaysの水素導入のロードマップ[7]

ガソリンステーションと同等の大きさのディスペンサー 10 台以上の大規模水素ステーションが普及する．2030 年には，水素と燃料電池が競争力を持つようになっており，正味の増加量で 20 〜 30 万人分の雇用が創出されている．低炭素資源からの水素製造に移行している段階．新車販売台数の 20％ 以上が燃料電池自動車である．

燃料電池自動車の普及により 2050 年までに運輸部門からの CO_2 排出量 50％ 削減が可能である．2050 年までに運輸部門の石油消費量が 40％ 削減され，2050 年には，80％ の乗用車やバスに CO_2 フリー水素が供給されている．定置用途では，遠隔地や離島の系統において定置用の燃料電池が導入される．

FCH2JU の複数年計画 (Multi-Annual Work Plan 2014-2020 [8]) における運輸部門の研究対象は，乗用車と水素ステーションに加え，フォークリフト，鉄道，船舶，航空向けの燃料電池のための高効率化，長寿命化，低コスト化のための製造技術であり，幅広い利用を想定している．このうち，船舶については小型船の推進や大型船の停泊中の動力，航空向けについては，推進用の動力ではなく補助電源 (APU) を主に想定していると考えられる．

エネルギー分野では，再生可能エネルギーや低炭素資源からの水素製造，利用が研究対象となっている．再生可能エネルギーから製造した水素によるエネルギー貯蔵や，水素またはメタンの天然ガス導管網への混入を目的とした，水電解設備の研究開発が計画されている．また，これらの水素の利用技術である燃料電池コジェネの研究開発，さらに熱を利用せず発電のみを行うモノジェネの燃料電池の研究も行われている．これら両者に関連す

表 1 ドイツ，英国の水素ステーション導入数 [10]

ドイツ		英国	
2015 年	100	2015 〜 2019 年	65
2020 年	400	2020 〜 2024 年	330
2030 年	1,000	2025 〜 2030 年	1,150

る内容として，水素の配送や安全に関わるプロジェクトも進行している．

足元の水素ステーションの普及においては，水素ステーションの実証事業は，ドイツ，英国がそれぞれ H_2 Mobility，H_2 MobilityUK として実施し，表 1 に示す数値を公表している．H_2 Mobility では，水素ステーションは第 1 段階として特定の大都市に集中して設置し，第 2 段階として主要都市を結ぶ高速道路上に設置，第 3 段階で中小都市への展開を予定している．上記の二つの実証事業に加えフランスの Mobilité Hydrogène France，北欧を中心とした Scandinavian Hydrogen Highway Partnership との連携に基づき，Hydrogen Mobility Europe (H2ME) として，合計 10 か国で汎ヨーロッパの FCV と水素ステーションの実証事業が開始された．EU からの 3,200 万ユーロを含め総額 6,800 万ユーロを投じ，2020 年までに 200 台の FCV と 125 台のレンジエクステンダーバンを運用し，新規に 29 か所の水素ステーションを建設する計画である [9]．

このように，EU が想定する水素利用用途は，燃料電池自動車を中心とした運輸部門への導入と再生可能エネルギーのエネルギー貯蔵である．水素製造については，再生可能エネルギーまたは低炭素資源 (CCS や廃棄物の利用) を想定している．

7.4 各国・地域の水素導入見通しの比較

石本祐樹

7.1節から7.3節では各地域の政策文書等から各国・地域が想定する水素導入の時期や用途を見た．本節では，これらの特徴を比較する．表1に日米欧の水素導入の時期や用途の比較を示す．表1に示すように，各国，地域の水素利用の目的はおおむね同じである．優先度としては，CO_2削減が主な目的だが，米国では，気候変動に加え，地域の大気汚染の改善も燃料電池自動車の利用の重要な効果であると述べている．

エネルギー安全保障については，日本は，水素が多様な資源から製造できるため，利用資源や輸入先の多様化によってエネルギー安全保障を向上しようとしている．米国は，国産資源の利用によるエネルギー資源の輸入（特に中東からの原油）を削減しようとしている．

用途については，日本は，家庭用燃料電池や自動車等，一般の消費者に近い（産業や業務部門向けと比較してボリュームのある）製品での普及を進めているのに対し，米国では，フォークリフトや，分散型電源や非常用電源等ニッチでも経済性の成り立つ分野から普及を進め，並行して水素ステーションや燃料電池の低コスト化を進めている．欧州では，自動車の他に鉄道，船舶，航空等，運輸部門における水素利用を幅広く想定しているといえる．

日米欧の水素製造，輸送，利用の想定する技術について定性的に比較した結果を表2に示す．どの地域についてもエネルギー用途の水素利用の黎明期には，化石燃料から製造した水素や石油・化学産業からの副生水素の割合が高く，水素需要量の増加に伴い，各地域で想定している技術による水素製造へ徐々に移行していくと考えられる．水素製造は，先に述べたように米国は自国資源に限定しており，欧州は再生可能エネルギーを用いた水素製造を志向している．水素輸送・貯蔵技術では，域内における高圧ガスや液化水素による輸送は各国・地域で共通である．液化水素や有機ハイドライドによる国際輸送の検討は，日本において盛んに検討されている．運輸部

表1 日米欧の水素導入の時期や用途の比較

	目　的	時　期	想定導入部門
日本	CO_2削減 エネルギー安全保障 産業育成・経済成長	三つのフェーズで段階的に導入．	家庭用燃料電池，乗用車，大規模発電が中心．水素は海外からも輸入
米国	エネルギー安全保障 CO_2削減，大気汚染対策 産業育成・経済成長	研究開発，初期市場，市場拡大とインフラ整備，市場とインフラの成熟	ニッチ分野から，運輸部門へ展開を基本に，国産水素の様々な部門における利用を検討開始．
欧州	持続可能な低炭素エネルギー・運輸システム 産業育成（雇用確保） エネルギー安全保障	2015年から燃料電池自動車が商用化，その後段階的に普及．	運輸（自動車，鉄道，船舶，航空等），エネルギー貯蔵
中国	エネルギー安全保障，大気汚染対策，再エネとの連携，大規模貯蔵，化学用等の多様な用途，CO_2削減	2020年～2030年に大規模商用化 2030年～2050年にはエネルギーミックスで重要な位置を占める．	運輸部門

表2 各国が想定している水素製造,輸送・貯蔵,利用の比較

	水素製造	水素輸送・貯蔵	利用
日本	当初は,化石燃料由来の水素を利用しつつ,再生可能エネルギー等のCO_2フリー水素に移行.一次エネルギー源は限定せず研究開発.	高圧水素のローリー輸送の他,液化水素や有機ハイドライド等のエネルギーキャリアによる輸送を想定.エネルギーキャリアを用いた国際輸送も計画.	運輸,コジェネ,大規模発電等による水素利用を想定.再生可能エネルギーの貯蔵用途も想定.
米国	自国資源に限定.天然ガス,再生可能エネルギー由来の水電解,CCS付石炭ガス化,バイオマスガス化,原子力,光触媒	短期は高圧水素のローリー輸送,中期は液化水素,長期はパイプラインによる輸送を想定.他の技術オプションも検討.	運輸(乗用車,フォークリフト),定置用は非常用電源等の用途が多い.水素電力貯蔵も想定.
欧州	再生可能エネルギー由来の水電解・熱化学法・光触媒等	FCH 2 JU では,高圧ガス,液化水素輸送に注力.パイプラインやエネルギーキャリアによる輸送にも言及している.	運輸,コジェネによる水素利用を想定.水素電力貯蔵も想定.
中国	石炭ガス化,再エネ由来(風力発電の余剰電力),副生(コークス製造,電解等)	高圧水素	燃料電池自動車

門におけるFCVや産業・民生部門におけるコジェネは導入の想定時期がやや異なるものの各国・地域で共通である.米国では,非常用電源やフォークリフトでの利用が先行している.また,欧州では,Power to Gasの実証が盛んに行われている.輸入した水素による事業用発電に言及しているのは日本の特徴である.

7.5 国際エネルギー機関の分析による水素導入見通し

石本祐樹

国際エネルギー機関(IEA)は2015年8月に「Technology Roadmap Hydrogen and Fuel Cells[11]」を発行した。このロードマップの目的は、様々なエネルギー利用部門における水素利用の可能性と限界を示すことである。このロードマップのスコープは燃料電池自動車、家庭用燃料電池、製鉄、化学産業および再生可能エネルギーのためのエネルギー貯蔵、水素輸送、水素製造である。図1に現在と将来のエネルギーシステムの概念図を示す。この図では、水素は低炭素エネルギーの導入を促進し、電力と熱のネットワークに水素のネットワークが統合され、エネルギーシステムの柔軟性が向上することを示している。また、現在のシステムは化石燃料への依存度が高くそのネットワークも限られているが、将来は水素が多様な原料から製造され、産業、民生、運輸の多用途に使われる可能性も示している。

2℃目標を達成するシナリオの派生シナリオである水素の導入が多い2DS High-H_2では、2050年に燃料電池自動車は、米国、欧州主要4か国、日本で、乗用車の約20〜30%を占める想定である。このような大規模な燃料電池自動車の普及によって、6DSから2DSへ移行するために必要な運輸部門におけるCO_2削減量のうち14%が削減される。

水素の配送は、大規模に製造された水素が需要の多い大都市に液化水素やパイプラインによって大都市の水素配送基地に輸送され、そこから大都市内および近隣の都市への配送ネットワークが構築されることが想定されている。また、それぞれの都市内に小規模な分散型の水素製造装置が設置されることも想定している。

水素製造は、2050年には日米欧でCCSを備えた天然ガス水蒸気改質と石炭ガス化技術によって需要の過半が製造され、残りをバイオマスのガス化と低コストの再生可能エネルギー由来の電力で賄われている。

エネルギー貯蔵に水素を用いる場合は、週から月単位の季節間貯蔵と電力が安価な時間帯に水素を製造し、高い時間帯に発電して販売する裁定取引の二つの利用方法が述べられている。

他の水素の利用用途としては、2DSシナリオにおいて、製鉄プロセスにおける水素利用やアンモニア、メタノール等の化学産業、製油所における脱硫や水素化分解等精製用途での利用におけるCO_2削減効果についても評価されている。

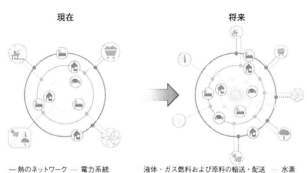

図1 現在と将来のエネルギーシステムの概念図[11]

7.6 水素社会の類型

a. 世界水素供給チェーン

石本祐樹

将来の水素エネルギー社会の姿は多様であるが，これを地理的なスケールで世界水素供給チェーン，都市における水素利用，地産地消に分け，本項にて特徴を述べる．これらは厳密な類型ではなく，複数の特徴を持つものやこれらの類型に該当しないものもあると思われる．

一つ目は，世界水素供給チェーンであり，エネルギー供給国において大量に水素を製造し，液化水素，有機ハイドライド，アンモニア等のエネルギーキャリアに変換し，地球規模での長距離輸送を行い，需要地において利用するもので，現在のLNG供給チェーンに似ている(図1)．もちろん，水素輸送にはエネルギーを利用するため，できるだけ近傍で利用する方がよい．しかし，再生可能エネルギーや輸送の難しい化石資源が豊富にある地域で，近傍に大規模な消費地が存在しない地域がある．例えば，アルゼンチンパタゴニアのような1年中強い西風が吹いている地域やオーストラリアビクトリア州のように水分が多く含まれ乾燥させると発火する危険性があるため，産地における効率の低い火力発電にしか利用されていない褐炭を多く埋蔵する地域もある．一方で，日本のように高いエネルギー需要があってもエネルギー資源に恵まれていない国もある．この需要と供給の空間的な不整合を解消するために水素キャリアの大陸間輸送が検討されている．

このようなエネルギーの大陸間輸送は，1990年代のEQHHPP[12]，WE-NET[13]，2010年の再生可能エネルギーの大陸間輸送技術の調査[14]等がある．近年，液化水素や有機ハイドライドについては，国際輸送の実証事業が始まった．液化水素については，HyStra(川崎重工業，岩谷産業，電源開発，シェルジャパン)が液化水素輸送船，液化水素基地等を建設し，オーストラリアから日本への液化水素長距離輸送の実証事業を2020年を目標に実施している．

有機ハイドライドについてはAHEAD(千代田化工，三菱商事，三井物産，日本郵船)が，ブルネイにおいて調整したメタノールプラントの副生水素をトルエンに添加し製造したメチルシクロヘキサンをコンテナ船で日本に輸送して脱水素，利用する実証事業を2020年を目標に実施している．

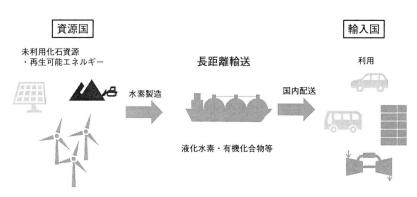

図1　世界水素供給チェーンの概念図

7.6
水素社会の類型
b. 都市における水素利用

石本祐樹

将来の水素エネルギー社会の姿の二つ目は，都市における水素利用である(図1)．人口密度とエネルギー需要の高い都市においては，地域のエネルギーマネジメントシステム(EMS)に様々なエネルギー供給・貯蔵・需要機器が接続され，電力・熱の融通等 CO_2 排出やエネルギーコストの最小化等を目的にエネルギー需給が制御されるスマートシティに水素製造・利用機器も組み込まれる．

太陽光発電等で一部の電力は都市内で供給されるものの，電力，ガス，水素等の大部分のエネルギーは，都市の外から供給される．需要は，ビル，工場，住宅における電力・熱，自動車，バス，フォークリフト等の移動体の燃料，電力が中心である．国内で製造，または，海外から輸入された水素が水素ステーション，水素ガスタービン，燃料電池コジェネレーションに供給される．また，ディマンドレスポンスの一つとして，水電解設備における水素の製造・貯蔵も考えられる．このような水素は近傍の水素ステーション等の水素需要先に供給されたり，電力価格が高い時間帯には，発電に用いられる可能性もある．

一般に都市部はエネルギー需要密度が高く，地域外へのエネルギーの輸送は起こりにくいため，輸送は比較的短距離である．

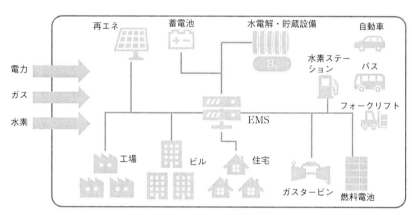

図1　都市における水素利用の概念図

7.6 水素社会の類型
c. 地方・離島における水素利用（地産地消）

石本祐樹

将来の姿の三つ目の類型は，人口密度が低く，これに対応してエネルギー需要も比較的低い地域において，その地域の再生可能エネルギーを用いて水素を製造・利用する場合を考える．利用が主に当該地域内で行われるため，輸送は短距離であることが多い．また，貯蔵のためにその特性に合ったエネルギーキャリアを用いる場合もある．都市部から距離のある人口密度の低い地域，コンビナート，離島等が考えられる（図1）．

例えば，系統に接続されていない離島または遠隔地を考える．一般に，このような地域の電力は，ディーゼル発電機による供給が行われる．軽油やその配送コスト，さらに発電機の効率等を考慮すると，電力の原価は，本土や系統に接続されている地域に比べて割高であると考えられる．また，再生可能エネルギーから水素を製造し，再電力化を想定した場合，システム全体のエネルギー変換効率は，化石燃料から発電する場合と比較して低いため[15]，電力コストも高くなる傾向になる．しかし，現在の比較的高い電力コストよりも再生可能エネルギーと水素による電力供給コストが相対的に安価であれば，導入に経済合理性が生じる．システムの外部から燃料等を供給しないため，悪天候や災害等により地域が孤立した場合もエネルギー供給を継続できる可能性も備えている．また，燃料を外部から購入する場合は，燃料の対価は主に地域外に流出するのに対し，このシステムの場合は，システムを地域内の法人等が所有することで地域内にとどまる資金が増加・循環する可能性を持っている．

東芝の H_2One という再生可能エネルギーからの水素製造・貯蔵，燃料電池，エネルギーマネジメントシステムを統合した設備によって，夏季の余剰となった太陽光発電電力により，水素を製造・貯蔵し冬季に発電することで，ホテル1棟の年間の電力需要を賄う取り組みも行われている[16]．これは，水素の長期間のエネルギー貯蔵機能に着目した例である．

また，エネルギー総合工学研究所が実施した離島をモデルとした再生可能エネルギーと水素の組合せ (Power to Gas) では，重油の参照システムに対して，経済合理性がある条件が存在することを見出した[17]．エネルギー貯蔵の機能は水素に限らないため，文献18) に見られるような蓄電池を利用したシステムに対し利便性や経済性，環境性で競合しうるシステムとなる必要があるだろう．

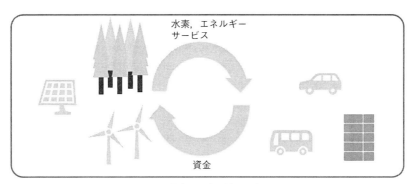

図1　水素の地産地消の概念図

7.7 エネルギー利用された場合の世界的規模
a. IEA ETP 2017

石本祐樹

本項では，エネルギー利用された場合に水素が導入される規模や用途について，各機関の分析結果に基づき述べる．国際エネルギー機関（IEA）が毎年発行（2014年までは隔年）している Energy Technology Perspectives（エネルギー技術展望）では，水素・燃料電池技術に言及しており，特に2012年版では，初めて水素の章が設けられた[19]．2012年版では，2DS（2℃ Scenario）からの二つの派生シナリオである 2DS-High H_2 と 2DS-NoH$_2$ が紹介され，いわゆる2℃目標達成のためには2050年までは水素なしで達成可能な評価結果も示しつつ，長期的には水素に頼ることなく輸送や工業において脱炭素化を達成することは困難であると結論づけている．エネルギー貯蔵方法としての水素の役割にも言及しており，水素が再生可能エネルギーの導入を最大化するのに必要であるとしている．また，水素インフラの確立のためにすべての利害関係者間の協調した行動の必要性も言及している．

ETP2017[20]では，以下のように言及されている．水素は国際船舶輸送における燃料（水素および合成燃料），ビルのエネルギーにおける燃料電池の利用，都市の熱需要，エネルギー貯蔵媒体，light duty vehicle（LDV，乗用車等）heavy duty vehicle（大型トラック等）の燃料で用いられる可能性がある．しかしながら，LDV における水素の利用は EV 等に比べると小さい見込みであり，LDV と公共交通は電気，潜在的に水素が用いられる．トラックは，バイオ燃料や水素等が想定されているが，技術の不確実性が高く，様々な可能性がある．産業部門では，低炭素な水素製造方法が利用可能になれば，水素製造はアンモニア製造・メタノール製造プロセスにおいてエネルギー原単位の高い部分であるため，製造プロセス全体のエネルギー原単位を下げられる可能性がある．

燃料電池自動車の航続距離が，現在の内燃機関自動車に匹敵することやコストも大幅に低下する見込みであることを言及しつつも，水素が普及しづらい理由として，以下の二つの理由が挙げられている．

①安価な再生可能エネルギー由来の電力の利用は，水電解設備の設備利用率を下げる．

②他のエネルギー貯蔵技術（揚水発電，CAES）等に比較して，エネルギー変換効率が低く，コスト上昇の要因となる．

大規模な水素製造は安価に水素を製造できるものの，特に水素の需要がすべての需要技術にわたっていない場合は，水素の輸送，配送のために，分散した小規模な製造よりも多くの投資を求められる．これらが水素の燃料電池自動車の普及を遅らせ，これが規模の経済による燃料電池や水素貯蔵機器のコスト低下を遅らせてしまうとしている．

このように，水素の特に CO_2 を大幅に削減するための潜在力については，大いに期待しつつ，長期的な技術オプションという評価を行っており，これは IEA の他のレポートにも見られる一貫した姿勢である．

7.7
エネルギー利用された場合の世界的規模
b. アジア/世界エネルギーアウトルック

石本祐樹

日本エネルギー経済研究所のIEEJアウトルック（2016年はアジア/世界エネルギーアウトルック）[21]と呼ばれる超長期のエネルギー・経済に関連した報告を行っている．本項では，水素に関連した詳しい分析が見られる2016年版から水素の製造や利用の規模を読み取る．

この報告では，過去から現在までのエネルギー・環境政策の延長線上にあるリファレンスケースと世界全体でCO_2削減のための技術導入が最大限進む技術進展ケース，さらに水素や原子力等の個別技術の導入が促進される水素高位/低位ケースや原子力高位/低位ケース等が評価されている．

この報告では，長期的に世界規模で野心的なCO_2削減が行われる場合，一部の需要地域内において，CCSが十分に利用できない場合には，再生可能エネルギー，CCS，原子力に加えて，輸入した水素による発電が大きな役割を果たす可能性があるとしている．ここでは，水素の利用技術として，水素火力，燃料電池コジェネ，燃料電池自動車を想定している．

2030年以降に石炭火力・天然ガス火力が水素火力に代替され，水素の供給コストも低下する．これに伴い，燃料電池自動車の導入が世界全体で進む．このような水素高位シナリオの場合，2050年には，水素火力は発電電力量の13％を担い，新車販売の8台に1台は燃料電池自動車となり，世界全体で3.2兆Nm^3の水素が消費される．2050年の水素消費量の90％がCCSに制約のある地域の発電部門による利用とされている．水素の主な輸出国は中東・北アフリカ地域，オーストラリア，ロシアを主とするヨーロッパ地域である（図1）．

また，水素利用低位ケースでも2050年には世界全体で9,400億Nm^3の水素需要が生じ，世界の発電電力量の5％が水素火力による発電が占める．

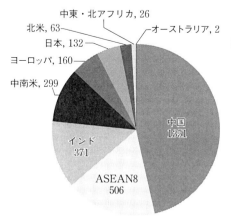

図1 水素消費量の国・地域別内訳（水素高位シナリオ，$10^9 Nm^3$/年）

水素高位・低位いずれのケースも水素需要の約9割がアジア，4割以上が中国による需要であると評価している．

CO_2削減量は，水素高位ケースの場合，2050年において技術進展ケースからの削減量の50％の3.6Gt-CO_2の削減を水素発電や燃料電池自動車による水素利用が担っている．

水素の経済性は乏しいとしながらも，他の代替手段がなく，相対的に経済性のある低炭素化の技術として水素とその利用技術が用いられる可能性を指摘している．また，輸出国は，中東に加え，北米地域やオーストラリアも有力な候補となることから，エネルギー供給国の多様化につながると評価している．

7.7 エネルギー利用された場合の世界的規模

c. 統合評価モデル GRAPE による分析

石本祐樹

GRAPEは，エネルギー総合工学研究所が開発した超長期の統合評価モデルであり，エネルギー，経済，気候変動，環境影響，土地利用のモジュールから構成される[22]．このモデルのエネルギー分析モジュールは，世界を15地域に分割し，地域間のエネルギー資源の貿易を含む各地域のエネルギーシステムを取り扱い，資源量やCO_2排出量の制約の下，世界全体のエネルギー需給システムをコストの観点から最適化するモデルである．このモデルに2020年からCO_2フリー水素が世界で製造・利用できるという改良を行い，2050年までの水素の需給分析を行った[23]．世界の水素需要量と一次エネルギー源ごとの水素製造量の評価結果を図1に示す．世界全体では2020年から利用が開始され運輸部門でその多くが消費される．2050年では，コジェネや大規模発電でも用いられ，世界全体で約800 Mtoe（百万原油換算トン）用いられるという結果を得た．水素製造量の半分弱はCCSを備えた低品位炭のガス化が占め，風力や水力による水電解がそれに続いている．

図2に日本のエネルギー需給の条件を変化させた感度分析ケースにおける日本の水素需要量の推移を示す．感度分析ケースは，日本においてCCSの利用ができない場合（CCS無），水素のCIF価格がベースケースよりおよそ10円/Nm^3高いケース（水素高価格），原子力発電は縮小しつつも発電電力量の15%は原子力発電によって供給するケース（原子力維持）とした．2030年まではどのケースも水素需要量はほぼ同じであるが，2035年以降，CCS無ケースが最も水素需要量が大きく，2050年では80 Mtoeとベースケースの約1.4倍となっている．これは発電部門でCCSが利用できないため，火力発電を水素大規模発電で代替したことが主な原因である．水素高価格ケースでは，水素需要は2045年までは水素需要量が少ないが，2050年ではほぼ同じである．これは，先進国全体で1990年比80%にCO_2を削減するため，水素が導入されたことによる．原子力維持ケースでは，2050年において最も水素需要量が少なくなったが，水素大規模発電より低コストの原子力発電が維持され，発電部門で水素大規模発電が用いられなくなったためである．このように感度分析を行った範囲では，発電部門における水素大規模発電の導入量が水素需要量に大きな影響を与えることがわかる．

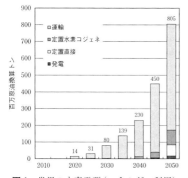

図1 世界の水素需要（エネルギー利用）

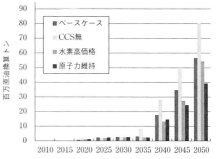

図2 日本の水素需要（エネルギー利用）

7.7 エネルギー利用された場合の世界的規模

d. 日本の水素関連市場規模

石本祐樹

水素・燃料電池戦略ロードマップによれば，2030年，2050年の水素関連市場はそれぞれ約1兆円，約8兆円という試算結果が紹介されている[1]．

また，エネルギー総合工学研究所では，平成23年度からCO_2フリー水素に関する研究会を継続的に実施している[24]．平成28年度CO_2フリー水素普及シナリオ研究報告書[25]では，研究会の中で日本総合研究所が実施した機器市場規模の見通しが示されている．

産業用途と燃料用途に分け，それぞれの用途は，水素消費，機器販売（水素消費だけの用途もある）から構成される．水素使用市場は，燃料電池フォークリフト，燃料電池トラック，燃料電池バス，燃料電池自動車，火力発電，ロケット燃料，産業用途からなる．産業用途は金属，光ファイバー，半導体，石油精製，アンモニア製造からなる．関連機器市場は，家庭用の定置用燃料電池，業務・産業用の燃料電池，燃料電池フォークリフト，燃料電池トラック，燃料電池トラック，燃料電池バス，燃料電池自動車，火力発電からなる．水素発電の機器販売市場は耐用年数を40年とし，減価償却費相当を市場として計上した．2030年度以降，水素専焼型の水素発電施設の設置が開始すると想定し，LNG火力の代替として導入量を試算した．年間のLNG更新予定量の1/3が水素発電に置き換わると想定した．

研究会の検討結果に基づき，用途別の水素価格を設定し，算出された市場規模を図1に示す．2050年に水素市場と機器市場の合計で4.2兆円の市場が創出される．内訳は，水素使用市場1.5兆円であり，その約6割が水素発電向けの水素によるものである．2016年から2020年に水素使用市場の市場が一時的に僅かに減少しているが，これは水素価格の低下による効果である．関連機器市場は，2.7兆円であり，乗用車，バス，トラックの自動車の割合が約8割と水素市場とは異なる構造となっている．なお，水素製造・輸送・供給に関する設備の販売市場分は水素使用量市場（水素販売価格）の内数とし，機器市場には含んでいない（2050年時点で4,350億円）．この図が示すように水素の使用量の増加とともに水素の関連市場も成長していくことが見込まれる．

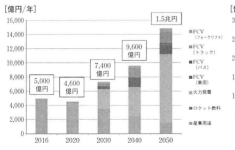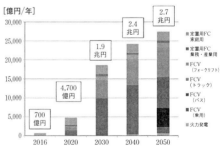

図1 水素使用市場（左）と水素関連機器市場（右）

7.8 再生可能エネルギーと水素

石本祐樹

7.6節でも述べたように,水素は,エネルギー供給と需要の時空間的なギャップを埋め,これまで利用できなかった再生可能エネルギーのエネルギーシステムにおける利用を可能にする.

これは,水素が水電解と燃料電池を介して電力との相互変換が可能な特性を持っていることによる.また,水素が電力よりも長期保存が可能という特性から,水素は電力と補完する関係にあるといえる.

図1に時間・空間で整理した再生可能エネルギー由来の水素のサプライチェーンの分類を示す.それぞれのサプライチェーンの位置は定性的なものである.例えば,国家間の天然ガス網に水素や合成メタンを注入することも技術的には可能だろう.図1の横軸は距離であり,右側にいくほど水素の輸送媒体としての機能に着目している.また,縦軸は時間であり,上にいくほど,水素の貯蔵媒体としての機能に着目している.水素は物質であるので,電気と異なり,短時間で長距離の輸送は不可能である.したがって,長距離・短時間での領域における用途はない.

季節間貯蔵は,水素のエネルギー貯蔵の機能に着目した分類である.IEA[15]では,例として,放電500 MW,継続時間120時間を挙げている.このようなシステムと揚水発電,圧縮空気エネルギー貯蔵(CAES)よりも経済的に優位であるとしている.

離島では,カナダのニューファンドランド島南側に位置する系統に接続されていないラメア諸島(Ramea Islands)において,軽油の削減と再生可能エネルギーの増加を目的に風力発電の余剰電力で製造した水素をディーゼルエンジンで発電する事例がある[26].

燃料利用は,再生可能エネルギーを用いた水素を運輸部門で燃料として用いるほか,製油所における脱硫・水素化分解に用いることが考えられる.産業利用では,メタノールやアンモニアの製造において水素製造は,化石燃料が利用されることが多く,またこの部分は製造プロセス全体でエネルギー損失の高い

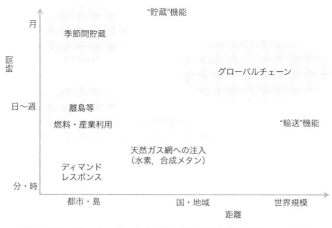

図1 再生可能エネルギー水素利用の輸送距離と貯蔵時間による分類

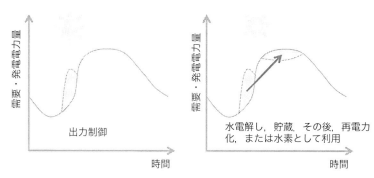

図2　出力抑制された再生可能エネルギーの水素製造への利用の概念図

部分であることから，水素製造を再生可能エネルギーで行うことで，プロセス自体の低炭素化を行える可能性がある．この特性に注目し，Siemens社やアンモニア製造世界第2位のYARA社は再生可能エネルギーからのアンモニア製造を提唱している[26, 27]．

ディマンドレスポンスは，時間帯別の料金設定や需要のピーク時に使用を控えた需要家への対価の支払い等により，需要ピーク時の電力使用を抑え，電力の安定供給を図る仕組みである．水素を用いる場合は，特に需要が少ない時間帯における需要創出を想定することが多いと考えられる．図2に水素を用いたエネルギー貯蔵の一例として，出力抑制された再生可能エネルギーの水素製造への利用の概念を示す．気象条件が予報以上に良く，系統に接続されている太陽光発電や風力発電の出力が上昇した場合，需要予測や系統に接続されている他の発電機の状態を総合的に考慮して，太陽光発電や風力発電の出力抑制等の措置が取られる可能性がある．この時に水電解装置の出力を上げることで，出力抑制される再生可能エネルギーを水素に変換し，別の時刻・場所で利用することができる．

天然ガス網での利用は，製造した水素やメタネーションによって製造したメタンを天然ガス網に注入する．水素の場合は利用機器により濃度の制限がある場合もあるが，メタンは天然ガスの主成分であり，熱量や燃焼特性の許す範囲での混合が可能である．

世界水素供給チェーンは7.6節で述べたように，世界規模で再生可能エネルギーから利用した水素を輸送・貯蔵するものである．輸送距離は長いが，経済効率性の観点からチェーンの設備利用率を高くする必要があり，貯蔵期間は，輸送時間と供給の安定性を考慮すると月を超えない程度と考えられる．

このように水素の貯蔵・輸送機能，また，この機能を用いることによる需要部門の統合機能により，エネルギーにシステムにおける再生可能エネルギーの利用を促進・増加することができる．

7.8　再生可能エネルギーと水素

7.9 水素社会への課題

石本祐樹

　水素の利用は，エネルギー安全保障，気候変動，経済性に多様な効果をもたらす可能性がある．一方，現在エネルギーとして利用されている水素の量は，電力や石油製品と比べて僅かである．それは現状では燃料電池をはじめとする利用機器および水素供給インフラが水素をエネルギー利用する際の様々な観点において技術的・非技術的な課題を持っているからであると考えられる．経済産業省の水素・燃料電池戦略ロードマップや，DOEのMulti-Year Planでは，水素の課題を特定し，その課題を克服することで，水素・燃料電池の導入普及を進めようとしている．

　水素・燃料電池戦略ロードマップでは[1]，フェーズごとに課題を抽出し，そのための対策が述べられている．家庭用燃料電池の経済性の向上，家庭用燃料電池の対象ユーザーの拡大，定置用燃料電池の海外展開，業務・産業用燃料電池の普及拡大，純水素型の定置用燃料電池の利活用である．運輸部門における課題は，燃料電池システム等のさらなるコスト低減，FCVの基本性能等の向上（耐久性，製品ラインナップ），海外展開，燃料電池自動車の認知度や理解度の向上，燃料電池の適用分野の拡大，競争力のある水素価格の設定，水素ステーションの戦略的案整備が挙げられている．

　フェーズ2では，水素発電ガスタービンに関する制度的・技術的な環境整備，海外からの水素供給に関する制度的技術的な環境整備が挙げられている．

　フェーズ3では，水素供給国におけるCCS，再生可能エネルギーからの水素製造の技術開発・実証，中長期的な技術の開発が挙げられている．

　DOEのMulti-Year Plan[3]では，以下に示すような技術的課題，経済・制度的な課題を挙げている．

①燃料電池のコスト低減と耐久性を改善し，燃料電池を既存技術と対抗可能な技術とする

②燃料電池の運転条件の拡大．例：温度，湿度，高温，定置用燃料電池の性能向上

③低炭素資源からの水素製造・輸送のコスト低減

④室内のスペースを確保した300マイル走行可能な，軽量，低コストの水素貯蔵システム

⑤コスト低減を達成するための燃料電池の製造技術

⑥実環境下において，完全に統合されたシステムでの水素燃料電池技術の運用

⑦水素燃料電池技術の研究開発・製造能力の拡大への高い投資リスク

⑧現在のような運輸部門の水素需要が小さな状態における水素輸送のインフラ整備への高い投資リスク

⑨技術の安全性や保険適合性を確保するために追加的な規制・標準の開発・整合の必要性

⑩水素・燃料電池技術への理解

⑪初期市場での燃料電池の普及を妨げている敷地，許可，据え付け，ファイナンスといった普及コストが高いこと

　これらの内容を水素社会へ移行するための水素・燃料電池技術自身の内部の課題として，技術，経済，制度に分類し，表1にまとめた．内部の課題の他に，外部の環境を同表に示す．水素・燃料電池も他のエネルギー技術同様，熱と電力を供給し，移動や給湯といった人間のサービス需要を満たすための技術といえる．外部の環境を考慮するのは，水素・燃料電池技術が導入され，普及するには，サービス需要を供給する上で，競合する技術よりも経済性・環境性等の観点で相対的に優位である必要があるためである．

　まず，内部の課題のうち，技術面では，コ

表1 水素・燃料電池技術の普及のための内部の課題および外部の環境

	内部の課題	外部の環境
技術	コスト競争力向上：初期コスト低下，ランニングコスト低下，長寿命化等 利便性の向上：製品の多様化や理解促進	競合技術のブレークスルー：再生可能エネルギー，二次電池，原子力，CCS
経済	導入支援策（補助金，税の軽減他） 導入時期（ロックイン）	エネルギー資源価格
制度	規制・標準化，利便性の向上	気候変動対策（CO_2 に対する規制）

スト競争力の向上が挙げられる．コストは経済面に影響するが，改善のための方法が技術的であるため，ここでは技術に分類した．具体的には，設計や新技術の採用，生産技術の向上等による初期コスト低下，技術開発による変動費低下，長寿命化による固定費の低下等が挙げられる．利便性の向上は，製品を多様化することで，利用者層を広げ，普及を促進させる．技術に対する理解が普及につながることもあろう．経済面では，導入支援策が中心となる．普及初期を中心に補助金や税の軽減等でユーザーの負担やメーカー，インフラ事業者の投資リスクを低減することも行われている．さらに導入を進める時期も重要である．導入時期が遅れ，競合技術に適したインフラが構築されるとそこからの切り替えのコストがかかるため，普及のための障害となる場合がある．

新しい技術は，規制・標準化が行われていないことが，高コストの一因となり，普及の妨げとなる．また，制度的な観点でも利便性の向上が可能である．例えば，自動車では，海外における電気自動車で見られるようなバスレーンの利用許可等も移動手段として利便性を向上させている例といえる．

次に外部の環境のうち，技術的なものは，競合技術の技術進展である．低炭素のための技術としては，再生可能エネルギー，原子力，CCSがあり，二次電池は，エネルギー貯蔵や運輸部門での利用が可能であるため，これら競合技術の飛躍的な進展は，それぞれの部門での水素・燃料電池の普及を抑制するように働く．また，エネルギー資源価格の動きは，二次エネルギーである水素のコストに影響を与える．水素以外の他の低炭素化のための技術に共通するが，気候変動対策として CO_2 排出に対する規制の程度と方法も技術の普及に影響を与える．外部の環境は水素・燃料電池技術自身が直接影響を与えることはできないが，自身の状況を改善することである程度外部の環境の変化に対応することも可能であろう．

このように克服すべき内部環境，影響を受ける外部環境があり，水素エネルギーの大規模普及が約束されているわけではない．政策支援を得ながら技術開発により，水素・燃料電池技術が，社会の持つ課題解決に資する有力な技術オプションであることを社会に示す必要がある．

コラム
ノルスクハイドロの重水製造工場

Bjørn Simonsen・石本祐樹

　第二次世界大戦のヨーロッパ戦線，ノルウェーにおいて「水素」をめぐる戦いがあった．この一連の戦いは，ドイツの核兵器開発に関連するエピソードとして映画化されてもいる．1932年，通常の水素原子の2倍の原子量を持つ水素原子の存在が確認された．これと酸素原子との化合物は，重水と呼ばれる．ノルウェー南部ヴェモルクのノルスクハイドロの水電解プラントは当時世界最大であり，重水製造の第一級の設備としてもその地位を長く保っていた．

　重水素の同位体存在比は，0.015％程度であり，水の中に重水素は含まれている．同位体効果により，軽水と重水の反応速度に違いがあるため，水電解プラントを多段にすることで，重水が濃縮できる．

　重水は，生物学や有機化学に革命をもたらすものとして期待され，すぐに一般市民の興味の対象となった．しかし，その興味は，数年間比較的穏やかであった．状況が全く変わったのは，1940年4月ドイツによるノルウェーの占領の後である．ナチス政権下，戦時中に核兵器開発への集中が始まっていた．重水は，核兵器開発に欠かせないものであり，ヴェモルクは実質的に重水を供給できる唯一の施設であった．

　戦時中，重水製造を中止させるために連合軍による幾つかの作戦が行われた．空からの攻撃が試みられたが，失敗に終わった．プラントはベストフィヨルドの高い山々に囲まれた狭い谷にあり，これは精密な爆撃の支障となった．最初の攻撃はグライダーで行われたが，41名の連合軍兵士が戦死するという結果に終わった．

　重水製造プラントを破壊するためのヴェモルク作戦，またはガンナーサイド作戦として知られる破壊工作が行われた．ノルウェーの工作員は，1943年2月27日についにプラントの破壊に成功する．重水製造プラントの水電解設備を破壊した爆発では，1人の負傷者も出なかった．

　ところが，数週間の間に重水製造プラントは再建され，製造が再開された．1943年11月16日140機の米国軍の爆撃機がヴェモルクの発電所とプラントを爆撃した．被害はプラントにとどまらず，作られたばかりの避難壕に爆弾が直撃し，21名のノルウェー人が死亡した．その多くは，女性や子供であった．また，この爆撃によって工場だけではなく，家屋も破壊され，損害を受けた．

　この後，占領軍はヴェモルクの重水製造プラントでの重水製造は継続できないと判断し，ヴェモルクからドイツの工場へ搬出していることを確認した．そこでラジオを通して，重水の輸送経路の破壊命令が下された．輸送経路で最も脆弱な所は，ティン湖の輸送フェリーであった．船に取り付けられた爆発物が爆発し，輸送フェリー・ハイドロ号は沈没した．これにより4名のドイツ人と14名のノルウェー人が死亡した．ノルウェーにおける重水製造プラントをめぐる戦いが終わりを迎えたのは，1944年2月20日である．

図1　爆撃を受けたプラント（NorskHydroホームページより）

第8章

水素に関わる政策

韓国, 現代自動車の新型 FCV「NEXO」

8.1 日本の水素エネルギーの取り組み

丸田昭輝

1) 水素・燃料電池戦略ロードマップ

経産省は2014年6月に「水素・燃料電池戦略ロードマップ」を発表,さらに2016年3月にはその改訂版を発表した.このロードマップでは水素社会に至る工程を,フェーズ1(現在から2020年代),フェーズ2(2020年代後半まで),フェーズ3(2040年頃)の三段階の展開を想定している(図1).

フェーズ1では「水素利用の飛躍的拡大」を目指し,表1の目標が定められている.フェーズ2では「水素発電の本格導入・大規模な水素供給システムの確立」を目指し,発電事業用水素発電の本格導入等による水素需要のさらなる拡大と,海外での未利用エネルギー由来水素サプライチェーンの本格化を実現し,新たな二次エネルギー構造を確立するとしている.

フェーズ3では「CO_2フリー水素供給システムの確立」を目指し,水素製造へのCCS(炭

表1 水素・燃料電池戦略ロードマップのフェーズ1の目標(経済産業省:水素・燃料電池戦略ロードマップ)

分野	目標
定置用燃料電池	2020年頃までに自立的普及 ・PEFC型:80万円(2019年) ・SOFC型:100万円(2021年)
FCV	・2020年:4万台程度 ・2025年:20万台程度 ・2030年:80万台程度 ・2025年頃にボリュームゾーン向けFCVを投入
水素ステーション	・2020年度:160か所程度 ・2025年度:320か所程度 ・2030年時点:標準的供給能力の水素ステーション換算で900か所程度 ・2020年代後半までに水素ステーション事業を自立化

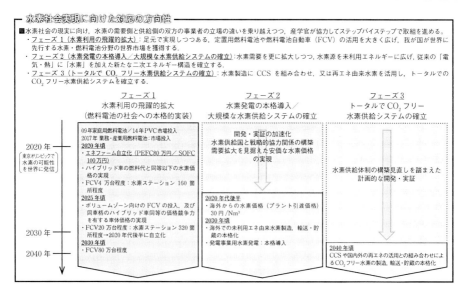

図1 水素・燃料電池戦略ロードマップ(経済産業省:水素・燃料電池戦略ロードマップ)

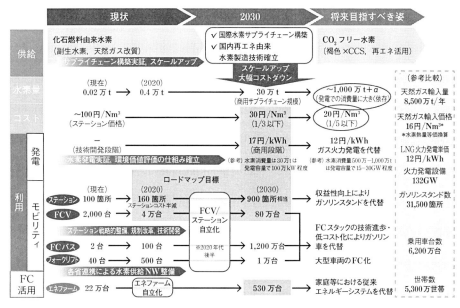

図2 水素基本戦略のシナリオ（再生可能エネルギー・水素等関係閣僚会議「水素基本戦略（概要）」）

表2 水素基本戦略の概要

(1) 低コストな水素利用の実現（2030年頃に30円/Nm^3程度を，将来は20円/Nm^3程度を目指す）
(2) 国際的な水素サプライチェーンの開発
(3) 国内再生可能エネルギーの導入拡大と地方創生
　　a. 国内再エネ由来水素の利用拡大（水電解システム：2020年までに5万円/kWを見通す技術を確立）
　　b. 地域資源の活用および地方創生
(4) 電力分野での利用（水素発電は2030年頃の商用化を実現，17円/kWhを目指す）
(5) モビリティでの利用
　　・FCV：2020年4万台程度→2025年20万程度→2030年80万程度
　　・水素ST：2020年度160か所→2025年度320か所→2020年代後半までに自立化
　　・FCバス：2020年度100台程度→2030年度1200台程度
　　・FCフォークリフト：2020年度500台程度→2030年度1万台程度
(6) 産業プロセス・熱利用での水素活用の可能性
(7) 燃料電池技術活用（2020年頃にPEFCエネファーム80万円，SOFCエネファーム：100万円，2030年以降に純水素燃料電池コージェネ導入拡大）
(8) 革新的技術活用（2050年を見据えた革新的技術開発）
(9) 国際展開（標準化国際標準化の取組を主導）
(10) 国民の理解促進，地域連携

素回収・貯留）技術適用や再生可能エネルギーによる水素製造を活用し，トータルでCO_2フリーな水素供給システムを確立するとしている．

なお，本ロードマップは2018年度中に改訂される予定である．

2）水素基本戦略

政府の再生可能エネルギー・水素等関係閣

僚会議は，2017年12月に「水素基本戦略」を発表した．

「水素基本戦略」は，2050年までの水素ビジョン（目標）を示しつつ，その実現のマイルストーンである2030年までの行動計画も示している（図2）．特に水素コストに関しては，従来エネルギー（ガソリンやLNG等）と同等程度までの低減を掲げている．さらに明確に将来の水素は「CO_2フリー」とすること，また日本が世界のカーボンフリー化を牽引することを強調している（表2）．

3) **戦略的イノベーション創造プログラム(SIP)における「エネルギーキャリア」の概要**

内閣府が実施している「戦略的イノベーション創造プログラム（SIP）」は，科学技術イノベーション総合戦略（2013年）と日本再興戦略（2013年）に基づき，科学技術イノベーションを実現するために，2014年度に創設されたプログラムである．内閣府の総合科学技術・イノベーション会議が司令塔となり，「自動走行システム」や「次世代パワーエレクトロニクス」等の府省横断型の10のテーマが推進されている．水素に関しては「エネルギーキャリア」のテーマが推進されており，管理法人は科学技術振興機構（JST）である．

「エネルギーキャリア」の研究開発計画では，2020年までにガソリン等価のFCV用水素供給コストを，2030年までに天然ガス発電と同等の水素発電コストを実現することを目指して研究開発を行い，東京オリンピック・パラリンピックでの実証等も通じて水素社会の実現に向けた取り組みを推進する，としている（図3）．

「エネルギーキャリア」の研究開発項目はプログラム評価を受けて毎年変わる．比較的アンモニアに対する研究開発の比重が高く，アンモニアをいわゆる水素キャリアとして用いる研究に加え，アンモニアを直接エネルギーとして利用する研究が行われている．

なお，JSTは2017年7月に「グリーンアンモニアコンソーシアム」を立ち上げた．これには企業約20社，公的研究機関3機関が参加しており，今後，CO_2フリー燃料としてのアンモニアバリューチェーンの実用化・事業化を推進やアンモニアバリューチェーン形成に向けた戦略の検討を行うとしている．

4) **地域再エネ水素ステーション導入事業**

環境省が2015年度から実施している地域

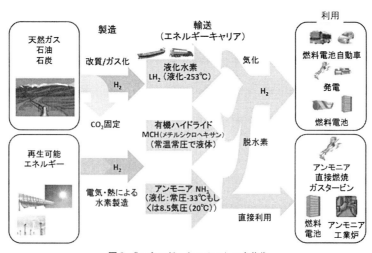

図3 「エネルギーキャリア」の全体像

表4 地域連携・低炭素水素技術実証事業（環境省）

代表事業者	実証地域 （連携自治体）	水素の 供給源	サプライチェーンの概要
トヨタ自動車	神奈川県横浜市 （一部川崎市）	風力	風力発電由来水素を簡易な移動式水素充塡設備にて輸送し，地域の倉庫，工場でFCフォークリフトで利用
エア・ウォーター	北海道 河東郡鹿追町	バイオガス	家畜ふん尿由来バイオガスから製造した水素を，水素ガスボンベを活用して輸送し，地域内の定置用FC等で利用
トクヤマ	山口県周南市，下関市	未利用副生水素	苛性ソーダ工場から発生する未利用の副生水素を回収し，液化・圧縮等により輸送し，定置用FCやFCV等で利用
昭和電工	神奈川県川崎市	使用済プラスチック	使用済プラスチックから得られる水素をパイプラインで輸送し，定置用FC等で利用
日立製作所	宮城県富谷市	太陽光	太陽光発電由来水素を，水素吸蔵合金やみやぎ生活協同組合の物流網にて輸送し，協同組合店舗や一般家庭に設置する定置用FCにて利用

再エネ水素ステーション導入事業は，再生可能エネルギーを用いた小規模水素ステーションの導入を促進するための補助金である．この事業では，主に太陽光発電と組合わせた小規模水素ステーションに対して補助を行っている（補助率3/4，上限1.2億円）．本補助金を活用して，本田技研工業・岩谷産業製スマート水素ステーション（SHS）が合計16か所導入されている（**表3**）．

2017年度からは，FCフォークリフト用水素ステーション（補助率3/4，上限2億円）も補助するようになり，同年度は1件（鈴木商館）が採択されている．

2018年度からは，水素ステーションの保守点検費用（補助率：2/3）とFCバス（補助額：車両本体価格に対して1/3）とFCフォークリフト（補助率：一般的なエンジン車と燃料電池車との差額に対して1/2）の導入費用も補助対象となっている．

5）地域連携・低炭素水素技術実証事業

この事業は，自治体や民間企業等が協力して，再生可能エネルギーや未利用エネルギーを利用した水素サプライチェーン実証を行う事業である．2015年度に4件，2017年度に1件の実証が採択されている（**表4**）．

表3 地域再エネ水素ステーション導入事業でのSHS設置例

設置場所	設置者	再エネ電力種
徳島県徳島市	徳島県	太陽光
宮城県仙台市	宮城県	太陽光
埼玉県さいたま市	三井住友ファイナンス＆リース	太陽光
熊本県熊本市	熊本県	太陽光
兵庫県神戸市	神戸市	太陽光，風力
三重県鈴鹿市	本田技研工業	太陽光
鳥取県鳥取市	三井住友ファイナンス＆リース	太陽光
京都府京都市	京都市	太陽光
福島県郡山市	三井住友ファイナンス＆リース	太陽光
神奈川県横浜市	神奈川県	太陽光，バイオマス
岡山県倉敷市	倉敷市	太陽光
三重県鈴鹿市	鈴鹿市	太陽光
茨城県猿島郡境町	境町	太陽光
青森県上北郡おいらせ町	三沢市ソーラーメンテナンス事業協同組合	太陽光
沖縄県宮古島市	宮古空港ターミナル	太陽光
福島県南相馬市	相馬ガスホールディングス	太陽光

8.2 規制見直しの動向

丸田昭輝

1) 規制見直しの概要

水素を車両用の燃料として利用することやそのためのインフラ設備を設置することは，高圧ガス保安法や建築基準法では想定されていなかった．このため，一般に安全確保面で過剰な設備を要求されることがあったり，基準標準が整備されていないことがあったりしたため，いわゆる規制見直しが必要である．

政府は2010年より，水素インフラとFCVに関する規制見直しを進めている（表1）．

2) 経済産業省「規制の再点検に係る工程表」

2010年12月に経済産省は，2015年のFCVと水素ステーションの普及開始のために必要と思われる規制見直し項目を国土交通省，消防庁ととりまとめた「燃料電池自動車・水素ステーション普及開始に向けた規制の再点検に係る工程表」を発表した．16の水素インフラ関連の規制見直し項目は，2013年度までにほぼ終了した．

3) 規制改革実施計画

経済再生のためには規制改革が不可欠と考える政府は，2013年1月に総理大臣の諮問機関として「規制改革会議」（現「規制改革推進会議」）を設置し，経済再生に即効性を持つ規制改革から優先的に実施することとなった．本会議が2013年から毎年定める規制改革実施計画には，2014年を除き毎年水素インフラやFCV関連の規制が盛り込まれている．

規制改革会議で決定されたことは，進捗がフォローアップされている．2013年6月の規制改革実施計画に記載された25項目は，すべて措置・検討済みとされている．2015年6月の規制改革実施計画に記載された18項目も大半が措置・検討済みとなっている．

なお，2017年6月の「平成29年度規制改革実施計画」では，「見直し事項の各項目について規制当局，推進部局，事業者・業界等の関係者，有識者を交えた公開の場での検討を開始する」とされているため，経産省は2017年8月に「水素・燃料電池自動車関連規制に関する検討会」を設置している．この検討会では，2017年度の37項目について順次検討を加え，必要な措置を行っている

表1　水素インフラとFCVに関する規制見直しの概要

発　表	規　制　見　直　し	項目数 水素インフラ関連	項目数 FCV関連
2010年10月	経済産業省「水素ステーション普及開始に向けた規制の再点検に関わる工程表」	16項目	—
2013年6月	内閣府「平成25年度規制改革実施計画」	12項目	13項目
2015年6月	内閣府「平成27年度規制改革実施計画」	18項目	—
2016年6月	内閣府「平成28年度規制改革実施計画」	1項目	—
2017年6月	内閣府「平成29年度規制改革実施計画」	18項目	19項目

8.3 民間の取り組み

丸田昭輝

1) Hydrogen Council

Hydrogen Council は，2017年1月に発足した，13の世界的企業による水素分野のイニシアチブである．2018年12月現在，53の企業が参画している（表1）．

表1 Hydrogen Council のメンバー（* は設立メンバー）（Hydrogen Council より）

・ステアリング・メンバー	
3M	本田技研工業*
Airbus	Hyundai Motor*
Air Liquide*	岩谷産業
Air Products	Johnson Matthey
Alstom*	JXTGエネルギー
Anglo American*	川崎重工業*
Audi	KOGAS
BMW GROUP*	Plastic Omnium
China Energy	Royal Dutch Shell*
Cummins	Sinopec
Daimler*	The Bosch Group
EDF	The Linde Group*
ENGIE*	thyssenkrupp
Equinor	Total*
Faurecia	トヨタ自動車*
General Motors	Weichai
Great Wall Motor	

・サポーティング・メンバー	
AFC Energy	三菱重工
Ballard	三井物産
Faber Industries	NEL Hydrogen
First Element Fuel (True Zero)	Plug Power
Gore	Re-Fire Technology
Hexagon Composites	Royal Vopak
Hydrogenics	Southern California Gas
丸紅	三井住友銀行
McPhy	住友商事
三菱商事	豊田通商

Hydrogen Council は，2050年に向けたロードマップ「Hydrogen, Scaling up（水素市場の拡大）」を2017年10月に発表した．ロードマップでは，再生可能エネルギー由来水素と CO_2 フリー水素が2050年までにエネルギー消費量全体の約1/5を担うことが可能であり，CO_2 排出量を年間約60億トン減らすことが可能としている（表2）．

表2 「Hydrogen, Scaling up（水素市場の拡大）」の概要（Hydrogen Council より）

水素の 大量導入	・2050年までに78EJに拡大（現状8EJ） ・2050年までにエネルギー消費量全体の約1/5を担うことが可能 ・CO_2 排出量を年間約60億トン減らすことが可能
経済効果	・2.5兆ドルに相当するビジネス機会の創出 ・3,000万人以上の雇用の創出
必要投資額	・年間200～250億ドル（2030年まで累計2,800億ドル）が必要

2) 日本水素ステーションネットワーク合同会社

日本での水素ステーション整備のために，2018年2月に日本水素ステーションネットワーク合同会社（略称JHyM）が発足した（表3）．水素ステーションの戦略的整備をはじめ，水素ステーションのコストダウンや効率的な運営への貢献を行うとしている．特に水素ステーションでは，独自に「水素ステーション整備計画」を策定し，4年間で80基の水素ステーションを整備するとしている．

表3 日本水素ステーションネットワーク合同会社の構成（同社より）

自動車メーカー	トヨタ自動車 日産自動車 本田技研工業
インフラ事業者	JXTGエネルギー 出光興産 岩谷産業 東京ガス 東邦ガス 日本エア・リキード 根本通商 清流パワーエナジー
金融投資家等	豊田通商 日本政策投資銀行 JA三井リース 損害保険ジャパン日本興亜 三井住友ファイナンス&リース NECキャピタルソリューション 未来創生ファンド （運営者：スパークス・グループ）

8.4 米国の取り組み

丸田昭輝

1) 米国における水素エネルギー政策

米国における水素・FCV政策はエネルギー省(DOE)が中心となっている．

米国DOE内の担当部署はエネルギー効率・再生エネルギー局(Office of Energy Efficiency and Renewable Energy：EERE)であり，DOE傘下の研究機関とも連携して，技術開発，実証，教育支援，安全・基準・標準等の幅広いプログラムを実施してきた．

前のオバマ政権はEVとプラグインハイブリッド重視に転じたが，DOEは引き続き，FCVの開発を目標に，水素・FC関連のプログラムを実施した．

しかし2017年1月のトランプ政権誕生で，政策の継続性が危ぶまれている．トランプ政権が2017年3月に発表した2018年度予算計画では，再エネ・蓄電池関係予算が軒並み5～8割カットとなり，水素・FC分野は2017年度実績1億ドルから4,500万ドルへの55%カットとなった．その後米国議会の巻き返しもあり，最終的には2018年度も2017年度並の予算が確保されることとなったが，今後も，同政権下では水素エネルギー関係の展開の拡大はますます難しくなっている．

なお，連邦政府としては水素ステーションやFCV，また定置用FC(家庭用，業務用問わず)に対する普及補助金はない．リーマンショック後の経済活性化として，2009年からはバックアップ電源用FCやFCフォークリフトに対する導入補助金があったが，現在は廃止されている．

2) カリフォルニア州の政策

米国でのFCV普及と水素インフラ整備の中心は，むしろカリフォルニア州である．同州は，いわゆるZEV(zero emission vehicle)規制を実施しており，大規模・中規模自動車メーカーは，2018年以降順次ZEV(EVとFCVが該当)やTransient ZEV(プラグインハイブリッドが該当)の導入が必須とされている．ZEVクレジットが，FCVがEVより優遇されていることが重要で，ゼロエミッション走行距離に応じて複数台分のクレジットが得られることになっているが，FCVには最大で4台のクレジットが得られる．

また同州はZEV普及に向けて，掛け声だけでなく，水素ステーションへの支援も行っている．ブラウン州知事は，2013年9月に，州内で100か所まで水素ステーションを整備するとし，毎年2,000万ドル(24億円)を投じることを発表した．さらに2018年1月には2025年までのZEV 500万台普及に合わせて，水素ステーションの200か所までの拡充という方針を打ち出した．

2018年8月には，同州のFCV・水素ステーション推進の官民パートナーシップであるカリフォルニア燃料電池パートナーシップ(California Fuel Cell Partnership)が「The California Fuel Cell Revolution」を発表し，2030年までにFCVを100万台，水素ステーションを1,000か所普及させる計画である．またFCV用の水素は現状で1/3を再エネ由来としなければならないが，将来は100%再エネ由来を期待するとしている．

なお，カリフォルニア州以外にも，9州(コネチカット州，メーン州，メリーランド州，マサチューセッツ州，ニュージャージー州，ニューヨーク州，オレゴン州，ロードアイランド州，バーモント州)が，2025年には新車販売の22%をZEVとすることを定めている．さらにメーン州とニュージャージー州を除く8州は相互に覚書を締結しており，2025年に330万台のZEV普及を目指すとしている．覚書では，「締結州はFCVの商業化のための展開戦略とインフラ整備を評価・実施する」とされており，水素インフラ整備を進める意向が示されている．

このような動きの中,ニューヨーク州,コネチカット州,マサチューセッツ州を中心に米国東北部でのインフラ整備が始まっており,現在までに 15 か所の水素ステーションの設置が決まっている.

c. 米国の FCV と水素ステーションの普及状況

米国では,2018 年 12 月現在でカリフォルニア州を中心に FCV が 5,600 台普及している(**表 1**).また水素ステーションは,カリフォルニア州に 36 か所が開所されており,13 か所が建設中で,5 か所が提案中である(**図 1**).

なおカリフォルニア州は毎年分析レポート「Fuel Cell Electric Vehicle Deployment and Hydrogen Fuel Station Network Development」を毎年発表しているが,2018 年 7 月に公開した最新版では,2020 年までに水素ステーション 64 か所が開所し,FCV が 13,400 台普及する(自動車メーカーへのアンケート結果より)としている.

FC バスに関しては,カリフォルニア州を中心に 30 台が運用されており,2018 年までにはさらに 20 台が追加される予定である.
なお米国には FC フォークリフトが 23,000 台普及しているが,補助金がなくても導入が拡大しており,完全に自由競争的な市場が形成されている.

表 1 米国の FCV と水素ステーションの現状と目標

	2018 年	2020 年	2030 年
FCV(台)	5,600	13,400	100 万
水素ステーション	36 (建設中 18)	約 80	1,000

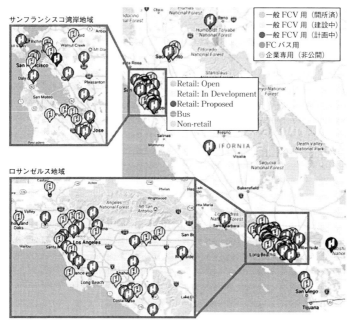

図 1 カリフォルニア州の水素ステーション(カリフォルニア燃料電池パートナーシップより)

8.5 欧州連合の取り組み

丸田昭輝

1) 欧州連合の政策

欧州連合（EU）には2018年6月現在28か国が加盟している．EUは2020年，2030年，および2050年の温室効果ガス削減目標を有している（表1）．特に再生可能エネルギーからの水素は温室効果ガス削減に貢献すると期待されているため，EUが水素プロジェクトを支援する政策上の理由となっている．

EUは2007年に，欧州共通のエネルギー・気候変動戦略として欧州戦略的エネルギー技術計画（SET Plan）を定めている．策定直後には水素は重要分野には選ばれていなかったものの，2014年に作成された統合ロードマップ「Towards an Integrated Roadmap」では，「交通用燃料の開発」にバイオ燃料とともに水素・FCが盛り込まれている．

また，SET Planの2015年改定時に10のアクションが策定されたが，アクション8「交通分野での再生可能エネルギー由来燃料の市場拡大推進」においては，再エネ由来水素のコスト目標も示されている（2020年に7ユーロ/kg，2030年に4ユーロ/kg）．

2) 欧州のFCVと水素ステーションの普及状況

EUは，2014年10月に「代替燃料インフラ指令」を発表し，加盟国は，2016年11月までに石油代替計画を提出することが義務付けられた．この指令では，長期的に石油を代替できる可能性がある燃料は，電気，水素，バイオ燃料，天然ガス，LPGとされている．各国が提出した石油代替計画から，水素展開を掲げている国の普及目標を積算すると，2025年に水素ステーション750〜850か所，FCV車両は100万台となる（表2）．

3) 燃料電池・水素共同実施機構の概要

欧州連合における水素関連プロジェクトは，燃料電池・水素共同実施機構（Fuel Cells and Hydrogen Joint Undertaking：FCH JU）が実施している．FCH JUは2008年に設立された官民パートナーシップである．これは，それまでの研究イノベーション総局（日本の文部科学省に相当）による助成の方針が硬直的で，企業ニーズを反映していないとの反省から，意思決定に民間企業を加えたものである．

FCH JUでは2030年までに，FCVやFCバスが実用化され，また欧州の2030年のエネルギー・環境目標達成にFC水素技術が大きく寄与することを目指している．また2050年までにFC水素技術が日常でごくあたり前に使用され，交通のゼロエミッション化とエネルギーのゼロカーボン化に寄与することを目指している．

第二期FCH JUでは，2014年に策定された「多年度実行計画—2014〜2020年（Multi-Annual Work Plan 2014〜2020）」において，表3に示す五つの全体目標が定められている．

4) FCH JUによる導入

FCH JUにより，2018年末時点ではFCVとFC商用車が1,350台，FCバスが67台，

表1 欧州連合の将来目標（欧州委員会）

2020年	GHG20%削減 再エネ割合20% エネルギー効率20%向上
2030年	GHG40%削減 再エネ割合27% エネルギー効率27%向上
2050年	GHG80〜95%削減

表2 欧州のFCVと水素ステーションの現状と目標

	2017年	2025年
FCV（台）	900	100万
水素ステーション	130	750〜850

FCフォークリフトが115台導入されている（**表4**）．

欧州連合が積極的に展開しているのはFCVではなく，むしろFCバスである．これは，大気質悪化に直面する欧州の大都市が，公共交通のクリーン化の一環としてFCバスの導入を進めていることを反映している．2015年にはECは，2016〜2020年に300〜400台のFCバスを導入することを33の欧州の公共交通事業者と合意した．またFCH JUが2015年に実施した調査では，2025年に8,800台のFCバスの導入が予測されている（**図1**）．実際にFCH JUでは，これまでにCHIC, High V.Lo-City, HyTransit,

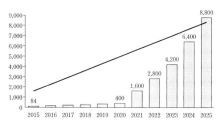

図1　FCH JUによるFCバスの普及予測

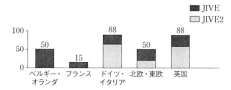

図2　JIVEとJIVE2プロジェクトでのFCバス導入台数（FCH JU）

表3　第二期FCH JUの全体目標

目標1：燃料電池システムの製造コストを交通用途に使用できるように削減しつつ，既存技術と競合できるレベルまで寿命を改善する．
目標2：多様なコージェネレーション・モノジェネレーション用燃料電池の発電効率と耐久性を向上させつつ，既存技術と競合できるレベルまでコストを削減する．
目標3：再生可能エネルギー由来水素を製造する水電解のエネルギー効率を向上させつつ，水素製造・貯蔵統合システムが市場で競合できるように，運転・資本コストを削減する．
目標4：再生可能エネルギーのエネルギーシステムへの導入のための水素システムを大規模に実証する（水素を，再生可能エネルギー由来電力の競争力がある貯蔵媒体に活用）．
目標5：EUが定める「重要な原料」（例．プラチナ）について，リサイクルや希土類元素の使用量低減・使用回避を通じて，使用を削減する．

表4　FCH JUによる展開

	FCH JU 計画台数	2017年末の導入数
FCV，FC商用車	1,900台	1,350台
FCフォークリフト	28073台	328台
水素ステーション	90か所	158か所
FCバス	360台	70台
家庭用小型FC	3,780台	1,200台
業務用中規模FC	58台	34台
大型FC	3台	1台

3EmotionといったFCバス導入プロジェクトを実施しており，約50台のFCバスが導入されている．さらに2016年には139台のFCバスを導入するJIVEプロジェクトが採択され，2017年にも152台を導入するJIVE2プロジェクトが採択された（**図2**）．これによって欧州では，数年以内に350台規模のFCバスが展開されることになる．

5）FCH JUによる水電解プロジェクト

FCH JUは，いわゆるPower-to-Gasプロジェクト（余剰再生可能エネルギーを活用した水電解による水素製造プロジェクト）も積極的に展開している．

FCH JUの水電解プロジェクトは，2011年に150 kWのPEM水電解プロジェクト（Don Quichote）の採択を皮切りに，2016年には6 MWのPEM水電解プロジェクト（H_2Future）と3 MWのアルカリ水電解プロジェクト（Demo4Grid）を採択した．2017年には10 MWのPEM水電解プロジェクトを採択し，2018年は20 MW規模のプロジェクトが採択された．

8.6
ドイツの取り組み

丸田昭輝

1) ドイツの政策

ドイツは連邦交通デジタルインフラ省を中心に4省庁が連携し，2007年から国家水素燃料電池技術イノベーションプログラム（The National Hydrogen and Fuel Cell Technology Innovation Program：NIP）を推進してきた．NIPでは，2007～2016年の10年で14億ユーロを水素・燃料電池技術開発とデモンストレーションに投入した．また2016年からは第二期が始まり，2026年までの10年間で同額を投入することになっている．

このNIPのマネジメントのために設立された組織がドイツ水素・燃料電池技術機構（NOW）である．NOWはNIPの予算を用いて，水素や燃料電池関連の公募や助成を行っている．NOWは，「監査委員会」，「諮問委員会」，「マネジメント」からなり，このうち「マネジメント」がNIPの実務組織として，プロジェクトの公募や管理等を実施する（図1）．

なおNOWは，現在はEモビリティ全般を管轄する組織となっており，FCVと水素インフラとともに，BEVと充電インフラの普及拡大も担当している．

また2004年よりFCVと水素ステーションの実証 Clean Energy Partnership（CEP）が開始され，NIP予算を活用して水素ステーション整備が進められてきた．このCEPの枠で，2016年を目標に全国50か所の水素ステーションの整備が進められた（実際に50か所を達成したのは2017年）．

さらに2009年には，水素ステーションの拡大を目指し，自動車メーカーとエネルギー会社をメンバーとする H_2 Mobility という連携組織が発足し，2018年に100か所，2023年に400か所，2030年に1,000か所という普及目標を設定した（図2）．

図1　NOWの組織

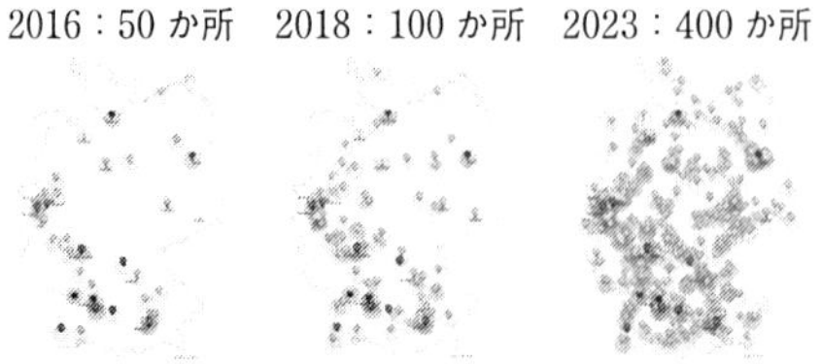

図2　ドイツの水素ステーション整備計画（H_2 Mobility）

図3　ドイツの水素ステーションの現状（ドイツ水素・燃料電池技術機構）

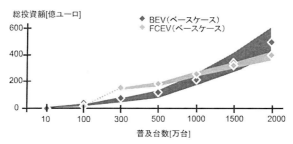

図4 H$_2$ Mobility によるインフラ検討の結果

2) ドイツのFCVと水素ステーションの普及状況

2018年12月現在，ドイツでは55か所の水素ステーションが開所している．さらに39か所が建設中であり，2019年内には100か所程度は確実視されている（図3）．

またドイツにはFCVが500台普及しているが（運用中は300台程度），大部分は現代自動車のix35 Fuel Cellである．FCバスは，16台が普及しているが，先述の欧州プロジェクトであるJIVEとJIVE2によって，60～80台が追加導入される見込みである（表1）．

さらに，NIPの下でFCV・FCバスの公用車・公共交通への導入助成金申請が2017年7月末まで行われており，結果として

表1 ドイツのFCVと水素ステーションの現状と目標

	2017年	2020年	2023年	2030年
FCV（台）	500	—	—	—
水素ステーション	43 （建設中14） 計画中20	100	400	1,000

FCV 200台以上，FCバス50台以上の申請があったとしている．

3) H$_2$ Mobility による水素インフラ投資検討

H$_2$ Mobilityではドイツの代表的研究機関であるユーリヒ総合研究機構に委託し，2017年にFCV（水素ステーション）とEV（充電スタンド）の投資比較の検討結果を発表した．その結果，300～1,000万台規模では充電インフラのほうが安価だが，1,500～2,000万台では水素インフラのほうが安価になるとの結論が得られている（図4）．

4) 地方都市の取り組み

ドイツでは，連邦政府がFCV・水素インフラ整備の中心組織であるが，自治体も普及に熱心である．

ドイツ最大の州であり，デュッセルドルフやエッセンを抱えるノルトライン＝ヴェストファーレン州は，水素・燃料電池ネットワークを立ち上げ，積極的に産業支援やデモンストレーション支援を行っている．

都市ではハンブルグが積極的で，産官学連携の協議会「HySOLUTIONS」が立ち上がっている．

8.7 フランスの取り組み

丸田昭輝

1) フランスの政策

フランスは独自の水素展開を行っている．同国はトタル（TOTAL）社やエア・リキード（Air Liquide）社等の関連産業を抱えつつも，国が水素展開に熱心ではなかったため，これらの企業は主にドイツ等の海外で展開を進めていた．また，すでに電力の8割が原子力発電であるためにEVを推進しやすく，ルノー（Renault）社やプジョー（Peugeot）社もEVに注力していた．

そのような状況の中，ドイツの水素ステーション整備の動きに刺激され，2013年にはドイツをまねた産学連携組織 H_2 Mobilité France が結成され，30余りの組織と企業が協力して，フランスの実情を反映したビジネスモデルの追求を行った．その成果が2014年に発表されたが，その根幹は当面は業務用車を中心にFCV展開し，徐々に民間に拡大し，2030年にFCV80万台，水素ステーション600か所の普及を目指すというものであった．

この H_2 Mobilité France の一環として，フランス郵便公社に導入されていたEV（Renault Kangoo ZE）を，シンビオ・エフセル（Symbio FCell）社がFC（5 kW）を搭載させレンジエクステンダーEVへと改造した（図1）．水素タンクの圧力は35 MPaである．現在フランスでは約200台のレンジエクステンダーFCVが普及している．

フランスは2018年の6月に「水素展開計画」を発表した．ドイツ同様にエネルギー転換を進め，その一環で再エネ拡大のために水素を活用する方針である．水素は低炭素電力（特に再生エネルギー由来電力）から製造するとし，現状4～6ユーロ/kgの電解水素を，2028年には2～3ユーロ/kgにするとして

図1　Renault Kangoo ZE

表1　フランスのFCVと水素ステーションの現状と目標

	2018年	2020年	2030年
FCV（台）	320	1,000	80万
水素ステーション	21（注）	100	600

注：35 MPaステーションと70 MPaステーションの合計

いる．さらに産業分野，モビリティ分野，エネルギー分野での水素展開のため，2019年から毎年1億ユーロを投入するとしている．

2) フランスのFCVと水素ステーションの普及状況

フランスは，当面は35 MPa水素ステーションを展開し，ドイツ国境や大都市のみ70 MPaステーションを整備するという展開を行っている．現在フランスには21か所の35 MPaステーションと2か所の70 MPaステーションが開所している（表1）．ただし，フランスも国際的な70 MPaに徐々に足並みをそろえてきている．

なお，H_2 Mobilité France の普及目標は，最近になりより現実的な数字に置き換えられており，直近の水素ステーションの普及目標は，2019年に100か所となっている（70 MPaと35 MPaの比率は不明）．

なお，フランスにはこれまでFCバスは導入されていなかったが，今後，欧州プロジェクトの一環で2019年までに20台が導入されることが決まっている．

8.8 その他の欧州諸国の取り組み

丸田昭輝

1) スカンジナビア諸国

デンマーク，ノルウェー，スウェーデンはScandinavian Hydrogen Highway Partnership (SHHP) というパートナーシップを締結，連携して水素インフラ展開を進めている．FCH JU の「H₂moves Scandinavia」という水素ステーション整備・FCV 展開プロジェクトというプロジェクト (2010 年～2012 年) にも共同で参画した．

デンマークは「Hydrogen Link」という国家プロジェクトとして水素ステーション整備を行っている．現在 9 か所の水素ステーションが開所しているが，2020 ～ 2025 年には100 ～ 200 か所の普及を目指している．デンマークはドイツと接しており，ドイツとの連携を強く打ち出している．

ノルウェーは「Norsk Hydrogenforum」というプロジェクトの下に水素ステーション整備を行っている．現在 5 か所の水素ステーションが開所しているが，2020 年までに 25 か所が開所する予定である．ノルウェーはガソリン車に重い税（輸入税，付加価値税）を課しており，そのため，無税の EV や FCV の所有コストが割安になっている．また首都オスロと，その周辺自治体を包含するアーケシュフース県は低炭素モビリティを強く推進しており，EV や FCV にバス優先レーンの走行を許可したり，優先駐車場を提供する等の普及政策を進めている．

スウェーデンは「Hydrogen Sweden」プロジェクトの下に，水素ステーションの展開を行っている．現在 4 か所の水素ステーションが開所しているが，2020 年までに 15 か所が開所する予定である．

図 1 にスカンジナビア諸国の水素ステー

図1 スカンジナビア諸国の水素ステーションの現状 (SHHP より)

ションの現状を示す．

2) オランダ

オランダは 2013 年に「持続可能な自動車燃料に関するビジョン」を発表した．ここにはバイオ燃料，EV とともに FCV が含まれている．さらに 2017 年に成立した新政権は，2030 年には新車をすべてゼロエミッション車両にする政策を発表している．

特に北部州（ドレンテ州，フリースラント州，フローニンゲン州）は水素展開に熱心で，2017 年 4 月に「北部オランダにおけるグリーン水素経済」というビジョンを発表した．同国には水素ステーションが 2 か所開所しており，2020 年に 20 か所を目指している．

3) オーストリア

オーストリアは自動車関連企業が多く，低炭素モビリティへの関心も高い．またグラーツ工科大学は，水素関連研究でも有名である．現在オーストリアには 2 か所の水素ステーションが開所している．

4) 英 国

英国には現状で 3 か所の水素ステーションが開所しているが，EU 離脱の問題もあり，今後の計画は不明である．

8.9 韓国の取り組み

丸田昭輝

表1 韓国のFCVと水素ステーションの現状と目標

	2018年	2022年
FCV (台)	100	1.6万
水素ステーション	10 (建設中3)	310

1) 韓国の政策

韓国では，政権(1期5年で延長なし)が変わると大きく経済・産業政策が変わるため，政策目標の一貫性は低い．またFCVを開発しているのが現代自動車のみであり，水素インフラ支援も一企業のみへの支援となってしまうため，その動きも遅かった．

韓国は新産業の育成のために，2018年5月に「産業革新2020プラットフォーム」を設置，さらに6月の第2回会合で「官民共同水素自動車産業エコシステム構築の加速」という方針を発表し，2022年までに官民で2.6兆ウォン(2600億円)をFCVと水素ステーション産業に投入するとしている．また普及目標では，2022年にFCVが16,000台，FCバスが1,000台，水素ステーションが310か所となっている(表1)．さらに水素インフラ整備会社の設立，パッケージ型水素ステーションの導入，国のエネルギー基本計画への水素エネルギーの位置づけ，Power to Gas 実証の開始などを掲げており，全体的に，かなり日本を模倣した計画になっている．

2) 韓国のFCVと水素ステーションの普及状況

韓国の場合，人口の半数以上が都市圏(ソウル特別市，仁川広域市，京畿道)に集中しており，ソウル特別市近郊だけでも人口の1/4近くを占めている．そのため，水素ステーションはソウル等の大都市に設置すれば，かなりの充填ニーズを賄うことができる．

2018年1月現在，韓国にはFCVが100台普及しており，水素ステーションは17か所となっている(図1)．ただし水素ステーションのうち6か所は35 MPaである．

なお韓国は，2018年2月の冬季オリンピッ

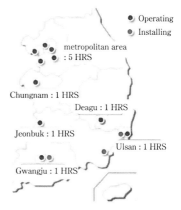

図1 韓国の水素ステーションの現状

クで，現代自動車の新型FCV「NEXO」を発表し，さらにソウル近郊からオリンピックの平昌までの約200 km自動走行させたと発表した．このNEXOは，韓国で2018年3月から販売されている．

3) 蔚山広域市における展開

韓国は蔚山広域市(Ulsan)を水素拠点として構築している．蔚山市の関係者は日本をたびたび訪問，福岡県等の水素タウン展開を詳細に視察し，2012年には世界最大規模の水素タウン実証の開始を発表した(2012～2018年)．定置用燃料電池は約200 kW(1 kW以下ユニットが140台，5 kWが5台，10 kWが1台)が設置されている．実証予算は総額870万ドルで，うち政府と自治体が700万ドルを負担している．

2016年には，現代自動車がFCV「Tucson ix35 FCEV」10台をタクシー運用した．

8.10 中国の取り組み

丸田昭輝

1) 中国の政策

世界の工場を脱して産業立国を目指している中国は，2015年に国務院が「中国製造2025」を発表した．ここでは2025年までに中国を製造強国（先進工業国）にさせるとし，強化を図る10大産業が示されている．ここではIT産業やバイオ産業，航空宇宙産業に加え，自動車産業も含まれている．

この「中国製造2025」を受け，2016年11月に中国汽車工程学会は「中国新エネルギー・スマートカー技術ロードマップ」を策定した．このロードマップには，自動走行やEVに加え，FCVと水素ステーションの普及目標も示されている．これによると，FCV（FCバス含む）は2020年に5,000台，2025年に5万台，2030年に100万台としており，水素ステーションは2020年に100か所，2025年に300か所，2030年に1000か所としている（一部35 MPa用，表1）．2017年4月には，国家発展改革委員会，工業情報化部，中国科学技術部による「自動車産業中長期発展規画」が発表され，新エネルギー車（new energy vehicle：NEV）の普及が掲げられている．ここでは蓄電池技術に加え，燃料電池技術でも中国のサプライチェーンを構築させることが掲げられている．

2) 新エネルギー車規制

「中国製造2025」を受け，中国は新エネルギー車規制法を2017年9月に制定した（施行は2019年から）．自動車メーカには新車のうち，2019年には10%を，また2020年には12%をNEVにしなければならない．中国国務院の発表では，NEVにはEV，PHEV，FCV等が含まれる．またカリフォルニア州のZEV規制と同様に，FCVはクレジット面でもEVより優遇されており，FCV導入のインセンティブとなる．

このNEV規制の目的は，第一に産業政策である．ガソリン車・ディーゼル車では日・米・欧に永遠に勝てないと判断した中国が，これからの投資次第で優位に立てる「NEV」に注力するため，まず規制を先行させているといえる．また世界最大の自動車大国となった中国では，中国技術で世界の自動車市場を席捲することを目標にしている．また，NEV規制の表向きの目的は大気質改善である．実際に中国では，大気汚染が原因と見られる死亡者数は年間111万人超とのことである．

さらに中国は，国連開発計画（UNDP）と組んで，一帯一路がカバーする国での技術移転促進パートナーシップを締結した．ここでは，水素・FC技術も含まれており，中国が周辺国に対してもこの分野で技術覇権を確保しようとする意気込みが見て取れる．

3) 中国の普及状況

2018年1月現在，中国には約60台のFCVが普及しており，水素ステーションは

表1 中国のFCVと水素ステーションの現状と目標

	2018年	2020年	2025年	2030年
FCV（台）	60	5,000	5万	100万
水素ステーション	11	100	300	1000

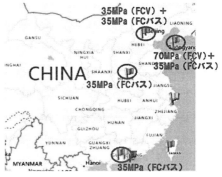

図1 中国の水素ステーションの現状

10か所で(うち7か所は35 MPa),約20か所の追加整備が決まっている(図1).

また中国はFCバスの展開を進めており,現状で200台が普及している.FCバス向けにFCスタックも国内生産しており,その生産規模から今後数年以内に2000～3000台のFCバスが導入されるとも考えられる(表1).

4) 地方都市の取り組み

中国で水素エネルギー展開に熱心なのは上海市と武漢市(湖北省),それに北京市である.2010年に開催された上海国際万博では,上海汽車(SAIC)とGMが開発したFCV 40台とFCバス6台(清華大学製3台,同済大学製3台)が導入され,観光客やVIPの移動に利用された.また会場では100台の小型FC車両が提供された(図2).

その後,上海市は,中国全体の蓄電池ブームの中でFCV展開が停滞したが,日本や米国でのFCV普及,中国国内でのFCバスやFCトラムの普及等の動きを受け,2017年9月には「上海燃料電池自動車開発計画」を発表した.計画では,2020年までに水素ステーション5～10か所を整備するとし,またFCVサプライチェーンでは,2020年までに年産150億元(2,550億円),2025年までに1,000億元(1.7兆円),2030年までに3,000億元(5.1兆円)を目指すとされている.なお,上海市でのFC・水素関連技術開発の核となっているのは,中国の三大自動車メーカーの一角を占める上海汽車(SAIC)と,理工系では中国トップクラスとされる同済大学である.

上海市に続き,最近最も積極的な展開を行っているのは武漢市である.武漢市は2018年1月に「水素都市」宣言を行い,市内に水素工業団地を建設して関連企業100社以上集める計画を発表した.また2020年までに水素ステーションを20か所程度設置し,約3,000台のFCVを普及させるとしている.2025年までには,世界の水素関連企業を誘致し,30～100か所の水素ステーションを普及させ,世界的な水素都市となることを目指している.

なお武漢市には,自動車工学に強みがある武漢理工大学があり,これが核となって,FCスタックや関連機器の開発を進めている.

北京市は,2008年の北京オリンピックでFCVとFCバスの運用を行った.FCバスは,国連開発計画世界環境機関の資金で北京の清華大学が開発したものである.その後北京は独自のFCV・FCバス計画を有していないが,2022年の冬季オリンピックでは150台のFCバスが運用される予定である.

5) 産業界の取り組み

中国企業は,積極的にFCに投資している.

①広東共同新水素電力技術はBallard Power SystemsとFCスタック製造会社を設立.年産6,000台を計画.

②Ballard Power Systemsの最大株主である中山大洋電機は,Ballardとの合弁でFCスタック工場を設立.年間数千台のFCスタックを製造する.

③北京亿华通科技はHydrogenicsのライセンスを受けFCスタックを製造.2022年の北京オリンピックで運用される150台のFCバス向けに納入する.

④华夏グループは,オランダのNedstackとFCV向けFCスタック製造の合弁会社を設立する.年産3,000台を予定.

⑤民間自動車メーカーとしては最大の長城汽車は,2017年末にHydrogen Councilに参画した.最近ではFCV開発のために,積極的に欧米の専門家を集めている.

図2 上海万博でのFCVと水素ステーション

コラム

南アフリカのプラチナ鉱山

太田健一郎

周期律表の第5，第6周期の第8，9，10族に属する6元素のルテニウム，ロジウム，パラジウム，オスミウム，イリジウム，白金は物理的，化学的性質に似ているところが多く白金族元素（Platinum Group Metal：PGM）と呼ばれる．この中で白金は宝飾用，医療用の他，自動車排気ガス触媒への用途が大きい．水素が関与する燃料電池，水電解における電気化学反応において良好な触媒能を示し，重要な機能材料として役立っている．

白金の生産量は世界で年産 180〜200 トンであり，かつその 75% は南アフリカないしはその周辺で産出される．またその確認埋蔵量は6万トン程度で，その 95% は南アフリカにあるとされている．なぜ白金が世界的に偏って存在するかは地政学的に明らかではない．

燃料電池や水電解に関係する者として，白金鉱山の現状は把握しておく必要がある．筆者は 2013 年春に南アフリカ政府のご協力で南アフリカの白金鉱山を見学する機会を得た．見学したのは南アフリカ第3位の販売量を有する Lonmin 社の Hossy Shaft（図1）である．場所は経済の中心であるヨハネスブルグの近郊にあり，行く道筋の両脇は鉱山から排出される大量の土砂で大きな山が幾つも見られた．

鉱業で生きている国を実感できたが，廃棄

物の処理がこれでよいのか疑問に思った．現場に着くと，作業服に着替え，まず緊急時の対応訓練を行った．空気袋が与えられその着脱と使い方の訓練である．鉱山の中での緊急時に使用するそうである．使える時間が 20 分と聞いて，その時間で避難できるか不安に思った．見学現場は地下 400 m でそこまでエレベータとリフトを使って下った．その現場では機械を使った白金鉱の掘削と鉱石収集を体験した．

実際の白金鉱石の採掘は地下 4,000 m を中心に行っており，その品位は 5 ppm 程度であるとのことであった．それも枯れかけており，これからは地下 6,000 m，品位も 4 ppm 程度まで考えているとのことであった．ドイツのアウトバーンのアスファルトにはこれ以上の濃度の白金が含まれているので，この濃度ではドイツを含めて，わが国ではとても工業化は難しいと考えられる．

南アフリカでは Hydrogen South Africa 計画が進行中であり，太陽光や風力を中心にした再生可能エネルギー，水素エネルギー，燃料電池の積極的な活用・導入が図られつつあり，その主な目的の一つが白金鉱山からの二酸化炭素排出の削減とされている．

再生可能エネルギーから得られた水素を用いた燃料電池車の二酸化炭素排出を LCA で考えると，現状では白金製造過程から出る量が最も多いと予想されている．この問題は南アを訪問した時に現地の技術者と議論した．ヨハネスブルグ近郊のソウェトを訪問，前大統領マンデラ氏の生家，小学校を見学した．昔に比べてかなり改善されているが，まだ電気のない家が多かった．

この訪問時，南アフリカ政府は白金資源が南アフリカに集中していることから，これを国有化することを考え，Platinum Valley 構想を立ち上げた．白金資源を国有化することで，資金が海外に流出するのを防ぐためである．この白金資源国有化構想はマンデラ前大統領の死後，予定通りには進んでいないようである．

図1 Hossy Shaft の建物（左）と地下 400m の採掘場（右）

あ と が き

　今回，水素エネルギー協会の協力のもと，西宮伸幸先生，太田健一郎先生をはじめ多くの編集委員の先生方また各分野の専門家の方々のご尽力をいただき，本書が発行できましたこと，また私ども(株)テクノバもこの編集に参加する機会を得ましたことは，永年，水素エネルギーに関わってきた者として，一つの大きな役割を果たせたような思いでおります．

　テクノバは1978年に故大島恵一東京大学名誉教授らによって創設されたシンクタンクですが，一貫して先端技術の研究開発とその社会システム化に注力してまいりました．水素では2010年に「NEDO燃料電池・水素技術開発ロードマップ」の水素分野の策定に携わり，多くの開発者に参考にしていただきました．また2013年から「HyGrid研究会」を組織し，再生可能エネルギー等からの水素製造から利用までのシステムとしての実証も進めています．

　全世界的な脱石油依存型社会へのパラダイムチェンジに入った今，求められるのは個々の技術の積み重ねと同時に，水素社会システムの構築であり，日本がこれを如何に実現していくか世界から注目されています．水素社会は日本が実現しなければならない未来でもあります．

　そのためには，多くの専門分野を越え，様々な業界・企業，世界各地域との連携が必要であり，新たな発想や情熱をお持ちの人々の英知の結集も不可欠です．私たちは，これからもそのような機能を担っていきたいと考えています．

　本書はこのような想いの集大成であり，これからの水素エネルギー，水素社会を担う方々へのメッセージでもあります．本書が水素社会実現への指針となることを願っています．

　最後になりましたが，この場をお借りして，ご編集いただいた水素エネルギー協会，そして朝倉書店に心より御礼申し上げます．

2019年1月

編集幹事
株式会社テクノバ 取締役社長
亀 井 淳 史

参考文献
REFERENCES

第2章

1) 桂井　誠（2013）基礎エネルギー工学［新訂版］, p.17, 数理工学社.
2) Climate Change 2013-The Physical Science Basis（2013）Intergovernmental Panel on Climate Change, p.14, p.471, p.714, IPCC.
3) 日本気象協会地球環境問題委員会編（2014）地球温暖化―そのメカニズムと不確実性, p.22, p.26, 朝倉書店.
4) J. Kiehl, K. Trenberth（1997）*Bulletin of the American Meteorological Society*, 78：197.
5) 田中紀夫（2004）石油・天然ガスレビュー, No.9, p.83；No.11, p.43.
6) IPCC第5次評価報告書の概要−第1作業部会（自然科学的根拠）(2014.12) 環境省.
7) HSC Chemistry 5.11, Outokumpu Research.
8) DOE Hydrogen and Fuel Cell Program Record ×9013（2009）.
9) T. Hua, R. Ahluwalia, *et al.*（2010）ANL-10/24.
10) Y. Okada, M. Shimura（2013.2）Proceedings of Joint GCC-Japan Environment Symposia.
11) 牧野　功（2018）国立科学博物館技術の系統化調査報告, 12：209.
12) W. Avery（1988）*Int. J. Hydrogen Energy*, 13：761.

第3章

1) 福田健三：WE-NETが目指した社会と今, NEDO FORUM（2015年2月12日）.
2) 橋本道雄：水素社会の実現に向けて〜50年の大計〜, NEDO FORUM（2015年2月12日）.
3) 水素利用国際クリーンエネルギーシステム技術（WE-NET）研究開発・第Ⅰ期　最終評価報告書（平成11年12月）.
4) Euro-Québec Hydro-Hydrogen Pilot Project Phase Ⅱ Feasibility Study Final Report（March 1991）.

第4章

1) 桜井　弘（1997）元素111の新知識, pp.30-34, 講談社.
2) J.D. Lee 著, 浜口　博, 菅野　等訳（1982）リー無機化学, pp.119-123, 東京化学同人.
3) J. van Kranendonk, H.P. Gush（1962）水素分子の結晶構造. *Physics Letters A*.
4) 竹市信彦, 田中秀明他（2007）高圧力の化学と技術, 17：257.

第5章

1) 石油学会編（2014）新版 石油精製プロセス, pp.345-368, 石油学会.
2) 五十嵐哲（2000）水素の製造と利用に関する最近の話題. 水素エネルギーシステム, 25(2)：62-70.
3) 白崎義則, 太田洋州他（1997）都市ガスから直接純水素を製造する水素分離型改質器の開発. 水素エネルギーシステム, 22(1)：8-13.
4) 金子祥三（2012）石炭ガス化技術と水素製造. 水素エネルギーシステム, 37(1)：29-32.
5) 池田雅一（2009）製油所を活用した"低炭素型"水素製造の可能性. 水素エネルギーシステム, 34(1)：29-32.
6) 原田道昭, 川村　靖他（2010）石炭からの水素製造. 水素エネルギーシステム, 35(1)：9-16.
7) F. M. Sapountzi, J. M. Gracia, *et al.*（2017）Electrocatalysts for the generation of hydrogen, oxygen and synthesis gas. Prog. Energy Combust. *Sci.*, 58：1-35.
8) K. Kinoshita（1992）Electrochemical Oxygen Technology, pp.348-359, John Wiley & Sons, New York.
9) M. Carmo, D. L. Fritz, *et al.*（2013）A comprehensive review on PEM water

electrolysis. *Int. J. Hydrogen Energy*, 38：4901-4934.

10) W. Doenitz, R. Schmidberger, *et al.*（1980）Hydrogen production by high temperature electrolysis of water vapour. *Int J. Hydrogen Energy*, 5：55-63.

11) 水素エネルギー協会編（2014）水素の事典, pp.524-528, 朝倉書店.

12) 河守正司, 三谷 優（2010）バイオマスを用いた水素発酵実証試験. 水素エネルギーシステム, 35(1)：17-21.

13) M. Aslam, *et al.*（2017）Engineering of the hyperthermophilic archaeon *Thermococcus kodakarensis* for chitin-dependent hydrogen production. *Appl. Environ. Microbiol.*, 83(15)：e00280-17.

14) 林 石英他（1999）CO_2吸収剤共存における有機物を利用した超臨界水の熱化学分解反応によるH_2の製造. 化学工学論文集, 25(3)：498-500.

15) 美濃輪智朗（2005）木材から水素を生産する新技術. *AIST TODAY*, 5(2)：29.

16) A. Fujishima, K. Honda（1972）*Nature*, 238：37-38.

17) 日本化学会編（1987）無機光化学. 化学総説 No.39, p.123, 学会出版センター.

18) 工藤昭彦, 和木康弘他（2007）触媒, 49(7)：567-572.

19) 阿部 竜（2014）触媒, 56(4)：219-225.

20) Q. Wang, T. Hisatomi, *et al.*（2016）*Nature Mater.*, 15：611-615.

21) 高橋喜和, 依田 稔（1999）日本油化学会誌, 48(10)：1141.

22) https://aburano-hanashi.kuni-naka.com/13

23) 吉田邦夫編（1999）エクセルギー工学. p.131, 共立出版.

24) J.E. Funk, *et al.*（1964）TID 20441（EDR3714）. Vol.2, supplement A.

25) S. Kasahara, *et al.*（2017）*Int. J.Hydrogen Energy*, 42(9)：13477-13485.

26) T. Kameyama, *et al.*（1984）*Int. J. Hydrogen Energy*, 93：197-190.

27) L.E. Brecher, *et al.*（1977）*Int. J. Hydrogen Energy*, 2(7).

28) T. Nakagiri, *et al.*（2006）*Int. J. JSME*, B 49(2).

29) G.F. Naterer, *et al.*（2010）*Int. J. Hydrogen Energy*, 35：10905-10926.

30) ソーダ工業ハンドブック 2017. 日本ソーダ工業会.

31) 日本ソーダ工業会ソーダハンドブック編集幹事会編（1998）ソーダハンドブック, 日本ソーダ工業会.

32) 木村英雄, 藤井修治（1984）石炭化学と工業（増補版）, 三共出版.

33) 日本エネルギー学会コークス工学研究部会（2010）コークス・ノート 2010年版.

34) S.Nomura, T. Nakagawa（2016）*Int. J. Coal Geology*, 168：179-185.

35) 岡崎照夫, 小野 透（2011）新日鉄技報, 391：187-193.

36) 藤本健一郎, 鈴木公仁（2011）新日鉄技報, 391：201-205.

37) 小野嘉夫他（2003）吸着の化学と応用, pp.10-11, 講談社サイエンティフィク.

38) 残間 洋（1986）圧力スイング吸着技術集成（川井利長編）, pp.184-187, 工業技術会.

39) http://www.tn-denzaiequipment.jp/jp/purifier/puremate/index.html×ambient-temp-absorber-h2

40) 朝倉隆晃他（2014）天然ガスからの水素製造, 水素エネルギーの開発と応用（吉倉広志他編）, pp.33-35, シーエムシー出版.

41) 原谷賢治（1993）気体透過. 膜分離プロセスの理論と設計（酒井清孝編）, pp.219-220, アイピーシー.

42) 日本膜学会編（1985）膜分離プロセスの設計法, p.25. 喜多見書房.

43) 京谷智裕他（2011）化学プロセスへの適用に向けたゼオライト膜開発の現状. ゼオライト, 28(1)：10-15.

44) 荒木貞夫他（2011）シリカ系水素分離膜の開発. 関西大学理工学会誌理工学と技術, Vol.18, pp.25-30.

45) 吉宗美紀他（2009）カーボン膜モジュールを用いた混合ガス分離. 高圧ガス, 46(6)：428-431.

46) 須田洋幸（2006）金属膜による水素分離の進展. 膜（MEMBRANE）, 31(5)：267-270.

47) K. Nagata, M. Miyamoto, *et al.*（2011）*Chem. Lett.*, 40：19-21.

48) 西田亮一, 中尾真一（2015）膜分離技術を用いた有機ハイドライドからの水素の分離・精製. 水素エネルギーシステム, 40(1)：15-19.

49) 吉宗美紀, 原谷賢治（2014）SPPO中空糸カー

ボン膜による水素／トルエン混合ガス分離．日本膜学会第36回会講演要旨集, p.28, 日本膜学会.

50) 伊藤直次（2014）無機系水素分離膜と膜反応器の化学系水素キャリアシステムへの応用．エネルギー・化学プロセスにおける膜分離技術（喜多英敏監）, pp.250-259, S&T 出版.

51) 高野俊夫（2014）輸送用・蓄圧用高圧水素容器, 水素利用技術集成, Vol.4, pp.79-89, NTS.

52) 岩谷産業, Hydrogen 冊子.

53) L. Randall, F. Barron (1985) Cryogenic system, p.5, Oxford press, London.

54) WE-NET 水素エネルギーシンポジウム予稿集（1999）

55) J. Gretz (1995) The Euro-Quebec Hydrogen Pilot Project. *Int. J. hydrogen energy*, Vol.23.

56) AIAA (2004) Guide to Safety of hydrogen and hydrogen systems.

57) 神谷祥二（2012）水素エネルギーシステムと液体水素．燃料電池, Vol.12.

58) B.A. Hands (2013) Cryogenic Engineering, pp.327-328, Academic Press, London.

59) F. Rigas, *et al.* (2013) Hydrogen Safety, p.67, CRC Press, London.

60) 水素・燃料電池戦略協議会（2016）水素・燃料電池戦略ロードマップ．

61) 川崎重工業パンフレット（2015）Hydrogen Roads.

62) 日本海事協会（2017）液化水素運搬船ガイドライン．

63) HySTRA（技術研究組合 CO_2 フリー水素サプライチェーン機構）パンフレット（2017）.

64) 佐竹義他（2015）火力発電所向けタービン発電機の大容量化技術．三菱重工技報, 52（2）：44.

65) 経済産業省 HP
http://www.meti.go.jp/press/2017/12/20171226002/20171226002.html

66) 千代田化工建設 HP
https://www.chiyodacorp.com/jp/service/spera-hydrogen/innovations/

67) NEDO HP
http://www.nedo.go.jp/news/press/AA5_100807.html

68) 水素・燃料電池ハンドブック編集委員会（2006）水素・燃料電池ハンドブック, オーム社.

69) 水素エネルギー協会編（2017）トコトンやさしい水素の本 第2版, p.146, 日刊工業新聞社.

70) 神谷祥二，砂野耕三他（2015）水素液化・液化水素輸送貯蔵―来るべき水素社会に向けて―．川崎重工業技報, 176：34-39.

71) 藤村 靖（2017）CO_2 フリー水素利用アンモニア合成システム開発．SIP エネルギーキャリア公開シンポジウム 2017 配付資料, pp.50-51, 内閣府（国研）科学技術振興機構．

72) 岡田佳巳（2017）大規模水素貯蔵輸送技術と今後の展望．第37回水素エネルギー協会大会予稿集, p.I-VI.

73) 水野有智, 石本祐樹他（2017）国際水素エネルギーキャリアチェーンの経済性分析．エネルギー・資源学会論文誌, 38(5)：11-17.

74) 岩谷産業（2016）水素エネルギーハンドブック 第4版．

75) 新エネルギー・産業技術総合開発機構編（2017）NEDO 水素エネルギー白書, p.130, 日刊工業新聞．

76) 田畑 健（2010）水素社会と都市ガス事業．水素エネルギーシステム, 35(4)：77-80.

77) 石油エネルギー技術センター（2013）製油所からの水素供給能力調査, 平成 25 年度技術開発・調査事業成果発表会要旨集．

78) 日本ガス協会 HP
http://www.gas.or.jp/gas-life/enefarm/shikumi/

79) 日本電機工業会 HP
https://www.jema-net.or.jp/Japanese/res/fuel/about.html

80) エネファームパートナーズ HP
http://www.gas.or.jp/newsrelease/2017ef20.pdf

81) 日本電機工業会（2017）2016 年度 燃料電池発電システム出荷量統計調査報告．電機, 792：28-32.

82) 三菱日立パワーシステムズ HP
https://www.mhps.com/jp/products/sofc/overview/

83) トヨタ自動車 HP
https://www.toyota.co.jp/jpn/tech/environment/fcv/

84) ホンダ技研工業 HP
https://www.honda.co.jp/tech/suiso/

85) 日本船舶輸出組合（2015）欧州における水素燃料電池船に関する調査．
http://www.jstra.jp

86) http://ec.europa.eu. One hundred passengers

and zero emissions
87) 国土交通省プレスリリース（2016）水素社会実現に向けた燃料電池の実船試験が開始．
http://www.mlit.go.jp
88) W. P. Joseph, et al.（2016）Feasibility of the SF-BREEZE：a Zero-Emission Hydrogen Fuel, High- Speed Passenger Ferry.
https://www.marad.dot.gov
89) 経済産業省（2010.4.12）次世代自動車戦略2010．
90) 経済産業省（2016）燃料電池自動車等の普及促進に係る自治体連携会議（第3回）資料．
91) 宇宙航空研究開発機構（2008）水素燃料航空機の国内外検討調査．JAXA-SP-08-005．
92) 岡井敬一（2008）脱化石燃料航空機の展望．PILOT，309(4)：6-16．
93) ATAG（Air Transport Action Group）（2013）Reducing Emission from Aviation through Carbon neutral Growth from 2020.
https://www.iata.org/policy/environment/Documents/atag-paper-on-cng2020-july2013.
94) 岡井敬一，野村浩司他（2017）航空機伝導推進用燃料電池ハイブリッドシステムの可能性．日本航空宇宙学会誌，65：19-20．
95) http://www.jaxa.jp/projects/rockets/h2a/index_j.html
96) http://www.jaxa.jp/projects/rockets/h2b/index_j.html
97) P. Timmerman（2008）JPL Power Systems, 1st 20 years in Review. Proceedings of the 2008 Space Power Workshop.
98) 桑島三郎（2000）燃料電池技術とその応用（竹原善一郎編），pp.293-304，テクノシステム．
99) 曽根理嗣他（2002）宇宙用燃料電池技術と最近の動向．電気化学および工業物理化学，70(9)：705-710．
100) 曽根理嗣（2008）航空宇宙用電源における水素利用．水素エネルギーシステム，33(3)：48-54．
101) H. A. Liebhafsky, E. J. Crains（1968）Fuel Cells and Fuel Batteries, pp.587-619. John Wiley & Sons.
102) D. Bell III, F. M. Plauche（1973）Apollo Experience Report-Power Generation System, NASA TND-7142.
103) W.E. Simon（1985）Space Shuttle Power Generation and Reactant Supply System. Pro. Space Shuttle Technical Conference, NASA-CP-2342, pp.702-719.
104) 宇宙開発事業団（1992）宇宙用Ni-H_2電池適用データシート，技術資料番号TK-E92021．
105) 宇宙開発事業団（1997）宇宙用Ni-MH電池適用データシート，技術資料番号GBA-97095．
106) D. J. Samplatsky, K. Grohs, et al.（2011）Development and Integration of the Flight Sabatier Assembly on the ISS, AIAA 2011-5151.
107) 曽根理嗣（2016）宇宙探査から水素利用社会へ，貢献の道筋．再生可能エネルギーによる水素製造，pp.94-102．S&T出版．

第6章

1) 新エネルギー・産業技術総合開発産業機構編（2015）NEDO水素エネルギー白書，p.90，p.92，p.98，日刊工業新聞．
2) 高圧ガス保安協会編（2018）高圧ガス保安法規集．高圧ガス保安協会．
3) 飯島高志（2016）高圧水素ガス中金属材料試験装置の開発と材料評価方法．燃料電池、15：51-69．
4) 水素エネルギー協会編（2014）水素の事典，p.461，p.483，p.494，朝倉書店．
5) 水素・燃料電池戦略協議会ワーキンググループ（第3回）．配布資料．
http://www.meti.go.jp/committee/kenkyukai/energy/suiso_nenryodenchi/suiso_nenryodenchi_wg/pdf/003_02_00.pdf
6) 水素・燃料電池戦略協議会（第8回）．配布資料．
http://www.meti.go.jp/committee/kenkyukai/energy/suiso_nenryodenchi/pdf/008_02_01.pdf
7) 規制改革推進に関する第1次答申．
http://www.meti.go.jp/committee/kenkyukai/energy/suiso_nenryodenchi/pdf/009_s01_00.pdf
8) 丸田昭輝（2018）海外における燃料電池・水素の教育，啓蒙．トレーニング活動．燃料電池，17(3)：33-41．

第7章

1）資源・エネルギー庁（平成28年3月）水素・燃料電池戦略ロードマップ改訂版.
2）再生可能エネルギー・水素等関係閣僚会議（平成29年12月）水素基本戦略.
3）Department of Energy（2012）Fuel Cell Technologies Office Multi-Year Research, Development, and Demonstration Plan.
4）Department of Energy（2002）A National Vision of America's Transition to a Hydrogen Economy.
5）E. L. Miller（2017）Hydrogen Production & Delivery Program, 2017 Annual Merit Review and Peer Evaluation Meeting 5 June.
6）Pivovar, H_2@Scale Workshop Report, NREL/BK-5900-68244（2017）.
7）Ludwig-Bölkow-Systemtechnik Gmbh, HyWays The European Hydrogen Roadmap（2008）.
8）FCH2JU, Multi - Annual Work Plan（2014 - 2020, 2014）.
9）Hydrogen Mobility Europe. https://h2me.eu/
10）H_2 Mobility. http://h2-mobility.de/en/h2-mobility/
11）IEA（2015）Technology Roadmap Hydrogen and Fuel Cells.
12）J. Gretz, et al.（1994）*Int. J. Hydrogen Energy*, 19：169-174.
13）電源開発（NEDO委託）（1995）水素利用国際クリーンエネルギーシステム技術サブタスク3 全体システム概念設計. 平成6年度成果報告書, NEDO-WE-NET-9431.
14）エネルギー総合工学研究所（NEDO委託）（2010）再生可能エネルギーの大陸間輸送技術の研究.
15）IEA（2015）Technology Roadmap Hydrogen and Fuel Cells.
16）東芝プレスリリース（2016年3月14日）「変なホテル」第2期棟の自立型水素エネルギー供給システム「H_2OneTM」が運転を開始.
17）相澤芳弘他（2015年12月）離島における再生可能エネルギーの水素電力貯蔵の検討. 第35回水素エネルギー協会大会.
18）東京電力プレスリリース（2018年4月13日）2030年のエネルギーミックスを模擬した電力系統の実証試験を開始へ－風力発電などの大量導入を目指し，島内で模擬実証－.
19）IEA（2012）Energy Technology Perspectives 2012.
20）IEA（2017）Energy Technology Perspectives 2017.
21）日本エネルギー経済研究所（2016）アジア／世界エネルギーアウトルック.
22）A. Kurosawa（2004）Carbon concentration target and technological choice. *Energy Econ*, 26：675-684.
23）石本祐樹他（2015）世界及び日本におけるCO_2フリー水素の導入量の検討. 日本エネルギー学会誌, 94：170-176.
24）エネルギー総合工学研究所（2012）平成23年度CO_2フリー水素チェーン実現に向けた構想研究成果報告書. http://www.iae.or.jp/report/list/renewable_energy/action_plan/
25）エネルギー総合工学研究所（2016）平成28年度CO_2フリー水素普及シナリオ研究成果報告書.
26）Siemens, Green ammonia. https://www.siemens.co.uk/pool/insights/siemens-green-ammonia.pdf
27）Eystein Leren（2017年11月15日）Renewable Energy in Industry -ammonia-, Nordic Energy Day at COP23. http://www.nordicenergy.org/wp-content/uploads/2017/11/Yara-IEA-REN-in-Industry-ammonia-COP23-15NOV2017-2-1.pdf

索　引

欧　文

COP21　3
Copper-Chloride サイクル　97
CO 転化工程　76
CT　85

ETP2017　184

FCV　100, 101, 137, 138
FC フォークリフト　142
FC ユニット　142
FeTi 収容容器　6

GRAPE　186

H_2@scale　175
H_2 Mobility　177
Hydrogen Economy　51
HyS サイクル　97

IEA　180, 184
IEC　163
IGC コード　109
IMO　109
IPCC　13, 29, 44
IS プロセス　96

McPhy 社　6, 50
MRI　85

NMR　85

PEFC 型　131
Power to Gas　49, 175

PSA 法　100

SOFC 型　131

THEME　28, 53
TSA 法　101

UT-3 サイクル　97

Westinghouse サイクル　97

Z スキーム型光触媒系　92

あ　行

亜鉛の電解精錬　5
圧縮水素　21
圧縮率因子　69
圧力スイング吸着法　100
アポロ計画　28
アルカリ形燃料電池　38
アルカリ水電解　4, 80, 82
アンモニア　3, 180, 181

イオン化エネルギー　61

ウィッケ　43
ウィルキンソン触媒　68

液化アンモニア　21
液化水素　21, 58, 124, 181
　──の輸送貯蔵　107
液化水素運搬船　109
エクセルギー　44
エネファーム　2, 8, 38, 132, 163
エネルギーキャリア　19
塩基性電解質　80

太田時男　51
オゾン　15
オートサーマル法　78
オルソ（オルト）水素　57, 106
温室効果　14
温度スイング吸着法　101

か　行

改質ガス　132
改質触媒　132
海水電解　51
回転量子数　57
核磁気共鳴　85
核スピン　57
ガス化　78
価電子帯　90
価電子帯準位　90
カーボン膜　103

気候変動に関する政府間パネル　13
規準エクセルギー　2
基底状態　58
キャニスター　43
金属酸化物半導体　90
金属水素化物　21
金属膜　103

クラーク数　56
グリーン水素　45
グリーン水素エネルギーシステム　3

グロッタス機構　65
グローブ卿　2

軽水素　59
結合性分子軌道　62
結晶構造　63
原子核反応　60

高圧ガス保安法　153
高圧水素　71
高温水蒸気電解　80, 84
合成燃料　29
国際エネルギー機関　180, 184
国際海事機関　109
国際電気標準会議　163
コークス炉ガス　99
固体高分子形燃料電池　38, 40, 131
固体高分子形水電解　5, 80, 83
固体酸化物形燃料電池　40, 131
コールタール　99
コンピュータ断層　85

さ　行

最外殻電子　56
再生可能エネルギー　2
酸化　61
酸化数　61
酸化タングステン　91
酸化チタン単結晶電極　90
三次元空間群　63
サンシャイン計画　29
三重水素　59
三重点　57
酸性電解質　80
酸素発生電位　90

磁気共鳴画像検査　85
磁気量子数　56
質量保存の法則　66
シフト触媒　132
重水素　59
蒸気圧　57

小軌道　56
蒸発熱　57
触媒的水素化反応　68
助触媒　91
シリカ膜　103

水蒸気改質工程　76
水蒸気改質法　76
水素イオン　65
水素化脱硫　129
水素化脱硫工程　76
水素化物　67
水素化物イオン　67
水素化分解　129
水素基本戦略　8, 46, 48, 172, 198
水素吸蔵金属　110
水素吸蔵合金　50, 148
水素社会　172
水素ステーション　40
水素精製　78
水素精製工程　76, 77
水素製造装置　77, 129
水素船　141
水素センサー　156
水素・燃料電池戦略ロードマップ　109, 172, 187, 190, 194
水素の固形化技術　31
水素の貯蔵媒体　188
水素の輸送媒体　188
水素発生電位　90
水素発電　8
水素用流量計　157
水素リッチガス　132
スピルオーバー　43

製鉄プロセス　180
ゼオライト膜　103
世界水素エネルギー会議　52
積層断熱材　108
石炭　99
石油ショック　52
接触改質　79

接触改質装置　79, 129
セルスタック　131
遷移金属　112
選択酸化触媒　132

相転移　57

た　行

第一イオン化エネルギー　61
第一次エネルギー革命　17
第三イオン化エネルギー　61
第三次エネルギー革命　18
第二イオン化エネルギー　61
第二次エネルギー革命　17
タービン発電機　115
タール　99
炭化水素　124
炭素循環　13
断熱材　108
断熱方法　107

地域再エネ水素ステーション　196
地球温暖化　14
窒素酸化物　14
中性子　56

ディマンドレスポンス　189
デューテロン　65
電圧効率　5
電解槽方式　80, 81
電解電力　5
電気陰性度　61
電子殻　56
電子軌道　56
電子配置　56
伝導帯　90
伝導帯準位　90
電流効率　5

同位体　59
トリトン　65
トルエン／メチルシクロヘキサン

21

な 行

二酸化炭素　14
二段階光励起　92
ニッケル水素電池　7, 49

熱化学的方法　30
熱化学分解法　96
熱化学法水素製造　4
熱的平衡電圧　81
熱分解法　86
熱容量　57
燃焼限界　57
燃料処理装置　132
燃料電池　38
燃料電池自動車　8, 40, 101

ノーマル水素　106

は 行

排除体積効果　73
ハイドライド　118
ハイブリッドシステム　136
発酵法　86
パラ水素　57, 106
ハロカーボン類　14
反結合性分子軌道　62
半減期　59
バンドギャップ　90

ヒドリド　67
ヒドロン　65
ビリアル係数　69
ビリアル方程式　69

ファンデルワールス半径　65
部分酸化法　78
部分水　95
プレミアム水素　45
ブレンステッド-ローリー　65
プロトン　65
プロトン・ジャンプの機構　65
分子回転状態　58
ブンゼン反応　96

平衡電極電位　90
ペロブスカイト型複合酸化物　91

ボイル-シャルルの法則　69
方位量子数　56
放射性同位体　59
ボックリス　53
ホットボックス　133
ホットモジュール　133
本多-藤嶋効果　90

ま 行

マーク1　30

水自立　133

水電解設備　184
水電解法　4
水のイオン積　66

無機ハイドライド　124
ムーンライト計画　31

メタノール　180
メタン　14
メチルシクロヘキサン　47
面心立方金属　110

や 行

融解熱　57
有機ケミカルハイドライド　21
有機ハイドライド　124, 181

陽子　56
溶融炭酸塩形燃料電池　40

ら 行

ライリー　6, 43

理想気体　69
リチウム二次電池　7
硫酸分解　96
両性酸化物　61
臨界点　57
リン酸形燃料電池　39,

水素エネルギーの事典　　　　　　　　定価はカバーに表示

2019年3月1日　初版第1刷
2022年11月25日　　第4刷

編集者　水素エネルギー協会
発行者　朝　倉　誠　造
発行所　株式会社　朝　倉　書　店
　　　　東京都新宿区新小川町6-29
　　　　郵便番号　162-8707
　　　　電　話　03(3260)0141
　　　　ＦＡＸ　03(3260)0180
　　　　https://www.asakura.co.jp

〈検印省略〉

© 2019〈無断複写・転載を禁ず〉　　　　　　中央印刷・渡辺製本

ISBN 978-4-254-14106-1　C3543　　　　　Printed in Japan

JCOPY ＜出版者著作権管理機構 委託出版物＞

本書の無断複写は著作権法上での例外を除き禁じられています．複写される場合は，そのつど事前に，出版者著作権管理機構（電話 03-5244-5088, FAX 03-5244-5089, e-mail: info@jcopy.or.jp）の許諾を得てください．

好評の事典・辞典・ハンドブック

物理データ事典	日本物理学会 編	B5判 600頁
現代物理学ハンドブック	鈴木増雄ほか 訳	A5判 448頁
物理学大事典	鈴木増雄ほか 編	B5判 896頁
統計物理学ハンドブック	鈴木増雄ほか 訳	A5判 608頁
素粒子物理学ハンドブック	山田作衛ほか 編	A5判 688頁
超伝導ハンドブック	福山秀敏ほか 編	A5判 328頁
化学測定の事典	梅澤喜夫 編	A5判 352頁
炭素の事典	伊与田正彦ほか 編	A5判 660頁
元素大百科事典	渡辺 正 監訳	B5判 712頁
ガラスの百科事典	作花済夫ほか 編	A5判 696頁
セラミックスの事典	山村 博ほか 監修	A5判 496頁
高分子分析ハンドブック	高分子分析研究懇談会 編	B5判 1268頁
エネルギーの事典	日本エネルギー学会 編	B5判 768頁
モータの事典	曽根 悟ほか 編	B5判 520頁
電子物性・材料の事典	森泉豊栄ほか 編	A5判 696頁
電子材料ハンドブック	木村忠正ほか 編	B5判 1012頁
計算力学ハンドブック	矢川元基ほか 編	B5判 680頁
コンクリート工学ハンドブック	小柳 洽ほか 編	B5判 1536頁
測量工学ハンドブック	村井俊治 編	B5判 544頁
建築設備ハンドブック	紀谷文樹ほか 編	B5判 948頁
建築大百科事典	長澤 泰ほか 編	B5判 720頁

価格・概要等は小社ホームページをご覧ください．

| 18世紀 | 19世紀 | 1900 | 1950 | 1960 | 1970 | 1980 | 19 |

- 1766年 キャベンディッシュ(英)が可燃空気(水素)を単離・発見
- 1783年 シャルル(仏)が水素による気球を発明
- 1801年 デービー(英)が水素を用いる燃料電池の原理を提唱
- 1839年 水素と酸素による発電システム発明(ションバイン(スイス)あるいはグローブ(英))
- 1910年 ハーバー・ボッシュ法 開発
- 1932年 ユーリー(米)らが重水素を発見
- 1935年 日本初の燃料電池(炭素と空気)の研究(東工大 田丸ら)
- ★1937年 ヒンデンブルグ号爆発炎上
- 1952年 ベーコン(英)がアルカリ形燃料電池開発
- 1966年 DuPont社がNafion膜を実用化
- 1968年 Philips社がサマリウム・コバルト合金で水素吸蔵・放出を確認
- 1969年 GM社が「水素経済(hydrogen economy)」を最初に使用
- ★1973年 第一次石油ショック
- 1973年 水素エネルギー研究会(現 水素エネルギー協会)設立
- 1974年 太田時男「水素エネルギーシステムの開発」発刊
- 1974年 THEME(The Hydrogen Economy Miami Energy Co
- 1976年 第1回WHEC開催(マイアミ)
- 1977年 IEA水素実施協定(HIA)設立
- 1980 第3回WHEC開催(東京)
- 1983年 Winter「Hydrogen as
- 1988年 IPCC設
- 1989年

- 1961-1966年 米国ジェミニ計画
- 1980 第3回WHEC開催(東京)
- 1983年 Winter「Hydrogen as
- 1963-1972年 米国アポロ計画
- 1967-1972年 米国TARGET計画
- 1974-1993年「新エネルギー技術開発計画(サンシャイン計画)
- 1977-1992年「科学研究費補助金(エネルギー関係)」
- 1978-1993年 ムーンライト計画
- 1986-1998年

● 水素関連事象　　○ 商用化
★ 関連事件事故　　□ 関連大型プロジェクト

2000　　　　　2010　　　　　2020

スルホン酸膜）で高出力達成
gen technologies)設立
協定 (AFCIA)設立
を搭載したFCバスがバンクーバーで走行
z社が「NeCar」を開発
が水素吸蔵合金タンクを搭載した「FCEV-1」を開発
年 第3回気候変動枠組条約締約国会議(COP3)で「京都議定書」合意
1998年 IEC/TC105 (Fuel cell technologies)設立

● 2003年 国際水素経済パートナーシップ（現 国際水素・燃料電池パートナーシップ）設立
● 2004年 第15回WHEC開催（横浜）
● 2005年 第1回国際水素安全会議開催（ピサ）
● 2008年「Cool Earth－エネルギー革新技術計画」発表
★ 2011年 福島第一原子力発電所の事故
● 2013年 規制改革実施計画（閣議決定）
● 2014年4月 第4次「エネルギー基本計画」発表
● 2014年6月「水素・燃料電池戦略ロードマップ」発表
● 2015年10月 第6回国際水素安全会議開催（横浜）
● 2015年11月 第21回気候変動枠組条約締約国会議(COP21)で「パリ協定」合意
● 2016年3月「水素・燃料電池戦略ロードマップ」改定
● 2017年1月 Hydrogen Council設立
● 2017年12月「水素基本戦略」発表（再生可能エネルギー・水素閣僚会議）
● 2017年「水素・燃料電池自動車関連規制に関する検討会」設置
● 2018年10月 水素閣僚会議開催（東京）
● 2019年6月 WHTC開催（東京）

QHHPP)計画
サンシャイン計画
用国際クリーンエネルギーシステム技術(WE-NET)
● 2000-2004年 ミレニアムプロジェクト

電機がNiMH電池を販売
○ 2009年 家庭用燃料電池エネファーム販売開始
○ 2014年6月 現代自動車が「Tucson ix35」のリース販売開始
○ 2014年12月 トヨタが世界初の量産型FCV「MIRAI」発売
○ 2016年 ホンダがFCV「CLARITY FUEL CELL」発売
○ 2016年 FCフォークリフト販売開始
○ 2017年 FCバス運行開始（都営バス）